喀斯特地貌理论探索

陈治平　著

中国科学院地理科学与资源研究所科学传播
基金资助项目（项目编号：2018-02）资助

科 学 出 版 社
北 京

内 容 简 介

本书从两个方面阐述喀斯特地貌形成的理论：一是应用地理学的基本理论和方法研究喀斯特地貌的发育理论，深入探索温度和降水这两个外营力因素在喀斯特地貌形成中的作用，提出溶蚀强度和流域因素相结合是喀斯特地貌发育的基本条件。流域因素主要是流域内河流比降，其大小控制着喀斯特地貌类型的特征，它和溶蚀强度结合形成了喀斯特气候地貌带和喀斯特地貌类型的系列。二是论证戴维斯侵蚀轮回学说存在的问题，认为当前喀斯特地貌仅仅处于戴维斯侵蚀轮回学说的上升发展阶段，峰丛深洼地下河系统是喀斯特地貌发育的顶峰。另外，还讨论喀斯特洼地形成和发展的特征，提出地下河的预测等研究方法，比较准确地提供地下河的分布、结构、埋藏深度和分水岭的位置。

本书可为相关科研院所与高等院校的教学和研究提供参考，并适于在喀斯特地区工作的相关学者参阅。

图书在版编目(CIP)数据

喀斯特地貌理论探索 / 陈治平著．—北京：科学出版社，2019.7
ISBN 978-7-03-060834-5
Ⅰ.①喀…　Ⅱ.①陈…　Ⅲ.①岩溶地貌-地貌学-研究　Ⅳ.①P931.5
中国版本图书馆 CIP 数据核字（2019）第 047469 号

责任编辑：李轶冰 / 责任校对：樊雅琼
责任印制：吴兆东 / 封面设计：无极书装

科学出版社出版
北京东黄城根北街 16 号
邮政编码：100717
http://www.sciencep.com
北京凌奇印刷有限责任公司印刷
科学出版社发行　各地新华书店经销
*
2019 年 7 月第 一 版　开本：720×1000　1/16
2019 年 7 月第一次印刷　印张：15
字数：300 000
POD定价：158.00元
（如有印装质量问题，我社负责调换）

作 者 简 介

陈治平，1933 年生，上海市人，研究员。1956 年毕业于南京大学地理系，曾任中国科学院地理研究所地貌研究室主任、中国地理学会地貌专业委员会副主任委员、中国地质学会岩溶专业委员会委员。主要从事干旱区地貌及喀斯特地貌研究。

前　言

中华人民共和国成立初期，在中国地貌区划、中国自然区划、华南、西南、沙漠地区、新疆和西藏等综合考察项目中，都有喀斯特地貌研究的内容，喀斯特研究涉及区域遍及全国。之后的中国百万分之一地貌图编制、地球资源卫星像片等的研究，又积累了丰富的喀斯特地貌资料和研究经验。1972 年中国科学院地理研究所地貌研究室喀斯特组成立，四十多年来参与过多项国家相关部委组织的攻关任务，也承担了多项国家和地区的重大工程与科研任务，在喀斯特地貌和洞穴学研究方面取得了较多成果，在研究方法、理论研究及应用方面都做出了应有贡献，是本次总结的丰厚资料基础。

本书是对中国科学院地理科学与资源研究所喀斯特地貌研究的总结之一，是按照中国科学院“十二五”规划和 2020 年远景设想中“中国喀斯特发育规律的研究”要求开展的。现在我国已经出版的喀斯特书籍大多属于“喀斯特学”。喀斯特地貌是其中的一部分，是“喀斯特学”理论的重要组成部分。这次进行的是喀斯特地貌学的总结，从两方面论述，一方面是中国喀斯特地貌概论，另一方面从喀斯特地貌理论方面总结，其各有所长。本书偏重理论方面总结，书名为《喀斯特地貌理论探索》，表明是探索，是追求真理的过程。本书主要从地理学的观点出发，总结喀斯特地貌的形成、发育规律及地下河预测研究，是一部比较系统的喀斯特地貌理论著作。

喀斯特地貌在地貌学中具有非常重要的地位，它以溶蚀作用为特色，在多种自然因素的综合作用下形成，但起主要作用的是溶蚀作用和流水侵蚀作用。地貌学认为喀斯特地貌学是流水地貌学的一个分支学科，这个观点基本是正确的，但也是不完全的。因为喀斯特地貌的实体是流水作用形成的，但流水地貌是侵蚀地貌，由于溶蚀作用与温度有关，地带性分布规律特别明显，所以喀斯特地貌也属于气候地貌学的一部分。事实上溶蚀作用和流水侵蚀作用两者都是客观存在的，喀斯特地貌主要是这两个因素结合的产物，是在流水地貌的基础上加载了溶蚀的因素，流水地貌是物质流与动力流过程的产物，而溶蚀特征是能量流造成的。前者是硬实力，后者是软实力，一硬一软构成了喀斯特地貌形成的两个外营力条件。流水地貌是流水作用的产物，而喀斯特地貌是流水作用和溶蚀作用共同的结晶，因此气候地貌与流水地貌的结合形成了本书的研究方向。喀斯特地貌的形成和发展是水与热量相互作用的产物，这里不是简单地应用气候学的一些指标进行描述。地球上热量的分布决定着宏观的溶蚀强度分布规律，它决定了喀斯特地貌地带性特点，溶蚀强度的几何级数分布使喀斯特地貌分布渐变性规律减弱，而地带性特点显著。本书同时认为，流域是地貌的生成系统，河流基准面的稳定性、纵剖面的特征、河流的比降及流域坡度等，主导着喀斯特地貌类型的形成和发展。溶蚀强度和流域因素的结合，是喀斯特地貌形成的理论焦点，这也是本书贯穿始终的灵魂。

本书中的溶蚀强度、河流基准面、河流的比降和流域坡度因素的应用，也一反喀斯特地貌学研究的描述状态，变为数值化的、可以进行科学量化分析的状态，为喀斯特地貌步入现代化科学研究的行列，做出了应有的贡献。

本书中独特的基于地貌学特征的喀斯特地下河的预测方法，是目前在喀斯特峰丛地貌区域唯一能全面预测地下河分布和验证的系统性方法，所以本书是一本理论与实践相结合的喀斯特地貌专著，也是具有独到观点的喀斯特地貌专著。

特别感谢原中国科学院地理研究所党委书记郑长在同志对本书编写和出版的热忱鼓励与积极支持。本书的编写和出版得到了中国科学院地理科学与资源研究所现任所领导的大力支持。工作中得到我所的科技平台与信息处、离退休办公室的热情指导，黄沙同志和姜亚东同志自始至终多方面给予关心和帮助。本书编写中得到原地貌研究室喀斯特组同事的支持和鼓励，尤其感谢房金福同志的多方协助；林钧枢同志在长期工作中也给予了不少无私的帮助，在这次总结中他指出气候地貌是我们研究总结的方向。还要感谢顾钟熊同志和张耀光同志对我工作的支持。这些都历历在目，感人肺腑。任何一个课题，都利用了前人的研究积累，也都是在各位同事相互合作、互相切磋中完成的。在此对各位同事的支持表示由衷的感谢。

在本书的编写过程中，也得到很多同志的热心帮助和指导，他们是李吉均院士、郑本兴研究员、王富葆教授、尤联元研究员。同时还得到朱澈、陈凡、陈宙等同志的无私帮助。上海市地质调查研究院龚士良教授也对书稿处理和修改投入了大量、系统的工作。中国科学院地理科学与资源研究所图书馆的同志们也给予了耐心细致的帮助。本书的出版，没有他们的帮助是无法完成的。在此也表示深深的谢意。

本书写作中，大量引用了同行的资料，笔者也表示深深的感谢。书中引文已尽量注明出处，但资料来源广泛，存在遗漏之处在所难免，在此笔者致以真诚的歉意。

本书的主要观点属于“一家之言”，敬请批评指正。如果有人觉得某些地方有点道理，笔者将感到万分荣幸。

陈治平

2018 年 6 月

目　　录

第三篇　喀斯特洼地形成规律与应用

总　　论

喀斯特地貌以其美丽和特有的形态，展现在人们的视野之中。不同地区不同的地貌形态隐藏着大自然的奥秘。它特有的地下洞穴，一方面是水资源的隐藏地，人们努力寻找它的位置；另一方面地下洞穴又是建设中的有害因素，人们也尽力探索它的分布，以避害就利。喀斯特地表地貌及不同高度的地下洞穴，不仅指示地球发展的历史，以及其中沉积物的特征、化石的种类及古生物的生活习性，还指示生物的年代和当时气候的特征，因此受到广泛的关注。

一、世界喀斯特地貌分布的特征

全世界共有碳酸盐岩面积达 2000 万 km^2，约占世界陆地总面积的 12%。各地碳酸盐岩的时代、分布和喀斯特地貌的类型各不相同。从赤道到北极的三个经向剖面具有非常迥异的特点，展现了世界喀斯特地貌分布的特殊性。

1）欧洲剖面。在欧洲，碳酸盐岩分布比较零星。赤道区域的西部，为热带雨林气候。其北至地中海以南地区，处于热带稀树草原和荒漠条件下，是喀斯特不发育的区域。地中海沿岸地区属于亚热带型地中海气候，斯洛文尼亚地区是喀斯特地貌研究的发源地。从地中海区域至北极圈，其中法国的中央高原、克拉科夫高原等地喀斯特地貌分布比较集中，现在都属于温带喀斯特地貌，地表以常态地貌为主。尤其是大西洋沿岸，受温暖潮湿的大西洋海风的影响，地下喀斯特比较发育。北极圈内属于寒带喀斯特发育区域，在新近纪时期，这里的温度较高，极圈内的挪威，地下还保留着那时形成的地下洞穴，在英格兰还保留着亚热带丘陵洼地的遗迹。

2）美洲剖面。在赤道区域有热带雨林分布，在中美洲岛屿中热带雨林的两侧，属于热带稀树草原和热带荒漠，在一些受海洋影响较大的岛屿，如著名的墨西哥的尤卡坦半岛、牙买加和古巴等地，发育有热带喀斯特地貌。美国喀斯特地貌分布较多的地区为肯塔基州和印第安纳州，属于亚热带喀斯特地貌。加拿大北部寒带地区也有较多的碳酸盐岩分布，那里寒带喀斯特地貌研究较多。

3）亚洲剖面。亚洲东部和西部的碳酸盐岩的分布和气候特征很不相同，西部大体与上述欧洲剖面的特征类似。由于青藏高原的隆起，高原以东地区形成季风，使中纬度的干燥、半干燥气候转变为湿润气候，所以西藏以东地区喀斯特地貌很发育，从赤道至寒带，喀斯特地貌几乎呈连续性分布。赤道为热带雨林喀斯特区域；其北为热带季雨林区域，喀斯特发育强烈。在中国，具有系统的喀斯特地貌分布。热带、亚热带、温带喀斯特地貌都很典型，尤其是热带喀斯特正地形的特征非常突出，发育有世界上绝无仅有的、系统的热带喀斯特地貌，成为旅游观光及科学研究的好地方。在温带，我国处于半干旱地区，地下喀斯特发育较差，与欧洲、日本和美国湿润的温带喀斯特地貌相比，有很大的差异。中国没有寒带喀斯特地貌，但有世界第三极青藏高原特殊的喀斯特地貌系列。

综上所述，这三个不同洲的剖面上，喀斯特地貌的特征差别很大。各洲都有独特的情况，各地都有不同的研究特点、研究方法和研究成果，这些就是互相借鉴的基础。

二、中国喀斯特地貌分布的特征

我国碳酸盐岩分布很广，若按碳酸盐岩地层出露的面积计，为90.7万km^2。我国碳酸盐岩分布具有明显的纬向分布规律。在北纬42°以北，碳酸盐岩只有零星的分布。在秦岭—祁连山—昆仑山一线以北地区，碳酸盐岩分布较多，但比较分散。该线以南碳酸盐岩呈大片集中分布的特点。其间还有一条东北—西南向的界线，分布于青藏高原的东部边缘，从兰州西部一直延伸到青藏高原的东南角。将碳酸盐岩区域分为各具特色的两大片。该线之西，甘肃、内蒙古和新疆等地主要分布着早古生代及更老的碳酸盐岩；其南的青藏高原则分布着比较年轻的碳酸盐岩，其岩性不纯，夹层较多。该线之东，广西西部、云南东部、贵州、湖南西部和湖北等地碳酸盐岩的纯度较好，是我国喀斯特地貌分布最为集中的地区，也是我国喀斯特地貌研究比较深入的地区。

碳酸盐岩是喀斯特地貌形成的基础，而气候条件是喀斯特地貌发育的软环境。喀斯特地貌的类型、特征和分布规律无不与碳酸盐岩的岩性、地质构造、气候条件休戚相关，因此人们普遍认为喀斯特地貌学是地质学和地理学的边缘学科。地质是喀斯特地貌形成的基础，而自然地理诸因素是喀斯特地貌形成的主要外营力，本书的目的是探讨喀斯特地貌形成规律，包括大的全球性的地带性规律，以及地带内的、区域性的具体喀斯特地貌的形成发展规律。前者是以分析喀斯特地貌的形成动力和软环境为主要方面，以喀斯特地貌形成环境为主题，属于宏观领域的研究。虽必然涉及大的构造体系、构造运动、岩性等问题，但地带性讨论是建筑在纯的和较纯的碳酸盐岩基础之上的。后者除了上述研究内容之外，还涉及各种碳酸盐岩的岩性对地貌发展差异的研究，这是次一级的喀斯特地貌研究的内容。对于硫化盐岩类和氯化物岩类喀斯特地貌，本书暂不作讨论。本书主要讨论外营力在形成喀斯特地貌中的作用，对于地质、构造等因素是以相关的地貌特点来表达，因此在这些方面，本书不再专门作为喀斯特地貌形成因素等来论述，对于具体讨论中所涉及的地质问题将进行具体讨论。

喀斯特地貌的研究方法有两种：一种方法是生物气候学方法，大多通过不同的植物生态进行研究，欧洲学者比较重视这种方法；另一种方法是通过温度和降水量进行综合研究。戴维斯（W. M. Davis）最早于1905年发现了与其他常态循环不同的现象，所以有人推崇他为气候地貌学的先驱。1946年利奥波德（L. B. Leopold）以年平均温度和年降水量关系圈定了七个主要气候地貌类型。从理论方面来看，生物气候学方法要深入一些，因为碳酸盐岩的溶蚀作用与生物群落及植物根系的呼吸、枯枝落叶层的腐烂、土壤中微生物的活动等有直接的密切关系，但数量化就很困难。温度和降水量对于碳酸盐岩的溶蚀作用有直接的影响，上述生物因素是气候衍生的作用。每个气候带的年温度差很小，如南亚热带南北的年温度差仅为2℃，因此很难以此来解释碳酸盐岩的地带性溶蚀强度。所以有些学者认为温度在溶蚀过程中作用很小，不予重视，认为降水量起主要作用，这就是单纯应用温度、降水量数据解释喀斯特溶蚀作用的片面性。

三、喀斯特地貌的有关定义

喀斯特是外来语，这个名词起源于原南斯拉夫西北部伊斯特里亚半岛（今克罗地亚伊斯特拉半岛）的石灰岩高原的地名（Karra），意思是石头，是碳酸盐岩分布地区。喀斯特研究最早从这里开始。在罗马时代该地区称为 Carsus 和 Carso，德语为 Karst。维也纳地理地质学院赋予了喀斯特正确的含意，并把它变成国际科学术语。1893年根据 Karsus 地区的自然景观，归结成“喀斯特现象”，叙述了溶痕到坡立谷等不同的喀斯特形态，提出斗淋（doline）① 是溶蚀形成的观点。这是喀斯特地貌学发展的开始。

我国也沿用喀斯特这个名词，在1966年中国地质学会召开的第二次喀斯特学术会议上为喀斯特取了一个中国名字，叫“岩溶”。“喀斯特”和“岩溶”在对外交流时都翻译为“karst”，所以岩溶与喀斯特通用。本书中应用“喀斯特”这个名词，很多作者使用“岩溶”，为尊重原作者的权利，在引文中也随原作者的意见，用“岩溶”这个术语。所以本书中“岩溶”和“喀斯特”两个名词同时存在。

---

① 斗淋就是我国常说的漏斗，《岩溶学词典》中认为漏斗中较大者又称斗淋。

20世纪前期，德国气候学家 W. P. Koppen 发表了气候分类观点；1936 年 H. Lehmenn 提出气候因素对喀斯特发育有重要影响，促进了气候地貌学的发展。1948 年德国学者 J. K. 比德尔发表了《气候地貌学系统》的论文；1965 年 J. L. F. 特里卡尔和 A. 凯勒出版了《气候地貌学导论》一书，标志着气候地貌学成为一个独立的学科。气候地貌学研究的目的是研究气候要素（包括构造运动引起的气候因素的变化）影响造成的地貌特征。对于喀斯特地貌学来说，主要研究外营力造成的喀斯特发育强度，因此喀斯特地貌学不仅要研究区域地貌和动力地貌，还要应用气候学、数理统计学及相关的物理、化学等学科的方法和理论。

关于喀斯特的定义，《岩溶学词典》中称“水对可溶性岩石（碳酸盐岩、硫酸盐岩、卤化物岩等）进行以化学溶蚀作用为特征（并包括水的机械侵蚀和崩塌作用及物质的携出、转移和再沉积）的综合地质作用，以及由此所产生的现象的统称”。

《中国大百科全书：地理学》(1990 年）中对喀斯特地貌（karst landform）的定义是“水对可溶性岩石进行溶蚀等作用所形成的地表和地下形态的总称，在中国称岩溶地貌”。作为一门学科，称岩溶地貌学（karst geomorphology)。《岩溶学词典》(袁道先，1988）对喀斯特地貌学的定义是“研究岩溶地貌的特征及其发生、发展和分布规律，以及有关的改造、利用、预测问题的学科”。

四、中国喀斯特地貌研究史

（一）喀斯特地貌的启蒙阶段

我国对喀斯特地貌的记载有悠久历史，如战国时期至西汉初年的《山经》。秦王朝时期于广西兴安筑“灵渠”，创喀斯特地区改造利用的纪元。马王堆汉墓的祭品中，有九嶷山峰丛地貌的彩绘地图。北魏时期郦道元（472 ~ 527 年）的《水经注》、北宋时期沈括（1031 ~ 1095 年）的《梦溪笔谈》等都有关于喀斯特的丰富记载。

我国第一部喀斯特著作刊于明代，是地理旅行家徐霞客（1586 ~ 1641 年）的杰作，书中对我国南方的喀斯特地貌环境、地貌特征，洼地、洞穴及地下河等都有详细记载。仔细的观察和高超的分析能力是这本游记的价值所在，书中记录着自然的特点和规律，是一本具有朴素唯物主义的传世科学著作。不仅记载了不同喀斯特地貌的特点，还提出了关于峰林、峰丛的分布“始于罗平，尽于道州”之说，正确地指出了广义热带喀斯特地貌的分布界线。这些记述是我国古代对喀斯特地貌学的重大贡献。

（二）喀斯特地貌研究的初创阶段

20 世纪初，戴维斯的侵蚀轮回学说（theory of erosion cycle）传入我国，开创了我国喀斯特地貌学研究的新纪元。1907 年，B. Willis 对华北划分了四个地文期，即北台期、唐县期、忻州期和汾河期，乃是我国对地貌年代学和地貌发育史研究的先河。1925 年，叶良辅和谢家荣著文《扬子江流域巫山以下地质构造及地文史》。1927 年，谢家荣、刘季辰认为存在鄂西期、山原期与三峡期地貌。1935 年巴尔博认为南津关一带的山原期夷平面向宜昌方面延伸时，高于东湖组的基底层，但又低于东湖组的顶层，应当和宜昌一带最高阶地上堆积的红土砾石层相当。这最高级阶地基座上的剥蚀面应晚于鄂西期，为秦岭期，属中新世，而山原期更晚，属上新世。秦岭期和山原期就是后来称为山盆期的两个亚期。

沈玉昌是我国近代研究喀斯特地貌最早的人员之一，于 1939 年考察研究了广西宜山的喀斯特地貌。

1942 年，任美锷和严钦尚在《贵阳附近地面与水系之发育》一文中提出了贵阳附近存在着壮年期地形和深切河谷。1944 年，杨怀仁在《贵州中部之地形发育》中提出了三个地文期的观点，即大娄山期、山盆期和乌江期。

地文期概念引入我国，是我国地貌学研究的开端，是老一辈地质和地理学家艰难困苦中调查研究的结晶，地文期综合研究推动了我国地貌学的形成和发展。这些对我国喀斯特地貌学的发展，做出了重要的历史性贡献。现在有了各种测年的方法和技术，可以比较精确地测定年代，因此有些历史上使用过的研究方法也渐渐地淡出。有些新方法也加入了研究的行列。例如，关于剥蚀面的研究，沈玉昌于 1965 年应用趋势面的原理，结合野外考察对长江三峡南岸进行研究，确定了大娄山期和山原期地貌的分布。1986 年，《黔南岩溶研究》一书中也做了趋势面的分析研究，不过他们是用计算机处理的，先进的技术当然带来更好的成果；该书认为研究区内存在三个地文期是可信的，具体地划分出大娄山期、山盆期和宽谷期的分布。吴忱等（1999）在华北也做了趋势面分析，是应用城市之星地理信息系统制作的；利用 1∶50 万地形图和夷平面分布图，将山地夷平面进行了趋势面分析，将之叠合在三维地形图上，同时进行高度和地名标志，便形成了华北山地夷平面趋势图，对研究成果进行了有效的检验，肯定了华北山地三级夷平面的存在。在华北和黔南两地的研究中都使用了卫星影像图的分析。

抗日战争时期大批地质、地理学者迁移到西南地区，对我国西南地区的喀斯特地貌研究开展了很多奠基性工作。我们的前辈在各方面非常困难的时代，对热带喀斯特有较深的了解，为后来中华人民共和国的建设打下了一定的基础，也为中国喀斯特地貌的研究和发展奠定了基础。

（三）喀斯特地貌研究蓬勃发展阶段

20 世纪 50 年代，我国开始了史无前例的、大规模的基础建设，喀斯特地区的道路、水利工程和矿山等建设蓬勃开展，广大地质学者和地理学者积极投身到火热的事业中去。1954 年陈述彭在《地理知识》上发表了《西南地区的喀斯特地貌》，这是他本人在中华人民共和国成立前的经历和中华人民共和国成立后步行考察的资料总结，当时只能靠步行，他提出了我国西南地区的第一个喀斯特类型和分布的研究报告，是十分不容易的，至今仍有重要的参考价值。其中，圆筒高峰与现在的峰丛洼地的分布基本一致，首次指出了云贵高原东部与广西喀斯特地貌特点的区别。1954 年陈述彭还和周廷儒、施雅风测绘了桂林七星岩的洞穴图，这是我国第一张精确测量的传世洞穴图。

中华人民共和国成立初期，百废俱兴，为摸清我国自然资源和自然环境条件，中国科学院于 1953 年成立了中华地理志编辑部，并于 1956 年发展为中国自然区划委员会，开展中国自然环境的普查研究，其中地貌区划工作对喀斯特地貌的类型、分布等进行了广泛的调查研究，这是我国第一个喀斯特地貌分类体系：从地质–地貌的原则出发，分为喀斯特化丘陵、喀斯特化中山、喀斯特化台原、喀斯特化高原和喀斯特化平原五个类型。同时中国科学院还先后组织了南水北调综合考察队，华南热带、亚热带生物资源综合考察队，红水河综合资源考察队，云南热带生物资源科学考察队等，都接触到大量的喀斯特地貌问题。国家在喀斯特地区的一系列建设项目在勘探和实施过程中积累了不少新的经验，也遇到了不少问题。为推动和总结中华人民共和国成立初期喀斯特研究的发展、提高喀斯特研究的水平，更好地为喀斯特地区的建设服务，1961 年中国科学院地学部在广西南宁主持召开了第一次全国喀斯特研究会议；1966 年，中国地质学会在广西桂林召开了全国岩溶（喀斯特）学术会议，不断地总结新鲜经验，并进行理论探讨，推动了喀斯特科学研究的广泛开展。

1978 年 8 月，中国科学院和农林部联合决定，由中国科学院地理研究所主持，成立“中国 1∶100 万地貌图编辑委员会”，编制了百万分之一的中国地貌图，这是一种现代化的数字化地图。其中，有喀斯特地貌的表达，为了与全国的图例一致，主要类型划分为平原、丘陵（包括低丘陵和高丘陵）和山地（包括小起伏低山、中起伏低山、小起伏中山、中起伏中山、大起伏中山、极大起伏中山等），并划分为喀斯特堆积平原、溶蚀平原、喀斯特台地、喀斯特侵蚀台地、喀斯特丘陵、喀斯特山地、喀斯特侵蚀丘陵和喀斯特侵蚀山地等类型。具体的喀斯特地貌形态，包括各种正负地形，以不同的符号表示。

1956 年至 20 世纪 80 年代，中国科学院先后组织了五次西藏综合科学考察，对青藏高原的喀斯特地貌有了初步的了解，并进行了比较系统的总结，出版了《西藏地貌》，在此基础上，还开展了国际联合考察研究，青藏高原喀斯特研究与国内其他地区站到了同一起跑线上。

1975 年在地质矿产部下成立了岩溶研究所，对中国喀斯特的深入和系统研究奠定了组织基础，构建了国际合作和交流的机制，使中国喀斯特研究形成了集中、分散相结合的发展格局。2007 年 3 月，在贵州师范大学成立了中国南方喀斯特研究院，这些研究机构的建立，有助于中国喀斯特研究的发展。

《1978—1985 年全国科学技术发展规划纲要（草案）》中，列入了“我国岩溶分布发育规律及其改造利用”的项目，对广西的都安、湖南的洛塔、贵州的普定等典型地区的喀斯特地质、地貌、水文、水文地质等开展了深入研究。

21 世纪伊始，国家发展和改革委员会、国土资源部、国家林业局、环境保护部、农业部和财政部等颁发了《岩溶地区石漠化综合治理规划大纲（2006—2015 年）》。中国科学院“十二五”规划和 2020 年远景设想中将“中国喀斯特发育规律的研究”列为重点研究项目。

我国喀斯特地貌分布广泛，对社会主义建设有特殊的影响，喀斯特研究与国家建设结合在一起，极大地促进了喀斯特的发展，促进了中国喀斯特研究的深度和广度持续发展，不断地沿着现代化的道路奔腾前进。

五、我国喀斯特地貌理论研究概述

一个学科的成立，必须有理论的指导。喀斯特地貌学之所以能成立，就是因为有基准面的理论。戴维斯于 1889 年提出的侵蚀轮回学说、W. P. Koppen 的气候分类学说，对我国地貌学、喀斯特地貌学的发展起了积极的推动作用。

最早的喀斯特地貌形成理论是戴维斯的侵蚀轮回学说，这个学说现在有些争论，但有它合理的一面，直到今天还为很多学者所接受。他认为地貌是构造、过程（指各种外力作用过程）与阶段（指发育阶段）的函数，现在我国很多关于喀斯特地貌成因的观点大体上都与他的观点相同或类似。他假设有一个因构造运动从海底抬升的陆地，由于抬升迅速，地面立即受到侵蚀，原来的平地地形变为高山、深谷、陡坡。然后，构造运动处于长期稳定状态，高地被蚀低，河谷渐变宽浅，缓坡又复盛行，最终整个地面变成仅有微小起伏的平原地形，称为准平原。一个上升过程接着在地壳稳定的条件下开始了下降的演变过程，这就是一个地貌轮回。他把上述过程的不同阶段形象地命名为青年期、壮年期和老年期。应用到中国喀斯特地貌方面，对应的热带喀斯特地貌为峰丛、峰林和平原，其演变过程为峰丛→峰林→平原。这个理论形成至今已近 130 年的历史，限于当时的条件，有一定的局限性，现在看来戴维斯理论中“阶段”这个环节的演变方式太简单化了。特别是地壳上升阶段形成青年期或峰丛地貌，似乎过于简单，不能表示喀斯特地貌演化的完整过程，将在第三章中具体讨论。

我国喀斯特地貌发育的理论研究大体分三个方面。

（1）以气候观点为主

曾昭璇对热带喀斯特地貌有多年的研究，于 1952 年就提出了峰林和峰丛的概念。1957 年出版了《论石灰岩地形》一书，1958 年前后又发表了多篇论文，论述了峰丛、峰林和洞穴的特点与发展规律，以及峰林脚洞的形成，对热带喀斯特地貌峰林和峰丛的理论形成奠定了基础。峰林和峰丛现在已成为我国喀斯特地貌学的专有名词，已为世界喀斯特学者公认为中国式热带喀斯特。

任美锷对喀斯特地貌有很深的研究，在 20 世纪 50 年代提出了深部喀斯特作用的观点，在教学和研究中形成了系统的喀斯特学和喀斯特地貌学。他是中国喀斯特气候地貌学的创始者，将中国喀斯特地貌分为冰原带喀斯特、寒温带喀斯特、温带喀斯特、干燥区域喀斯特、亚热带喀斯特、热带喀斯特和海岸喀斯特。他著述的《岩溶学概论》是我国第一本系统的喀斯特学教科书。

1984 年覃厚仁和朱德浩提出了“中国南方热带、亚热带岩溶地貌分类方案”，在中国喀斯特地貌研究史上，第一次在区域划分上提出热带和亚热带的喀斯特地带性特点与喀斯特地貌形态的差别，其第一级分类指标为气候指标，即热带和亚热带；第二级分类指标是喀斯特地貌类型。这是一个典型的气候地貌学分类方案。

在区域性喀斯特地貌研究方面，资料丰富、论证有据、富有创见的著作当推 1986 年高道德等著的《黔南岩溶研究》和 1990 年俞锦标等著的《中国喀斯特发育规律典型性研究——贵州普定南部地区喀斯特水资源评价及其开发利用》两部著作，对喀斯特地貌的形成和演变过程有明确的系统的论述。在洞穴研究方面，成果较深入，在系统性、综合性和使用方法的多样性方面，首推林钧枢等（1993）的《瑶琳洞形成与环境研究》。

（2）以气候观点为主，并强调与大地构造学相结合的观点

1979 年《中国岩溶研究》第一个对中国喀斯特地貌进行了全面研究和分类探讨，对区域划分规定三级原则：第一级是气候原则，认为地带性（气候的）规律起着主导的作用，构成区划的第一级因素；第二级岩溶区划系统按照大地构造单位划分，也就是说不同的喀斯特地带性分布有一定的大地构造基础，各个岩溶区内的碳酸盐系具有一定的地质时代、相同的地质发展历史和地壳变动特征，在岩溶层组类型、岩溶发育历史、碳酸岩体等方面具有相似性；第三级区划为岩溶亚区，根据岩溶景观类型划分，个别地区还考虑了地质构造因素。将中国的喀

斯特地貌一共划分为四个带：①热带、亚热带湿润气候型侵蚀–溶蚀及溶蚀地区；②中温、暖温带亚干旱–亚湿润气候型溶蚀–侵蚀地区；③青藏高原湿润气候型带溶蚀–剥蚀地区；④青藏高原及温带干旱气候型剥蚀地区。这个观点的主基调与地理学观点接近，指出了峰林地貌的具体分布范围。

张之淦于2006年出版的《岩溶发生学——理论探索》一书中，提出中国有两条纬向和一条经向重要自然景观分界线：①昆仑山—秦岭—大别山；②阴山—燕山；③横断山脉—龙门山—六盘山—贺兰山。它们把中国分成五个面积大致相等的自然景观区：华南、华北、东北、青藏和西北。五大自然景观区的分布，既和气候条件有密切关系，又有着深远的地壳结构根源，也可以看作是中国岩溶的一级构造单元。这是一个典型的大地构造观点，将热带、亚热带地貌列入同一个地貌系列之中。

（3）气候–新构造地貌观点

该观点强调构造动力对地貌的作用。卢耀如认为，在中国广阔的领域里，地质构造与气候两个条件的复杂变化，呈现出了许多地貌发育过程和机理，将中国喀斯特地貌分为八种模式，即强烈上升模式、连续隆起演化模式、差异隆起演化模式、缓慢隆起演化模式、广阔沉降演化模式、狭窄沉降演化模式、剥蚀裸露演化模式和海洋环境演化模式。

张之淦在《岩溶发生学——理论探索》一书中还认为，地壳新构造运动，特别是它的垂向活动和气候因素有着同等重要的意义；每种各具特色的岩溶发育环境下，岩溶作用过程和岩溶景观相结合（岩溶形态、形态成因、类型三要素）便构成一种独立的岩溶形态成因类型（图0-1）。

这两种例子中，虽然也认为气候与构造运动都很重要，但在现实的研究中，偏重于构造运动的强度对喀斯特地貌发育的影响。

1993年，袁道先的《中国岩溶学》提出了“中国主要气候环境的岩溶形态组合”，指出在建立气候条件与岩溶形态组合关系时，必须掌握两点：一是抓住该地区岩溶形态组合中的主导形态，即从现代气候条件匹配的主要形态开始，建立气候与岩溶形态组合的关系，然后再分析与现代气候不配套的形态以研究古环境；二是区分各种岩溶形态的时间尺度，重点抓住那些代表较长时间尺度的大形态。只要抓住了上述两点，就可以做出一个初步的归纳（表0-1）。

这个表的特点虽然也是以气候指标为主，但以“干旱、半干旱和潮湿”的指标代表气候环境，地带性分布归于湿润气候的框架之内。这是一种新的观点，与上述两个地质学、地理学的理论和分类系统有明显的区别。

上述各种观点中，一致认为气候是喀斯特地貌分布的第一要素。但实际上仅应用气候学的基本数据，主要是用年平均温度和年平均降水量来解释喀斯特地貌

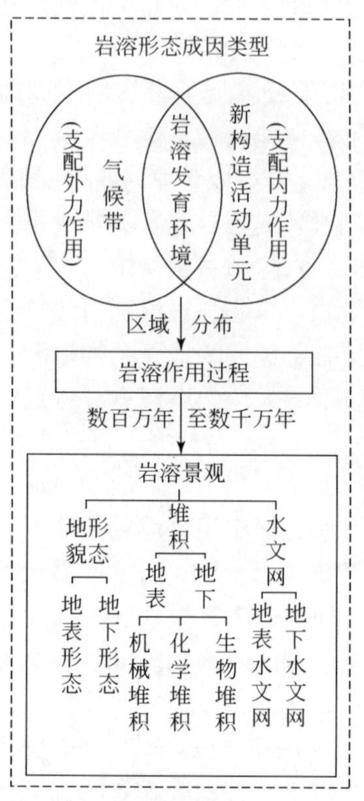

图 0-1　岩溶形态成因三要素

资料来源：张之淦，2006

的分布。至于气候如何在喀斯特地貌形成过程中发挥作用，没有更多、更深入的研究。近来地理学界在流水地貌方面开展了大量的工作，以杨明德为代表，称为喀斯特水文地貌学。

至今，虽然我国已初步建立起喀斯特地貌类型的特征和形成规律，对中国喀斯特地貌的分布也已经有了初步的、比较一致的认识，但对于总的喀斯特地貌形成理论方面，基本上尚停留在戴维斯的侵蚀轮回学说的阶段，没有多大进展。迅速发展的社会主义建设，为科学的发展提供了广阔的通道，我国喀斯特地貌学有了明显的进步。新技术、新方法得到广泛的应用，但理论建设却没有改善的迹象。朱学稳于 1991 年在《中国岩溶》上连续三期发表了《峰林喀斯特的性质及其发育和演化的新思考》，并提出了“同时态演化论”。中国地质科学院岩溶地质研究所（1988）提出了“岩溶峰林地貌发育的系统模式”（图 0-2），阐明了他们的喀斯特地貌发育理论体系。他们感到了戴维斯侵蚀轮回学说的不足，对喀斯特地貌理论需要创新的迫切愿望，符合当前时代的要求和喀斯特地貌学发展的需要。

表 0-1　中国主要气候环境的岩溶形态组合

气候环境		与现代气候匹配的岩溶形态							已发现的反映古环境的形态
		地表形态				地下形态			
		宏观	大形态	小形态	堆积物	大形态	小形态	堆积物	
干旱	低山盆地	常态山	干谷戈壁滩	单个溶痕	石灰岩角砾钙壳钙质结核	风蚀岩屋、穿洞、山底部少量洞穴	雪山底部洞穴中可见贝窝和涡穴	雪山底部洞穴中可见各种小型次生化学沉积	戈壁滩石灰岩砾石上的脑纹状溶痕
	高原	冰蚀山	石墙	石柱岩溶泉	石灰岩质角砾，泉华	冻蚀穿洞天生桥			红壤土水平溶洞三趾马动物群化石
半干旱		常态山	干谷大泉	微小溶痕	石灰岩角砾钙壳钙质结核	有利汇水条件下的少量现代大洞穴	少量贝窝、边槽	少量小型钟乳石	高原面洼地红壤土，泉华高原溶洞中外源砾石，大量钟乳石，贝窝
潮湿	高寒山区	冰蚀山	冰蚀峰岩溶湖	小溶痕石柱岩溶泉	石灰岩角砾，瀑水钙华泉华	冻蚀穿洞天生桥雪山冰川溶洞	少量涡穴贝窝、边槽	崩塌堆积少量钟乳石	洞内冰川纹泥
	温带	丘陵地形常态山丘峰洼地	多边形洼地溶盆	小溶痕土下溶痕溶盆	少量洞外钟乳石，有的地区见石灰岩角砾	大型洞穴地下河	涡穴、贝窝边槽，悬吊岩	较多种乳石、崩塌堆积冲积层	高层洞穴及相应溶蚀堆积形态
	热带亚热带	峰林地形	多边形洼地石林溶盆	尖深溶痕土下溶痕溶盆	红壤土大量生物钙华流水钙华	大洞穴地下河	丰富多彩的小型溶蚀形态	大量钟乳石崩塌堆积冲积层	干冷气候的石英颗粒。大熊猫、剑齿象化石及相应森林孢粉

资料来源：袁道先，1993b

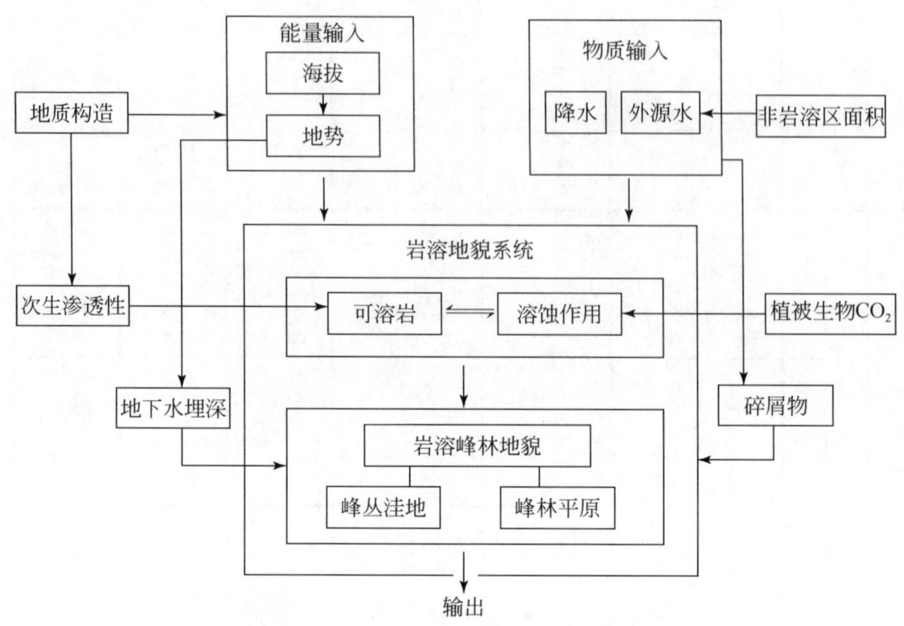

图 0-2　岩溶峰林地貌发育的系统模式

资料来源：中国地质科学院岩溶地质研究所，1988

喀斯特地貌学是一门独立的科学，是研究岩溶地貌的特征及其发生、发展和分布规律，以及有关的改造、利用、预测问题的学科。喀斯特地貌的发生、发展规律是喀斯特地貌研究的理论问题。喀斯特地貌学也是一门先导学科，或者说是一些学科的基础之一，如地质学及其分支学科、第四纪地质学、环境学、国土资源、水电、交通、工程和农业有关的学科等。这些学科的研究和野外调查，对于喀斯特地貌条件考察、研究来说是不可或缺的内容。因此，深入研究喀斯特地貌的基础理论势在必行，不仅喀斯特地貌学得到发展，也能促进相邻学科的发展。中国气候条件的多样化、地质构造的多样化、岩性的纯净、碳酸盐岩大面积的分布，成了中国喀斯特地貌形成和发育的优越条件。难怪著名的新构造专家 H. N. 尼古拉耶夫教授在 1960 年访问中国后就曾预言，喀斯特地貌成因和发育理论最终将在中国这块土地上诞生。

第一篇

喀斯特地貌形成理论的探讨

第一章 现代溶蚀强度研究史——Corbel观点

喀斯特地貌形成的重要因素是溶蚀作用。溶蚀作用又与气候关系密切，不同的气候条件下具有不同的溶蚀强度，形成不同的地貌特征。因此溶蚀强度的研究成为喀斯特地貌形成的理论问题。这对研究全球喀斯特地貌地带性规律和区域喀斯特地貌的分异特点与成因非常重要。1959 年法国地貌学家 J. Corbel 立足于流域这个基本条件提出了一个研究溶蚀量的公式。这个公式的设想很好，世界各地的喀斯特工作者用此公式做了很多流域溶蚀量的研究，但是由于公式内容过于简单，以及某些因素不能正确获得，区域性的系统研究无法展开，所以至今都是零星地开展了一些探讨。1991 年中国科学院地理研究所林钧枢、房金福、李钜章等，应用这个公式对我国广西红水河流域的热带喀斯特地貌进行了系统研究。本章第二节和第三节是他们的研究成果，可以帮助人们对这个公式有更深入的了解。

第一节 Corbel 公式的应用情况

喀斯特地貌形成的理论是喀斯特研究者关心的中心问题，在野外和实验室进行了大量的探索。1959 年 Corbel 提出了一个研究溶蚀量的公式，即

$$X = 4ET/100$$

式中，E 为径流深，单位为 dm；T 为泉水中的碳酸盐含量，单位为 mg/L；X 代表溶蚀量，单位为 $m^3/(km^2 \cdot a)$ 或 mm/ka。这与溶蚀强度的含义相似。

泉水中的碳酸盐含量是实测的数据，反映当地气候条件（温度和降水量）下碳酸盐岩溶蚀的情况。但这些数据的测量时间很重要，不同的季节，雨季或雨季前后所测结果可能不完全一致。径流深可以通过不同的方法得到，因此得出的结果也各不相同。这些都可能影响溶蚀量的正确计算。

这个公式受到了各国喀斯特工作者的重视，在我国和世界主要喀斯特地貌区域，应用这个公式开展了很多研究，试图探索喀斯特的分布规律。

我国的气温和降水量的分布从南向北逐渐降低，从表 1-1 中可以看到，溶蚀强度大体也呈从南向北逐渐降低的趋势。由于受地形、海拔和海陆分布的影响，

降水量分布很不均匀，因此应用 Corbel 公式求得的溶蚀量或溶蚀强度的变幅也大。据现有的研究数据，在广西热带喀斯特区域，溶蚀强度为 40 ~ 300mm/ka；亚热带喀斯特区域，溶蚀强度为 12. 5 ~ 84. 99mm/ka；温带喀斯特区域，溶蚀强度为 8 ~ 30mm/ka。由于降水量由南向北逐渐减少，因此溶蚀量的总量或溶蚀强度变化的幅度也由南向北逐渐减小，显示有地带性的区别。但每个地带中的溶蚀总量或溶蚀强度变化幅度很大，如热带与亚热带的溶蚀总量或溶蚀强度最低与最高值相差很大，大大偏离了地带性的数据，模糊了地带性的特征，显示降水量越多的地区该偏差就越大。在这么大的差异中，要确定地带性的特征是有一定难度的。

表 1-1　中国东部溶蚀强度计算表

气候区域	年均降水量（mm）	年平均温度（℃）	地点	Corbel 溶蚀强度（mm/ka）	研究者	本书的溶蚀强度（%）
热带	1100 ~ 2200	20 ~ 22. 5	广西罗城	119	张之淦	70 ~ 110
			桂中	120 ~ 300	卢耀如等	
			广西中部	40 ~ 120	张寿越，何宇彬	
			桂林	90	朱德浩	
亚热带	1100 ~ 1400	15 ~ 18	浙西	50 ~ 60	林钧枢	40 ~ 70
			三峡	60	卢耀如等	
			川西	40 ~ 50	卢耀如等	
			雅砻江河湾	32 ~ 36	张之淦	
			川北大巴山	12. 5 ~ 30	张之淦	
			宜昌	84. 99	张寿越，何宇彬	
温带	400 ~ 800	<15	河北西部	20 ~ 30	卢耀如等	16 ~ 35
			娘子关	8 ~ 10. 5	张之淦	
			济南	29. 91	张寿越，何宇彬	
			宿县	20 ~ 30	张寿越，何宇彬	

据表 1-2 的数据，欧洲现代大多处于温带气候的条件下，由于大西洋湿润气流的影响，一些地区的降水量较大，区内降水量的变幅也大，使得溶蚀量变幅也比较大，为 17. 7 ~ 170m^3/(km^2 · a)。例如，法国最低的溶蚀量为 17. 7 ~ 20. 6m^3/(km^2 · a)，与我国华北和东北地区的溶蚀量相当，但法国各地的溶蚀量的变幅远比我国华北的变幅大。溶蚀量是有地带性规律的，上述数据几乎包括了

热带至寒温带的溶蚀强度的数据。欧洲主要包括温带、寒带，温带与寒带的分界线为66°34′N，往北即为北极圈。表1-2中，在北极圈的挪威，溶蚀量达56～123$m^3/(km^2 \cdot a)$，这组数据显然包括了其他侵蚀作用和机械风化作用的成分，因为溶蚀量随着温度降低而降低。我国也有这种情况，在“我国各地石灰岩溶蚀速度观测成果”中，从暖温带北部向寒温带，即从北京向长春、伊春方向的观测数据，空中、地面和土壤中（20～50cm）观测数据都是迅速增多的。溶蚀强度随着温度接近于0℃时，溶蚀量也减至最小。但其观测数据却是增加的，主要是流水侵蚀作用和寒冻机械风化作用等因素形成的，不能和溶蚀量混为一谈。各地气候不同、各种侵蚀因素和地形因素结合在一起，导致欧洲的溶蚀量差别非常大，显得温带的地带性特点不甚突出。

表1-2　世界几个岩溶地区的降水量和溶蚀量

地区	降水量（mm/a）	溶蚀量［$m^3/(km^2 \cdot a)$］	研究者
美洲　尤卡坦半岛	1300	16	Corbel
挪威　Laponic	>2900	56～123	Muxart 和 Birot
瑞士　侏罗山 Arense	1500	100	Mizerez
波兰　Klesnica	1216	133	Pulina
乌克兰　Carpathes	1267	69.7	Dboppa
乌克兰　Carpathes	1300	21.8	Dublyanskiy
乌克兰　Crimea	960	29	Dublyanskiy
前南斯拉夫　Kaniu	3400	31	Kunaver
法国　阿尔卑斯	700～800	17.7	Julian 等
法国　阿尔卑斯　Vercors	1000～1400	120～170	Delannoy
法国　东阿尔卑斯　Tatras	1900	60	Pulina
法国　苏格拉斯盆地	800	20.6	Drogue
法国东部　侏罗山地区	1570	81	Gibert 等
法国南方　东朗格多克	800	22.3	Fabre
法国南方　阿尔卑斯　Fue Levéque	850	20	Drogue
法国东南部　Vaucluse	700	56	Nicod
法国东南部　Platé	2600	104	Maire
马来西亚　Sarawak	>5000	180	Sweeting
马来西亚　Batu Caves	1021	48.5	Crowther

续表

地区	降水量（mm/a）	溶蚀量 [$m^3/(km^2 \cdot a)$]	研究者
印度尼西亚	3700	99	Balazs
马达加斯加 Narinda	1800	135	Rossi

资料来源：托格和袁道先，1987

在表 1-2 中的热带地区，马达加斯加 [溶蚀量为 $135m^3/(km^2 \cdot a)$]、印度尼西亚 [$99m^3/(km^2 \cdot a)$] 和马来西亚 Sarawak [$180m^3/(km^2 \cdot a)$] 虽然都是多雨的热带雨林区域，但溶蚀量计算结果差别较大，如处于热带的印度尼西亚的溶蚀量为 $99m^3/(km^2 \cdot a)$，远比表 1-2 中波兰 Klesnica [$133m^3/(km^2 \cdot a)$] 及阿尔卑斯 Vercors [$120 \sim 170m^3/(km^2 \cdot a)$] 等地的溶蚀量低，显然不合理。这些差异的原因很多，显然要用这些数据研究喀斯特地貌的地带性特点是有困难的。

上述这些特点表明 Corbel 公式应用中出现了一些问题。

Corbel 公式的设想是合理的，但应用条件比较复杂。到目前为止，尚无法取得正确的径流深资料。学者应用不同的方法，获得的径流深度资料也不尽相同，所得的溶蚀强度差别也较大。由于降水量的年变化与区域变化较大，水中碳酸盐含量的资料，除了在观测站有比较系统的资料外，大多数数据可能仅仅来自一次或数次取得的样品，而这个数据在雨前、雨后、不同季节是不一样的。所取样品或测试的资料是否具有代表性是个问题。流域内碳酸盐岩岩性的差异和分布面积等因素，也会影响水中碳酸盐的含量，以及其他的不确定因素，使其计算结果既有大体正确的一面，也有不同程度的、显著的偏差。这些偏差影响了区域性系统的溶蚀强度的研究，所以世界上很多学者提出了一些修改的公式。

房金福、林钧枢、李钜章和张耀光应用 Corbel 公式在华南红水河流域开展了系统研究，“喀斯特区现代溶蚀强度与环境的研究——以红水河流域为例”刊于《地理学报》1993 年 48 卷第 2 期，列为本章第二节内容；李钜章、林钧枢、房金福的研究，“喀斯特溶蚀强度分析与估算”刊于《地理研究》1994 年 13 卷第 3 期，为本章第三节内容。研究区是典型的热带喀斯特地貌区域，因青藏高原强烈上升的影响，非地带性规律显著。研究结果与本章第一节中所述情况类似，既具有地带性规律的趋势，溶蚀量从下游向上游逐渐减小，也有因降水量因素使溶蚀强度的变幅差异增加从而模糊了喀斯特地貌地带性特征的现象。下面是他们的主要研究成果。

第二节　红水河流域溶蚀强度的研究

我国红水河流域贯穿华南热带喀斯特区域，以喀斯特溶蚀作用的重要环境因素（包括气候、碳酸盐岩性和水动力条件因素）的分析为基础，对红水河流域内 124 个点的溶蚀量值与环境因素进行相关的统计分析，建立综合因子溶蚀量计算公式，编制溶蚀量图，得出溶蚀强度规律；通过对红水河流域典型区的试验研究，证明采用建立相关因子溶蚀量方程的方法是可行的，用此方法可进行大流域的喀斯特区溶蚀强度的编图，研究喀斯特溶蚀强度区域特征和分布规律。

对溶蚀强度进行定量研究，是喀斯特过程动力学研究的重要内容之一。确定各喀斯特区溶蚀强度是衡量喀斯特作用强度的标志，对喀斯特形态发育的研究具有重要意义，同时还有助于喀斯特发育近似年代估算，预测喀斯特发展趋势，以及对喀斯特含水层中的水动力条件的了解。目前研究碳酸盐岩溶蚀强度有三种方法：一是用微侵蚀测量仪在实地碳酸盐岩面上，测其前后变化量；二是测量暴露于大气中和埋藏在土层中的标准碳酸盐岩试片溶蚀量；三是水化学计算法，即通过测量泉口地下河出口流出的水中所携带的溶质量，间接地计算溶蚀量。也就是用每个点的碳酸盐含量（T）和径流深值（E），按 Corbel 溶蚀公式（$X=4ET/100$）进行计算，此种计算溶蚀量的方法是目前普遍采用的。但往往又因水点和水化学资料稀缺，或分布不均而受到限制。1977 ~ 1980 年，L. Engh 等提出喀斯特溶蚀与降水量相关公式，补充并扩大其使用范围（Sweeting，1980；陈治平，1985）。本节对进一步用相关的多元环境因子综合地外延它的取值进行尝试。

一、溶蚀作用的若干重要环境因子

泉水和地下河水中所含溶质的多少与碳酸盐岩溶蚀的强弱，不仅与降水量有关，还与环境温度、岩石成分和水动力条件等有关。

（一）喀斯特发育的气候因素

在喀斯特作用过程中，一系列的化学和物理作用都与温度有关（袁道先，1987），从表 1-3 可以看到红水河流域中各地的多年平均降水量、多年平均温度和溶蚀量分布。上游云南地区多年平均温度为 15℃左右，中游贵州地区多年平均温度约为 16℃，但多年平均降水量比云南高出约 1/4，相对应的多年平均溶蚀量值也高出约 31%。而广西地区多年平均降水量约比云南平均高 40%，个别地区可达 1 倍以上，高出贵州的多年平均降水量 1/8，但多年平均温度均明显高出上游和中游地区6℃左右，所以多年平均溶蚀量值分别高于云南和贵州44%和10%。

表1-3　红水河流域各地多年平均降水量、多年平均温度与多年平均溶蚀量

地区	地点	P (mm)	C (℃)	X (mm/ka)	地区	地点	P (mm)	C (℃)	X (mm/ka)
云南	弥勒	985	17.3	30	广西	宜山	1350	22.50	55
	曲靖	968	15	45		柳城	1348	22.60	55
	沾益	1006	14.8	50		柳州	1489	22.80	56
	罗平	1743	15.1	65		天峨	1376	22.30	50
	富源	1085	13.8	50		都安	1731	23.40	80
	路南	950	16.10	32		隆林	1148	22.70	70
	通海	868	15.60	30		马山	1462	23.50	70
	平均	1086	15.10	43.1		上林	1374	22.90	65
贵州	晴隆	1561	13.90	55		鹿寨	1510	22.70	54
	安龙	1339	16.10	60		忻城	1443	23.30	60
	紫云	1349	19.60	50		恭城	1439	22.60	60
	关岭	1342	15.80	50		融安	1942	20.80	70
	贞丰	1394	15.70	70		融水	1842	21.30	70
	罗甸	1179	15.30	55		南丹	1497	19.30	50
	平均	1360	16.06	56.7		平均	1530	22.40	62.3
广西	永福	2000	22.60	60					

将表1-3的多年平均溶蚀量、多年平均降水量和多年平均温度值进行多元回归分析，得到多年平均溶蚀量（X）与多年平均降水量（P）和多年平均温度值（C）的关系式和多年平均溶蚀量回归计算值（$\hat{X}$）与X的相关图（图1-1）。

$$\hat{X} = 0.121\,24P^{0.738} \times C^{0.14}$$

由此可以说明溶蚀量值（X）的变化主要由降水量（P）决定，当P值增大时，溶蚀量值明显增大，同时温度对溶蚀量的变化也有一定的影响。

（二）喀斯特发育的水动力因素

碳酸盐岩溶蚀强度除取决于水化学的溶蚀侵蚀性外，还与水势有关，而水势又取决于地貌势（指地形能量，由地形高差决定），水流的溶蚀侵蚀作用塑造了各种喀斯特地貌形态，而各种地貌形态又控制水流的方式。据此，本节即以地貌形态为尺度，宏观评估水动力条件。区域内分为云贵高原、广西盆地和云贵高原

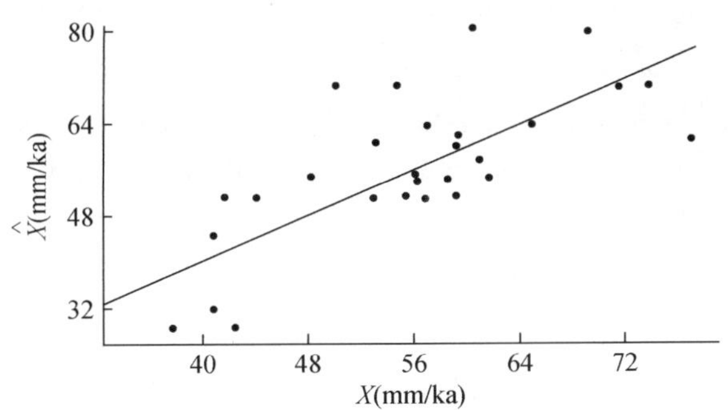

图 1-1 红水河流域多年平均溶蚀量回归计算值（$\hat{X}$）与多年平均溶蚀量（X）相关图

向广西盆地的过渡地段（或称斜坡地带）三个地貌单元，它们构成了三种水流的形式。

1. 云贵高原

这一地区还未受到河流基准面下切的影响，地表、地下河水流的坡降比较小，喀斯特洞穴和廊道分布近于水平，如云南路南附近的地下喀斯特洞穴和廊道，以及贵州普定后寨地下河等，地表坡降和地下河比降小、水流缓慢，水流交替作用的时间长，所以溶蚀强度减弱，溶蚀过程缓慢。

2. 过渡地带

滇黔接壤处的云南高原向贵州高原下降延伸地带，以及云贵高原向广西盆地过渡的斜坡地带，地表起伏大，地面坡降和地下河比降都高于云贵高原。水循环以垂直为主，水流交替的速度比较快，水、岩界面间隙减少，增加了介质与溶质，即水与碳酸盐交换速度，促进了喀斯特化的作用过程。

3. 广西盆地

海拔低，地面坡降小，且降水量高于上述地区，水流以水平方式为主，水的流速缓慢，汇流能力强，水与碳酸盐岩作用时间长，水量大，增加了喀斯特化过程。

（三）碳酸盐岩类岩性因素

碳酸盐岩的成分、结构与溶蚀的关系密切。本研究区岩性差异可使碳酸盐岩层之间的比溶蚀度相差两倍以上，甚至高达 16 倍。碳酸岩溶蚀作用的岩石学特征主要包括岩石的化学成分和矿物结构、岩石孔隙等物理的与力学的性质。根据红水河流域内碳酸盐岩的溶蚀试验，化学成分不同的碳酸盐岩的比溶蚀度相差 0. 75 以上，而岩石结构差异的比溶蚀度值变化很小，仅为 0. 12 ~ 0. 20，前者的影响程度可达后者的 6. 2 倍以上。而许多实际情况表明，原生孔隙虽可视为溶蚀作用的初始条件，但不是必要条件。一言以蔽之，碳酸盐岩的成分才是制约溶蚀的基本要素。红水河流域内碳酸盐岩可划分为石灰岩和白云岩两大类。其中，纯碳酸盐岩所占比例为85%，不纯碳酸盐岩所占比例为15 %，碳酸盐岩中的石灰岩占76%。但红水河流域内的碳酸盐岩层在区域分布上是不均衡的，贵州和云南境内纯灰岩比例低于全流域平均值，占该地区碳酸盐岩岩层40%左右，而白云岩类可达34%，尤以三叠系，下古生界和前寒武系中白云岩类比例较大。

二、喀斯特区现代溶蚀量的一种综合因子计算法

通过喀斯特泉水或地下河水中所带出的溶质，计算喀斯特溶蚀量的方法可追溯到 Gruber 和 Grabau。他们分别于 1915 年和 1920 年对苏联克里木山区和美国宾夕法尼亚的大利河谷碳酸盐岩的溶蚀强度进行过粗略的估算。然而系统地进行溶蚀量计算的研究，始于 20 世纪 50 年代末法国喀斯特学者 Corbel。在他的研究中考虑了水中搬运的 Mg · $CaCO_3$ 含量和汇水区平均年径流深值。随后 Wiliam 对此进行了修改，又考虑了汇水面积及其碳酸盐岩分布面积所占比例。此外，Gams、Pulina、Lang 等都对它稍做修改（Ford and Williams，1989）。尽管 White（1984）提出了与此不同的另一类计算方法，但本节仍采用现今通用的上一方法作为依据。

根据 Corbel 溶蚀量计算公式，国内的喀斯特研究者曾对我国一些喀斯特区溶蚀速度进行过定量研究，房金福（1985）、林钧枢等（1982，1986）也在辽东半岛南部、广西和浙江等地的喀斯特研究工作中开展过溶蚀量计算工作，但是这些研究结果都是零散的。

在进行某些特定区域喀斯特研究时，需要了解现代喀斯特作用强度，即溶蚀量区域变化，以至编制溶蚀量分布图。为此，本节根据溶蚀量受诸多环境因素综合制约的事实，用水化学计算溶蚀量公式，计算出的溶蚀量为已知样本，为实测水化学计算值，探讨以若干主要环境因子建立溶蚀计算公式。经七步推导，建成综合环境因子的溶蚀量计算式，对研究喀斯特形态成因与地带性规律都具有重要意义。

（一）确定已有样本

利用已有水化学资料计算各水点溶蚀量值。例如，对红水河流域内 400 多个喀斯特泉和地下河中的水化学资料进行分类计算，选出流域小、有代表性的 124 个点进行溶蚀量的计算，获得溶蚀量（X）(本节中用 Corbel 公式计算得到的 X 值简称溶蚀量)。

(二) 分类和归类

选定可获得的几个主要环境因子进行分类，并将上述样本（溶蚀量 X）分别按各点所属类型归类。例如，红水河流域碳酸盐岩岩性分 K、KS、SK 三类，其中 K 表示碳酸盐岩中的石灰岩含量达到 60% 以上，KS 表示碳酸盐岩中的石灰岩含量为 40% ~60%，SK 表示碳酸盐岩石中的石灰岩含量低于 40%。地貌形态在一级分类基础上再按海拔和起伏度分为 P、L_1、L_2、L_3、M_1、M_2、M_3 和 G 八类，其中 P 表示喀斯特化平原，L_1 表示浅切割的喀斯特低山，L_2 表示中切割的喀斯特低山，L_3 表示深切割的喀斯特低山，M_1 表示浅切割的喀斯特中山，M_2 表示中切割的喀斯特中山，M_3 表示深切割的喀斯特中山，G 表示喀斯特高山。

(三) 建立模型

通过各因子间关系性质的研究，建立环境因子与溶蚀量模型。在红水河流域研究中，认为各因素间呈相互牵制关系，于是列成乘积（或对数和）算式框架。

$$\hat{X} = a + b(L \cdot G \cdot E) \tag{1-1}$$

式中，$\hat{X}$ 为溶蚀量；a 为常数项；b 为系数；L 为岩性分值；G 为地貌分值；E 为径流深值。

(四) 给出评分标准

参照已知样本的各定性因素与溶蚀量的关系，如各类的溶蚀量平均值，按定性分析各类型对溶蚀强度影响的序，给出一个初步的评分标准（分值）。

(五) 求回归系数

按这些标准给出各定性因素的分值和其他因素的值，用回归分析方法求出框架公式中的回归系数（a、b）。

(六) 计算溶蚀量

按求出的 a、b 值及各因素值代入框架公式，求出各已知样本的计算溶蚀量。

(七) 确定定性因素量化分值标准

比较分析上项中所求得的数值，对各定性因子数值按评分标准做适当调整，重复上述（四）~（七）各步骤，直至符合要求或不能再做调整与改正为止。最后确定的定性因素量化分值标准见表 1-4，其中岩性分值在表中范围内根据具体情况给定。例如，此在红水河流域最后推导出综合环境因子溶蚀量方程，其回归

系数 $r=0.91$。

$$\hat{X}=0.000\ 08L\cdot G\cdot E \tag{1-2}$$

表 1-4　岩性与地貌类型分值

<table>
<tr><td rowspan="2">项目</td><td colspan="8">岩性类别</td></tr>
<tr><td colspan="3">K</td><td colspan="2">KS</td><td colspan="3">SK</td></tr>
<tr><td>岩性分值</td><td colspan="3">60% ~80%</td><td colspan="2">40% ~60%</td><td colspan="3">20% ~40%</td></tr>
<tr><td>地貌类型</td><td>P</td><td>L_1</td><td>L_2</td><td>L_3</td><td>M_1</td><td>M_2</td><td>M_3</td><td>G</td></tr>
<tr><td>地貌分值</td><td>11</td><td>12</td><td>13</td><td>14</td><td>15</td><td>16</td><td>17</td><td>18</td></tr>
</table>

（八）多元回归分析

在上述方程中，L、G、E 三个因素的权重是相同的，但因 L、G、E 的分值离差系数不同，所以它们的影响实际上并不相同，即有不同的权重，一般而言，上式已可应用。为了分析三个因素的权重影响，也为了提高计算的精度，使其更为接近于实测水化学计算精度，对水化学计算溶蚀量 X 的对数值与 L、G、E 三个因素的对数值 $\ln L$、$\ln G$、$\ln E$ 进行多元回归分析，得出回归方程［式（1-3）］。

$$\ln\hat{X}=-4.32+0.807\ln L+0.497\ln G+0.567\ln E$$

即

$$\hat{X}=0.0133L^{0.807}\cdot G^{0.497}\cdot E^{0.567} \tag{1-3}$$

其方程的相关系数 $r=0.93$。从方程的比较中可以证明式（1-3）的相关系数略高于式（1-2）的系数。

为了在缺少径流深的情况时推算溶蚀量，选择降水因子代替径流深，因为径流深的变化很大程度上取决于降水量。为此同样求出近似式（1-4）。

$$\hat{X}=0.000\ 394L^{1.03}\cdot P^{0.885}\cdot G^{0.463} \tag{1-4}$$

图 1-2 检验了式（1-3）和式（1-4）的拟合程度。

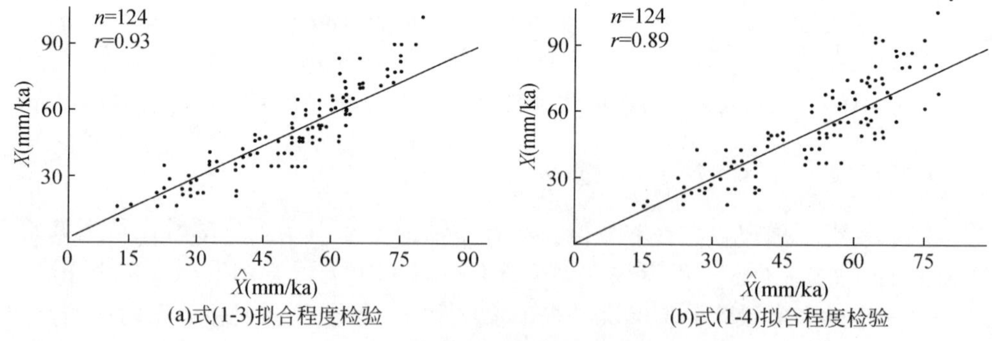

图 1-2　溶蚀量与综合因子相关图

三、红水河流域喀斯特区现代溶蚀量分布特征

根据各水点水化学资料计算值 X，加上前述因子相关法计算值 $\hat{X}$，绘成全流域溶蚀量等值线图，获得溶蚀强度变化的趋势。大体而言，红水河流域的溶蚀量，从上游到下游逐渐增大。上游地区（流域内的云南部分）除了沾益（达 50～60mm/ka）一带略高以外，大部分地区均为 20～50mm/ka；中游地区的（贵州部分）碳酸盐岩溶蚀量，兴义—关岭一带达 70～90mm/ka，其他地区均为 40～60mm/ka；下游地区（广西部分）碳酸盐岩的溶蚀量，除了南丹和来宾两个点以外，其他地区均为 50～80mm/ka，还有一些地区高达 90mm/ka 以上。从区域溶蚀量分布可以看出，下游地区的溶蚀量值大于中游地区和上游地区，下游地区的溶蚀量值比中游地区增加 10%、比上游地区增加 44%。这种区域分布趋势，是气候、碳酸盐岩的化学成分及地貌因素的共同影响结果。上游云南地区年降水量为 1086mm，中游地区年降水量为 1360mm，而下游地区年降水量约为 1530mm，个别地区甚至可达 2000mm 以上；温度变化情况，上游地区和中游地区多年平均温度为 15～16℃，而下游地区多年平均温度为 22℃，上游地区与中游地区相比温度情况相似，而降水量却低于中游地区约 25%，使碳酸盐岩的溶蚀量低于中游地区约 31%，可见降水量是最重要的。由于下游地区年降水量和温度均高于中游地区和上游地区，所以下游地区的溶蚀量值最大。红水河流域内不同地区的降水量、温度和溶蚀量的变化关系可用下式表示。例如，将上、中、下游地区的温度、降水量和溶蚀量值分别以：$C_{上}$、$C_{中}$、$C_{下}$、$P_{上}$、$P_{中}$、$P_{下}$和 $X_{上}$、$X_{中}$、$X_{下}$表示，可得到如下关系式。

$$\begin{cases} C_{上}=C_{中}，C_{中}<C_{下}； \\ P_{上}<P_{中}，P_{中}<P_{下}； \\ X_{上}<X_{中}，X_{中}<X_{下} \end{cases}$$

上述关系式可以说明当温度（C）相等而降水量增大时，碳酸盐岩的溶蚀量值（X）增大；当温度和降水量同时增大时，则溶蚀量值必定增大。从上述分析中可以看到，现代溶蚀强度与温度、降水的分布关系十分密切，在温度相同的条件下，降水量控制溶蚀作用的强度，当降水量和环境温度都高于其他地区时，溶蚀量明显增大。在溶蚀量上，下游地区大于中游地区和上游地区，形成的原因还与碳酸盐岩中的石灰岩所占比例有关。本流域内下游地区的溶蚀强度与温度、降水的分布关系十分密切，在温度相同的条件下，降水量控制溶蚀作用的强度，当降水量和环境温度都高于其他地区时，溶蚀量明显增大。在溶蚀量图上，下游地区大于中游地区和上游地区，形成的原因还与碳酸盐岩中的石灰岩所占比例有

关。本流域内下游地区碳酸盐岩岩石中的石灰岩占76%，而中游地区只占40%左右。

从表1-5还可以看到另外一个特点是，碳酸盐岩溶蚀量值有七个高中心点和三个低洼带。

表1-5　红水河流域喀斯特溶蚀量高中心点和低洼带分布

项目	溶蚀量的高中心点							溶蚀量低洼带		
地点	三都	融水 融江	罗城 环江	宜山	东兰	都安 马山	兴义 关岭	澄江 玉溪	陆良 开远	来宾
溶蚀量（mm/ka）	80	80	80	90	80	80	80	20	20～30	30

七个高中心点中，有六个高中心点分布在下游地区，剩余一个高中心点分布在滇黔交界处的斜坡地带。低洼带主要分布在上游地区的陆良—弥勒—开远—个旧和澄江—玉溪一带，占溶蚀量低洼带的1/3。高中心点的分布主要受降水量的影响，中游地区兴义至关岭一带的高溶蚀量值受准静止锋的影响，年降水量达1600～1800mm，溶蚀量值为70～80mm/ka，最高可达90mm/ka以上；而下游地区的六个溶蚀量值高中心点，都分布在广西盆地向山地转化的斜坡地带，呈季风迎风坡，降水频率大。而且斜坡地带水循环交替速度快，增加了水对碳酸盐岩的溶蚀过程，所以碳酸盐岩的溶蚀量高于其他地区。在碳酸盐岩溶蚀量的低洼地带中，澄江—玉溪和陆良—弥勒—开远—个旧的两个低洼地带，主要受气候因素影响，降水量只有800～1000mm，为全区最低地带，另外受岩性影响，这两个地区中的碳酸盐岩石中白云岩的含量比较高，溶蚀速率低，所以形成低洼带。广西来宾的低洼带，也受气候因素影响，年降水量和径流深值都低于下游其他地区，所以形成下游地区的低洼带。

综上所述，碳酸盐岩地区溶蚀量的大小变化，主要受气候、岩石化学成分及地貌影响下的水动力条件所制约。红水河流域典型区的试验证明这些因素组成的综合相关因子溶蚀量方程是可行的，只要有足够充分的环境参数，即可外延插补足够密的溶蚀量值。

第三节　喀斯特溶蚀强度分析与估算

溶蚀强度是喀斯特过程动力学研究的重要内容。目前可溶岩溶蚀量的测算方法有如下三种：①在实地用微侵蚀测量仪对所研究的可溶岩表面进行重复测量，确定其前后之变化，进而计算出实际的喀斯特剥蚀速度（强度）；②将标准的碳酸盐岩石试片布设在大气中、地面和埋在土层中，经过一定时间后重新测量其重量，从而计算出它们的溶蚀强度；③通过测量泉口或地下河出口的流量（Q）及水中所携带的溶质量（浓度 T），计算其集水流域喀斯特区的总溶出量 $X = T \cdot Q$。显然前两种方法都是直接实测溶蚀量，与后者相比可以说是测点的微观观测资料。后一种方法是从溶蚀介质中所含溶质浓度测算一个区域的总溶出量，进而间接推算该区域的平均溶蚀强度。一个泉或一条地下河的集水流域边界往往很难确定，而且区内的自然条件（影响溶蚀强度的各种因素）一般是非均匀的，使喀斯特过程兼有溶蚀与沉积。也就是说测得的是由不同溶蚀强度（包括沉积——负溶蚀强度）的点组成的大大小小流域的总溶蚀量或平均溶蚀量。这就给分析溶蚀强度与各有关因素的关系带来很多困难。目前被广泛引用的 Corbel 溶蚀量公式：$X=4ET/100$（式中，E 为地表径流深，单位为 dm；T 为溶质含量，单位为 mg/L），就是这种计算方法之一。它实际上是用地表径流深乘一个系数（0.25），概略地代替地下水流量（Q）。这里隐含了“溶蚀量的区域差异（计算流域内的差异）与地表径流的区域差异相同”这一假定。而在自然界中这个假定显然并不总是成立的，因为溶质含量在一个流域内并不是到处相同的，而地表径流深与地下水流量比值在流域内也不总是一个常量，各流域的平均比值也不应该完全相同。实际上，随着各地喀斯特发育程度的差异，地表径流转换成地下水量的系数是不同的。以热带喀斯特区红水河流域而言，渗入系数为 0.3 ~ 0.9，其中 0.3 ~ 0.6 可占 69%，明显比北方喀斯特区大。所以按 Corbel 公式计算出的溶蚀量与实际溶蚀量是有距离的。但它毕竟是目前为较多研究者认可的，获得较大范围溶蚀量概略值的一种方法，是人们建立宏观的区域溶蚀强度概念的重要依据。因此，本节以红水河流域中 124 个水化学测点资料和各点相应的径流深，按 Corbel 公式算出溶蚀量（X，mm/ka）。以此为基础，分析它们与对应点的年降水量（P，mm）、气温（C,℃）、岩性和地貌条件（包括形态、海拔起伏度等）的关系，研究多因素综合对溶蚀强度的影响及各自的地位，并给出溶蚀强度的估算公式。由于所依据的仅是按 Corbel 公式计算出的溶蚀量估算值，而不是实际的溶蚀量，同时与之匹配的各有关因素数值也由于喀斯特地下与地表集水区域不完全一致而难以准确确定。故对目前所取得的这些数据只能假定它们能够反映总体趋势，即在这些数据中出现某些异常情况也是完全可能的。

降水是喀斯特溶蚀过程中溶蚀介质的主要补给源，降水量与溶蚀量的正相关关系已被许多学者所论证（Sweeting，1980；陈治平，1985）。岩石的可溶性是溶蚀过程的另一个必要条件，岩石可溶与溶蚀量有正相关关系，也已为许多岩性和喀斯特水化学分析及模拟试验所证实（Sweeting，1973；中国科学院地质研究所岩溶研究组，1979）。在纯水中 $CaCO_3$ 溶解度随温度的增高而增大，但在一定的

CO_2气压下，水对CO_2的吸收系数随温度增高而下降，$CaCO_3$溶解度也相应下降。许多单因子实验得出：在相同条件下，温度与溶蚀速度呈负相关关系，但另一类条件下的实验却得出相反结果（Ford and Williams，1989；White，1984；黄尚瑜和宋焕荣，1987）。上述封闭系统中，溶蚀速度既受气相CO_2浓度的控制，也受温度的控制。例如，溶于水中的CO_2在0℃时比35℃时高3倍，但另一种情况是，在溶蚀的反应过程中，温度升高将加大空气中CO_2向水中扩散的速度，使水中CO_2加速恢复平衡，这种反应速度随温度每增加10℃大约加快1倍（Bögli，1980；任美锷和刘振中，1983）。这只有在开放系统下才能充分满足，完成碳在溶蚀平衡过程中$CO_2-H_2O-CO_2$，气、液、固三相耦合循环的作用（袁道先，1993a）。在自然界中，溶蚀作用绝大部分恰是在开放系统下进行。此外，温度的变化也必然引起其他自然因素的变化，进而影响溶蚀，如生物成因的CO_2的地带性变化（Jakucs，1977）。可见温度对溶蚀强度的影响是很复杂的，是正相关还是负相关，至今学术界尚无定论。地貌条件有类似情况，海拔因素以至山脉走向、坡向会影响温度和降水；起伏度（地面对地方基准的高差）则影响水的运动，起伏度大的地区，一般地下水力坡度较大。地下水流速的增加会减少水与可溶岩接触的时间，还将使水/岩界面扩散层减薄，增大化学势梯度，加快溶蚀反应速度。此外，起伏度大的地区，一般渗流带厚，水与可溶岩接触的时间和空间增加。喀斯特地下水流除受起伏度影响外，还受水文地貌（地质）结构与喀斯特发育程度等的影响。无疑，在红水河流域内，峰丛洼地、峰林谷地、峰林洼地与峰林平原对降水的汇流、入渗及相应的地下通道条件是不同的。本节试图超出典型区范围在全国统一标准情况下，加以考虑。至于喀斯特地块中管流与扩散流，对大区域而言，一时难以给出统一标准进行具体划分，这里暂且假定它们对溶蚀强度的总体影响，在区内各点相近，所存在的差异将包含在估算误差之中。一些特大影响所造成的结果，将作为“奇异”样本对待。

溶蚀作用仅在可溶岩石中发生，而且如果没有溶蚀介质，溶蚀作用也就停止。所以简单的加权平均模型是显然不能模拟这种情况的，也就不能用它估算溶蚀强度。为了充分运用线性回归分析，假定溶蚀强度与降水量、岩石可溶性、气温、地貌条件等因素存在乘幂关系，这里对它们均取对数，仍用线性回归分析进行初步分析。

在本节所讨论的四个因素中，降水量与气温是数值型的，而岩石的性质对溶蚀强度的影响可归结到可溶性，它一般可用模糊尺度给予评定，或用相对溶蚀（解）度等测试予以数值化，如从实际效果出发也可概括地用专家打分的方法进行数量化处理（本节就采用此法）。对地貌条件的量化，由于缺乏公认之准则，而现有的资料又不可能提供足够数量的降水量、温度和岩石可溶性分值都相近的各种地貌类型之样本进行比较。因此，本节以横跨云贵高原，经斜坡带到广西丘陵盆地的湿润中亚热带至南亚热带的红水河流域为典型区，采用如下方法，先进行一个粗略分析：在 124 个样本中选取岩石可溶性分值较高的 89 个样本。以溶蚀量对数为纵坐标、降水量对数为横坐标，用不同符号代表不同的温度等级和不同地貌类型，分别点绘成两张图（图 1-3 和图 1-4）。这两张图的总体趋势确实反映了溶蚀量与降水量的正相关关系。

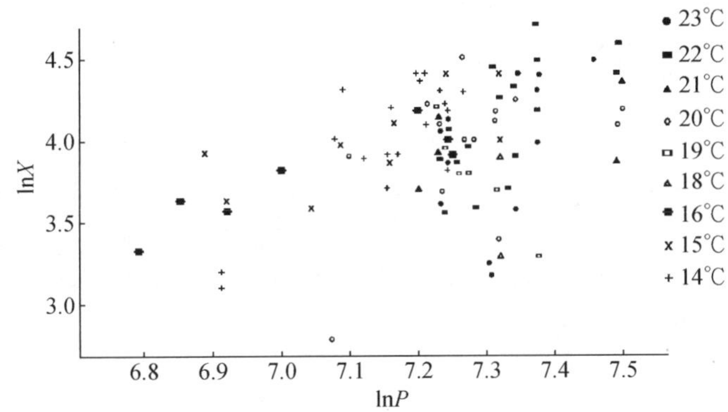

图 1-3　不同温度下溶蚀量与降水量的关系

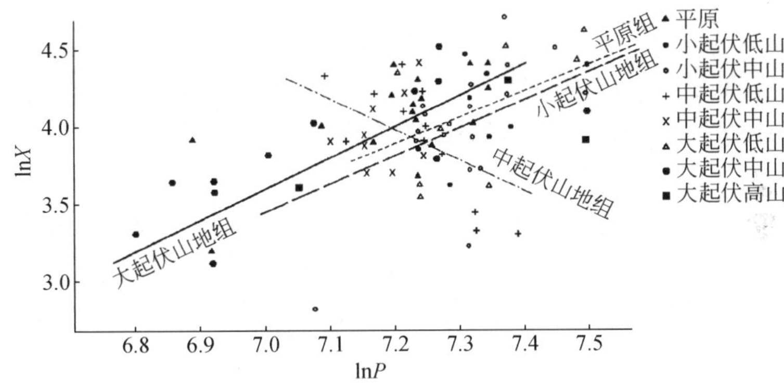

图 1-4　不同地貌类型下溶蚀量与降水量的关系

从图 1-3 可以看到：温度较低的样本主要分布在图的左侧，即温度较低的样本其降水量也较少；在右侧温度较高的样本中，有 21℃、23℃样本稍高的趋势；降水量中等的样本在图的中部各种温度的样本杂布，很难做出温度与溶蚀量是正相关还是负相关的判断。总之，在所用的资料范围内，看不出温度对溶蚀量明显的规律性影响，因而在以下的分析中只能暂不考虑温度这一因素的影响。

从图 1-4 可以看出，平原和小起伏山地样本的溶蚀量总体上略小于大起伏山地的趋势。为了进一步分析，根据《中国 1∶1 000 000 地貌图制图规范（试行）》(中国科学院地理研究所，1987）和中国 1∶4 000 000 地貌图分类系统（陈志明，1993)，把 89 个样本按地貌类型分为平原（18 个)、小起伏山地（35 个)、中起伏山地（21 个）和大起伏山地（15 个）四组，分别进行溶蚀量对数与降水量对数的线性回归，得到如下四个方程。

平原组：$\ln X=1.57\ln P-7.42$，$F=3.22$，$p=0.087$

小起伏山地组：$\ln X=1.81\ln P-9.20$，$F=9.15$，$p=0.05$

中起伏山地组：$\ln X=-2.32\ln P-20.7$，$F=2.29$，$p=0.014$

大起伏山地组：$\ln X=1.91\ln P-9.78$，$F=26.99$，$p=0.000$

四个方程中，中起伏山地组方程溶蚀强度与降水量呈负相关关系，显然与前述的物理化学机制分析结果相违背，稍加分析即可发现中起伏山地组的 21 个样本中，三个大降水量的样本的溶蚀量较 89 个样本所反映的总趋势明显偏低，它们应看作是“奇异点”，而另一个降水量较小的样本又偏高，除此之外，其余 17 个点在图上的分布近于圆形。

可见违背理化机制结果是由样本中的“奇异”情况造成的。大起伏山地组的回归方程的 F 检验值明显大于其他三个方程（这与其样本中降水量变化幅度较大有关）且是三条正相关回归线中位置最高的，即起伏度最大的有最大的溶蚀量，由此可以认为起伏度增大在总体上有利于溶蚀作用。平原组回归线落在大起伏山地组和小起伏山地组之间，F 检验值最小，考虑到平原一般是地下水的排泄区，其水中碳酸盐含量相当一部分来自平原区之外，因而按 Corbel 公式推算的溶蚀量很可能偏大，因此可以认为平原组样本的实际溶蚀量应该与小起伏山地组相似或更低。而区外带来的溶质所造成的偏差很可能正是平原组回归方程 F 检验值特别低的重要原因。至于反映海拔的低山、中山、高山在图 1-4 中乃至整个样本，都看不出有较显著的规律性趋势。总之，地貌条件对区域性溶蚀强度之影响不太大，起伏度增加会使溶蚀强度稍有增大。据现有资料数值的分析可以确定地貌类型（条件）的分值如下：平原，11；小起伏山地，12；中起伏山地，16；大起伏山地，17。下面就以这样的量化值进行分析。

在完成了数量化之后，便可运用数理统计方法分析各因素对溶蚀强度的影响。根据以上对溶蚀机制的分析，首先分别用全部 124 个样本进行溶蚀量对数（$\ln X$）与岩石可溶性分值（25～80）对数（$\ln S$）和年降水量对数（$\ln P$）的一元回归和二元回归，得到如下三个方程。

$$\ln X=0.937\ln S-0.024 \qquad F=102.3,\ r=0.68$$

$$\ln X=1.60\ln P-7.72 \qquad F=57.78,\ r=0.57$$

$$\ln X=0.849\ln P+0.725\ln S-5.27 \qquad F=65.83,\ r=0.72$$

在两个一元回归方程中，第一个方程的 F 检验值比第二个方程的大，在二元回归方程中，对 $\ln S$ 的 F 显著水平（7.15）比对 $\ln P$ 的 F 显著水平（4.12）大。因而可以说样本点及它们所代表的区域及有相似条件的地区溶蚀量与岩石可溶性的关系大于与降水量的关系，或者说溶蚀强度受岩石可溶性的影响较大。考虑到全部样本中，降水量最大值为 1818mm，最小值为 900mm，两者相差只占自然界中降水量变化范围中很小部分，且其降水量是偏大的，岩石可溶性最大值为 80，最小值为 25，两者相差三倍有余，几乎已包括自然界中的可能范围，故对一般情况（即包括其他地区）还不能说岩石可溶性对溶蚀强度的影响大于降水量。

根据上述分析，地貌条件对溶蚀强度应有一定影响，故以地貌分值对数（$\ln G$）作为地貌因素加入，进行多元回归分析得到如下方程。

$$\ln X=1.03\ln P+0.74\ln S+0.482\ln G-7.90$$

其检验值 $F=48.87$，相关系数 $r=0.74$，稍有提高，故可以认为地貌条件对溶蚀强度有一定的影响的推断是成立的。

从溶蚀机制分析，溶蚀强度可能主要决定于限制性最大的因素，即当降水量较小时，溶蚀强度主要受降水量的影响，而当岩石可溶性很小时，溶蚀强度则主要取决于岩石可溶性的大小，即影响溶蚀强度各因素的权重不是固定的，各因素的权重随环境条件（各因素的取值）不同而变化。上述的小起伏山地组回归方程斜率（1.81），比大起伏山地组回归方程斜率（1.91）小，可能就是变权的反映，即在降水量小时，溶蚀量较多受降水量的限制，起伏因素的影响相对较小，两者相差也较小，随着降水量增加其限制减小，起伏因素影响增大，两者差别也就加大。据此分析，溶蚀强度估算方程应该用因素值越小（对溶蚀限制越大）其权重越大的变权模型表述。各因素的变权函数可规定为

$$a_{\mathrm{P}}=\frac{a}{\ln P}\Big/\left(\frac{a}{\ln P}+\frac{b}{\ln S}+\frac{c}{\ln G}\right)$$

$$a_{\mathrm{S}}=\frac{b}{\ln S}\Big/\left(\frac{a}{\ln P}+\frac{b}{\ln S}+\frac{c}{\ln G}\right)$$

$$a_{\mathrm{G}}=\frac{c}{\ln G}\Big/\left(\frac{a}{\ln P}+\frac{b}{\ln S}+\frac{c}{\ln G}\right)$$

式中，a_{P}、a_{S}、a_{G} 分别为降水量、岩石可溶性和地貌条件三个因素的权重，a、b、c 为待定系数。这样溶蚀量的估算模型便可写成

$$\begin{aligned}\ln X &= a_{\mathrm{P}}\ln P + a_{\mathrm{S}}\ln S + a_{\mathrm{G}}\ln G\\ &= (a+b+c)\Big/\left(\frac{a}{\ln P}+\frac{b}{\ln S}+\frac{c}{\ln G}\right)\end{aligned}$$

对两侧取倒数，则有

$$1/\ln X=\frac{a}{a+b+c}\frac{1}{\ln P}+\frac{b}{a+b+c}\frac{1}{\ln S}+\frac{c}{a+b+c}\frac{1}{\ln G}$$

用多元回归分析方法，求 $1/\ln X$ 与 $1/\ln P$、$1/\ln S$、$1/\ln G$ 的关系，得到如下回归方程：

$$1/\ln X = \frac{4.21}{\ln P} + \frac{0.829}{\ln S} + \frac{0.295}{\ln G} - 0.636$$

其检验值 $F=50.34$，相关系数 $r=0.75$，两项均略高于前一个三元回归方程，因而可以认为关于变权的推论得到这 124 个样本提供的信息的支持。这个变权模型至少适用于红水河流域。

确定了模型的基本形式之后，为了验证上述对地貌和温度因素的初步分析，特别是地貌条件量化的分值是否合理，先用回归分析方法求出 $1/\ln X$ 与 $1/\ln P$、$1/\ln S$ 的二元回归方程：

$$1/\ln X = \frac{3.14}{\ln P} + \frac{0.811}{\ln S} - 0.406$$

计算出溶蚀量估算值（$\ln' X$），并求出误差（Δ）

$$\Delta = \ln X - \ln' X$$

然后分别点绘 Δ 与 $\ln G$、$\ln C$ 的关系平面图（图 1-5 和图 1-6）。

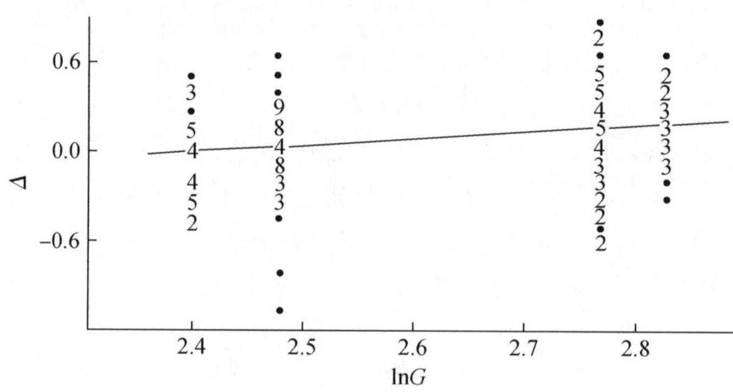

图 1-5　可溶性估算溶蚀量的误差与地貌分值量的关系

从图 1-5 可以看出，Δ 与 $\ln G$ 有不甚明显的正相关关系，四种类型地貌样本的 Δ 值中四个点几乎在一条斜率不大的直线上。由此可以认为上面给出的地貌条件分值至少对这 124 个样本是恰当的。从图 1-6 可以看到，124 个样本点形成两团，看不出误差（Δ）与温度因素 $\ln C$ 有什么明显关系，也就是说增加温度因素不能提高估算的精度，故在模型中暂不考虑温度因素是合适的。

综上所述，溶蚀强度主要受岩石可溶性和降水量两个因素的影响，地貌条件也对溶蚀强度有一定影响，但其作用相对偏小。溶蚀强度是有关因素的乘幂函数，它们的指数（可看作是各因素的权重）不是简单的常数，而是随各因素的取值而变，所以可称为变权乘幂模型（哪个因素对溶蚀的相对限制越大则其相对

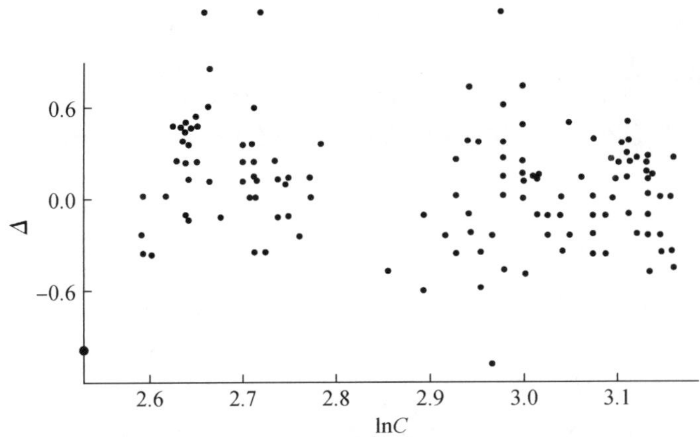

图 1-6　可溶性估算溶蚀量的误差与温度的关系

权重也越大)。

当然溶蚀强度和喀斯特地貌演变速度是有区别的，喀斯特地貌形成过程中除了溶蚀作用外还有侵蚀作用和其他因素的影响。最后还应该指出：由于 Corbel 公式计算出的溶蚀量本身存在着种种问题，因此上面推导出的溶蚀强度估算模型的精度不能简单地以本节所列出的回归方程精度来衡量。应该找出有确切的实际溶蚀量和与之匹配的因素数值按模型计算出的溶蚀量进行比较。实际上，对 Corbel 公式也应该用同样或类似的方法进行检验。虽然这两种估算模型的建模方法、依据的原理和资料是完全不同的。

第二章　喀斯特地貌形成与发展研究——气候地貌观点

从地理学的观点出发，地理因素的基本条件是水和热量，称为外营力，岩性和构造因素是基础，构造运动是内营力。构造上升，它不能马上形成现在那样的喀斯特地貌，要成为现在的喀斯特地貌，必须有流水的切割和溶蚀作用的雕刻。这两个因素在喀斯特地貌的形成过程中既有独特的作用，也有综合的作用。尤其是对温度非常敏感的溶蚀作用的加入，形成了千变万化的喀斯特地貌景观。在喀斯特地貌形成过程中，这两个因素怎样发挥作用，是地理学界要讨论的核心问题。

第一是热量平衡系统。它决定了喀斯特地貌形成和发育的环境因素，其综合表现为“溶蚀强度”，它是喀斯特地貌形态形成和演化的能量条件，是“软实力”，主导和控制着喀斯特地貌的发展。喀斯特地貌形成理论中的热量环境因素，不是一个单独的温度因素。温度的高低，控制着溶蚀反应的速度。例如，多种混合溶蚀作用都是在温度控制下进行的，地下溶蚀作用很多是由混合溶蚀作用形成的，不同气候带中地下溶蚀量的大小就是一个明证。温度还控制着生物作用，温度的衍生作用包括土壤、植被和其他环境因素，以及与此有关的 CO_2的形成，都是与温度高低有密切关系的。有机质的分解，也产生大量的 CO_2，其分解速度也受温度的控制。水中 CO_2的含量是形成溶蚀的主要组成因素。温度控制着溶蚀作用的变化。这与温度的地带性分布密切相关，许多地表地貌的发育主要是在夏季进行的，我国南北夏季温度梯度虽然很小，但仍表现为从热带向寒带温度呈阶梯状下降，这种规律决定了溶蚀强度的变化特点。因溶蚀强度是喀斯特地貌发育的控制因素，上述规律导致喀斯特地貌地带性分布。虽然溶蚀强度主要受温度控制，但同时也受到多种作用的共同影响，单从温度去研究地带性规律，有时很难说明问题。在研究溶蚀规律时，还出现了有的学者不考虑温度的作用，只强调降水量的因素。但降水量的分布，除了受地带性因素影响外，还受局部地形、海陆分布特征等的影响，分布很不均匀，不能圆满地解释喀斯特地貌地带性分布的原因。这种单因素的研究方法，并不能解释喀斯特地貌的形成与发展规律。

第二是流域的因素。在很多喀斯特地貌的文章中注意到流域在喀斯特地貌形成中的作用，但也有将降水量多少与喀斯特地貌的特征相联系。事实上降水量与喀斯特地貌类型的形成没有直接关系，降水量与地面不同的条件相结合，才能形成不同的喀斯特地貌形态。在同样降水量分布的地区，分布着各种喀斯特地貌。任何喀斯特地貌的单个形态不可能脱离流域的条件形成和发展。

上述两个因素都不能单独形成喀斯特地貌，温度控制的溶蚀强度是喀斯特地貌形成的控制因素，赋予喀斯特地貌地带性的特点。反过来说，没有溶蚀强度这个因素，只有流水作用，只能产生各种各样的流水地貌形态。两者密切配合，才能形成喀斯特地貌的地带性和不同地带中各式各样的喀斯特地貌类型。雨水降落到地面是造貌作用的开始，不同地形的坡面流汇成河流。不同的坡形、坡度、河流比降，具有不同的动力过程，形成各具特色的地貌类型。流域成为喀斯特地貌形态形成的摇篮，构成喀斯特地貌的生成系统。

溶蚀强度的分布与气候地带性是一致的，因此喀斯特地貌分布与气候地带性分布也基本一致。

这些因素在地貌发展的历史中，也随着构造、水情、生态和气候的变化而不断发生变化，并在碳酸盐岩山体上留下了深刻的时空记忆，使喀斯特地貌形态特征呈多期化和多样化。

喀斯特地貌地带性特征建立在纯的碳酸盐岩条件下，在相近温度的作用下，形成相同的喀斯特地貌带，具有独特的地貌类型。地球上温度分布的不同，形成了不同的喀斯特地貌带，使喀斯特地貌具有地带性分布特征。降水量的特征、分布更丰富了喀斯特地貌带的分布多样性，这些是宏观喀斯特地貌研究的内容。

即使在相同的温度条件下，因碳酸盐岩岩性的差别，溶蚀物质含量的不同，也会产生形态各异的喀斯特地貌。降水与地面条件的结合，同时可以形成各种不同的地貌形态。例如，热带喀斯特地貌区域形成平原、峰林与峰丛等地貌形态。

我们把上述温度与流域因素结合的分析方法称为气候地貌法。

喀斯特地貌的形成过程中，各种自然条件的作用很复杂。长久以来，都是以定性分析和描述为主，原因是定量分析十分困难，更重要的是没有找到合适的条件和关键的因素。本书研究中，确定了流域和溶蚀强度为喀斯特地貌的理论核心。定性的分析方法仍然是重要的分析方法，它为定量和半定量研究打开了道路，使喀斯特地貌的形成和分布特点研究有更加清晰的脉络，为喀斯特地貌发育规律的现代化研究开辟了道路。

本章试图从喀斯特地貌形成原因着手，探讨喀斯特地貌的成因和演变。喀斯特地貌的成因是多因素的，是在复杂因素中平衡的产物，但要充分研究各种因素还有一定困难。目前，只能利用已有的成熟条件，如温度和降水量以及系统的观测数据，研究温度和降水量的相互关系，探索溶蚀强度与喀斯特地貌形成和分布规律的关系。其中，温度的分布决定了溶蚀强度大小，降水在流域中构建了喀斯特地貌形成的动力系统。不同地带溶蚀强度的差异形成了不同的喀斯特地貌系列。本章将分两个部分进行讨论。

第一节　喀斯特地貌形成的热量因素：溶蚀强度

喀斯特地貌作为气候地貌，是在岩性和构造的基础上，由内营力（构造运动）和外营力（水和热量）共同作用下形成的。溶蚀强度是水和温度的函数，在不同气候地带、不同的水情和温度作用下具有不同的代表性的地貌形态。在外营力之中，溶蚀强度是一个控制因素。其中，温度和水各有独特的作用，也有互相配合的作用。在形成溶蚀强度的诸因素中，温度是喀斯特地貌形成和发展的首要因素，喀斯特地貌的特点与温度的分布有密切的关系。温度越高，喀斯特地貌的发育强度越高，所以喀斯特地貌具有地带性的特点。在形成溶蚀强度的诸因素中，温度的影响非常关键。地球表面温度的分布受控于地球表面受到的太阳辐射分布的规律。

一、太阳辐射是喀斯特地貌形成的热源

太阳辐射对地理环境的影响，有直接的作用，也有间接的作用，地球上的大气、水、生物是地理环境要素，它们本身的发展变化及各要素之间的相互联系大部分是在太阳辐射的驱动过程中完成的。地球表面划分为五个温度带。因为地球表面各个地方的纬度不同，不同纬度带获得的太阳辐射热量是不一样的。例如，热带一年中太阳可以直射，获得的热量最多；寒带太阳高度很低，并且有长时间的极夜，所以获得的热量最少。我国东部年平均温度的分布，在北纬25°～40°，向北大体每五个纬度下降3℃；北纬40°以上，向北每五个纬度年平均温度下降6℃。北纬40°以上，太阳入射角减小，太阳辐射量迅速降低，作用于地球表面的热量迅速减少，年平均温度随之也加速下降。

根据气象学的理论，大气运动的动力来自太阳辐射，太阳对地球–大气系统的加热是不均匀的。为了保持地球大气的热平衡，赤道与南北极之间产生空气流动，如果没有海陆和山脉影响的话，由于地球自转的影响，在北半球的近地面的大气流动的情况为：赤道到北纬30°为东风带，北纬30°～60°为西风带，北纬60°以上又为东风带，称为行星风系。在古近纪，我国的气候带基本就是这种格局，由此导致植物区系的不同、雨量分布的不同、环境的不同。新近纪因青藏高

原的隆升、海陆的变迁，从东到西形成逐步升高的阶梯状地形特点，形成非地带性规律，导致温度场的变化和季风气候的形成。青藏高原北部，在干旱的下降气流的作用下，我国西北地区的气候越来越干燥。以上这些条件形成了我国现在的温度地带性和非地带性的气候分布规律。在不同的气候地带，湿润与干燥、生物群落的分布、土壤的化学特性、降水量的区别，都是在不同温度场的分布条件下形成的。它们也对喀斯特地貌的发育起着重要作用，加速或延缓了喀斯特地貌的形成。

二、环境因素与溶蚀强度

（一）温度与溶蚀强度的关系

温度与溶蚀强度的关系是显而易见的，从喀斯特地貌分布的特点就可以看出，热带喀斯特地区的溶蚀强度要大于亚热带和温带。溶蚀强度与温度之间的相关性引起广大科学家的强烈兴趣，做了大量的试验研究，大多数研究结果证明溶蚀强度随温度升高而增强；也有相反的结果，认为随温度增高而降低。这说明温度与溶蚀强度的关系比较复杂，因此需要进行多方面、多因素的研究。黄尚瑜和刘焕荣（1987）根据试验结果（图 2-1），指出碳酸盐岩的溶蚀作用与环境温度有密切关系，低温和高温都不利于碳酸盐岩溶蚀，中温（40～60℃）是溶蚀作用的最佳温度段。白云岩在 60℃出现峰值，灰岩和大理石则在 40℃出现峰值。总的来说，当温度太低时，极不利于碳酸盐岩的溶蚀作用。温度上升到 25℃时，溶解速度明显加大；当达到 40℃时，碳酸盐岩溶蚀速度最大。温度低于 65℃时，溶蚀速度与温度呈正相关；高于 65℃时，随着温度升高，因 CO_2 容易逸出，溶解速度反而下降。这是室内溶蚀量研究的结果之一。

这个试验结果表明，在一定温度范围内溶蚀强度是随着温度升高而加速发展的。有个极限值，即灰岩与大理岩是 40℃，白云岩为 60℃。超过这个温度，溶蚀强度开始下降。我国陆地年平均温度在海南岛为 24℃，大兴安岭最低，为 −4℃，处于环境温度的常温与低温之间，碳酸盐岩的溶蚀条件处于较好和不利段。从夏半年的温度分布看，赤道雨林热带喀斯特区域年平均温度可达 27℃，我国热带季雨林喀斯特区域夏半年平均温度达 25～27℃，南亚热带喀斯特地貌区域年平均温度为 24℃，这种温度分布情况说明热带喀斯特地貌区域处于溶蚀速度加速的地段。在广东和广西等地，7～9 月是高温时期，温度极值往往高达 37～40℃，处于溶蚀速度最大的温度段，这也可说明湿润的热带、亚热带喀斯特地貌比较发育的原因。

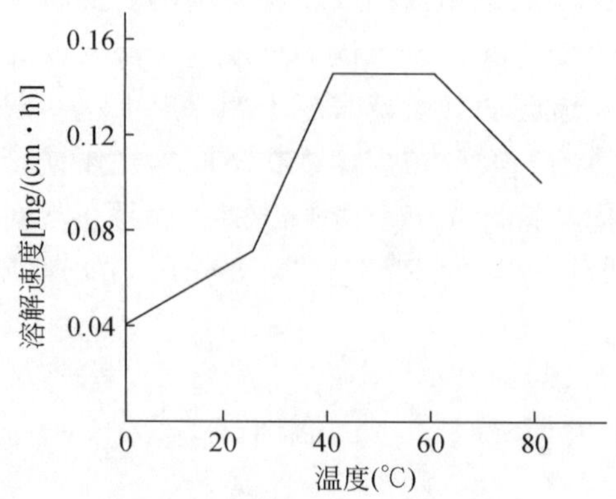

图 2-1 溶解速度-温度关系图

资料来源：黄尚瑜和刘焕荣，1987

（二）环境与溶蚀强度的关系

喀斯特地貌发育是一个自然地理过程，一系列自然条件具体影响着喀斯特地貌的形成和发展，其中最为重要的是土壤和植被。

土壤类型及其化学特性的分布与温度、降水量、母岩、植被和微生物等因素有关，具有地带性的特点，使土壤具有酸性、中性和碱性的区别。凡温度高、降水量大的地方，植被也茂盛，一般发育酸性土；当年降水量降低到400mm以下时，无论温度高低，不管在热带或亚热带都会形成碱性土。土壤酸碱度对于喀斯特的发育有很大的影响，尤其是对地下喀斯特的发育更为重要。所以土壤和地表水、地下水的酸碱度（pH）也可以作为喀斯特地貌形成和发育的重要指标。

我国东部，秦岭—淮河一线以南地区，温度较高，降水量也较大，土壤化学特性以酸性为主，酸度由南向北降低，土壤由强酸性向酸性过渡，pH由4.5增加到6.5。这里是我国喀斯特地貌最发育的地区，也是潮湿而炎热的热带、亚热带喀斯特地貌发育的主要地区。

在我国大陆，酸性土主要分为强酸性土和酸性土两种，其分界线大体在福州—梧州—百色一线。该线以南土壤pH为4.5～5.5，属强酸性土壤，是喀斯特地貌强烈发育的地区，主要的喀斯特地貌类型是峰林和峰丛-地下河系统。这条界线与实际的峰林北界不完全一致，原因是峰林形成时的温度比较高，而现在的自然地理界线是在第四纪形成的，其气候条件比峰林形成时期的温度要低一些，所以该线处于在峰林实际分布界线以南。在峰林北界（湖南零陵附近）以北，到秦岭—淮河一线，土壤的pH达6.5左右，喀斯特地貌类型为缓丘和丛丘-地下河，属典型的亚热带喀斯特地貌。秦岭—淮河一线以北地区一直至沈阳，现代气候属于暖温带气候，华北地区虽然离海较近，但处于西风带上，受海洋的影响较小，在半干旱的气候条件下，干燥的空气不利于溶蚀作用的开展，所以溶蚀量远远不及湿润区域，降水量也远比热带、亚热带地区少得多，限制了地表喀斯特地貌的发育。这里是太阳辐射由收入向支出转化的地区，土壤属中性土。土壤中具有盐分积累，pH 达 6.5 ~ 7.5。降水量稀少，主要靠裂隙渗漏补充地下水，短暂的雨季，缓慢的流速，地下水基本上得不到土壤层中溶剂的补充。由于长期处于半干旱的气候条件下，空气干燥，导致土壤发生蒸腾作用，土壤中所含盐类在地面积聚。当雨水降落到地面时，其溶蚀因素含量很低，基本上在地面受到盐碱的中和作用而消耗，减弱了近地面碳酸盐岩的溶蚀作用，土壤中微生物和植物形成的酸性物质也是中和者，也削弱了雨水溶蚀作用。所以地下溶蚀作用主要以地下混合溶蚀作用为主。在我国西部干燥少雨的荒漠区域，土壤以碱性和强碱性为主，pH 达 7.5 以上，更不利于溶蚀作用的发挥，是喀斯特地貌不发育的地区。

理论研究表明，当 pH 小于 6.36 时，水具有强烈的侵蚀性，当 pH 从 6.36 上升到 8.33 时，水的侵蚀性由强变弱；当 pH 接近或超过 10 时，水中的 H^+ 含量已极少，水溶液也逐渐失去对碳酸盐岩的侵蚀能力（韩行瑞，2015）。李宽良（1985）认为，水的 pH 越高，侵蚀性就越低，当 pH 大于 8.33 时，侵蚀性丧失。事实上，pH 达到 8.0 时，水中已无侵蚀性 CO_2；pH 小于 6.3 时，游离 CO_2 占主要地位，意味着具有强烈的侵蚀作用。pH 为 6.36 ~ 8.33 的水，具有弱侵蚀性至无侵蚀性。

上述理论研究与我国喀斯特地貌分布的特点基本一致。强酸性土壤区的 pH 为 4.5 ~ 5.5，是我国热带喀斯特地貌的分布区域。喀斯特地貌为峰林、峰丛–地下河。酸性土壤区的 pH 一般为 5.5 ~ 6.5，喀斯特地貌以缓丘、丛丘–地下河为代表。中性土壤区土壤的 pH 为 6.5 ~ 7.5，喀斯特地貌以常态山地–裂隙水为主。

碱性土分布区是喀斯特地貌不发育的地区，其 pH 大于 7.5，其中 7.5 ~ 8.5 为碱性土，8.5 ~ 9.5 为强碱性土，大于 9.5 为极强碱性土。碱性土分布在世界不同的地区。

1）分布在干燥区域，即年降水量在 400mm 以下的地区。无论在热带、亚热带或温带，只要年降水量低于 400mm，大体上都发育碱性土。这些地区喀斯特不发育。

2）分布在热带与亚热带地区的碳酸盐岩地层上。碳酸盐岩的风化物质和溶蚀残余物质形成碱性土，性黏。一般来说，这种碱性土溶蚀物质的量很少。在我国南方，由于地壳上升强度较大，峰丛洼地区域，流水侵蚀力大，这种土壤难以保持，所以土壤不会产生显著的中和反应，但在大的洼地的底部和平原区域，这种石灰土比较厚，呈碱性。土壤学称其为隐域土，其对覆盖下的喀斯特地貌发育有一定的影响，但对喀斯特地下系统的发育影响不大。原因在于热带、亚热带地区发育强酸性和酸性土壤，碱性土只呈斑点状分布，且这些地区降水量丰沛，渗漏通道和地下河非常发育，可以带来足够的有侵蚀性的水从这些隐域土层下通过，足以克服碱性土的负面影响。所以在碱性土覆盖下的碳酸盐岩中，各种地下溶蚀形态都很发育。

3）分布在热带海洋地区。海水的 pH 平均为 8.1，属碱性水。这里不是喀斯特地貌的形成区域，而是碳酸盐岩的形成区域。在热带海洋中广泛分布着珊瑚礁，这是碳酸盐岩形成的最初阶段，它的存在，表明 pH 为 8.1 的热带海洋中，已没有溶蚀碳酸钙的能力。在低潮位以上，珊瑚不能存活，疏松的珊瑚骨骼遭受雨水、风浪和不同程度的地表水溶蚀作用的破坏。我国南海众多的岛礁就是例子。还有一种原来为陆地喀斯特地貌，后来因地壳下沉，成为海洋喀斯特地貌，如下龙湾喀斯特。其水下部分的溶蚀过程被终止，海面以上部分，尽管岛上森林茂密，但在海洋环境下，喀斯特地貌发育也与热带陆地喀斯特地貌的发育过程不完全相同。

植被与喀斯特发育也有密切的关系，最主要的是与 CO_2 有关，它溶于水形成碳酸，是碳酸盐岩的溶剂。碳酸盐岩的溶蚀作用已有很多很深入的研究，众多科学家在室内和野外做了大量的试验研究，是当前研究喀斯特的核心理论之一。

碳酸盐岩溶蚀作用的基本反应式如下：

$$CaCO_3+H_2O+CO_2 \rightleftharpoons Ca^{2+}+2HCO_3^-$$

碳酸盐岩的溶蚀是一个开放系统，这个反应式的核心是水中 CO_2 的平衡问题，即水中的 CO_2 因溶解碳酸盐岩而消耗，由空气中的 CO_2 予以补充，达到平衡，也是可逆反应。只有空气中的 CO_2 不断补充水中消耗的 CO_2，碳酸盐岩才能维持不间断溶蚀。如果空气中的 CO_2 不再加入水中，水中的碳酸钙将达到饱和状态，化学反应就处于平衡状态，或向相反方向进行，碳酸盐岩的溶解过程被迫停止。上述方式是碳酸盐岩溶蚀作用的主要方式。温度的高低影响着化学反应的速度，在一定温度条件下，水中 CO_2 与空气中 CO_2 分压呈线性关系，温度越高、CO_2 分压越大时，反应速度就越快，溶蚀强度就越大。在地下，碳酸盐岩的溶蚀过程中还有一些特殊的现象，例如两种饱和的溶液混合后，可变为不饱和状态，继续进行溶蚀作用；不同温度的饱和溶液混合后，具有溶蚀性恢复的特点。

CO_2 是溶蚀作用的主要因素，它主要来源于土壤，由植被形成，植被根部的呼吸作用能生成大量的 CO_2。各种植被根系的深度不同，草本植物根系很浅，灌木根系较浅，乔木根系较深。根系的发育使地表层岩层破碎，增加溶蚀作用的工作面，所以森林茂密的地区，林下溶蚀作用较稀树林区强烈得多。植被的另一个作用是，枯枝落叶层的腐烂以及后来的微生物的作用，产生大量的 CO_2。以上这些因素，使得在地表土壤层中和一定深度范围里，形成了一个 CO_2 的富集带。所以土壤中 CO_2 的含量比空气中高得多，往往高出数十倍，甚至数百倍。土壤中 CO_2 不断地供应地下水，保持和提高地下水的溶蚀能力。土壤和植被产生的 CO_2 的分布与温度有关。匈牙利的 Jakucs（1977）系统地研究了 CO_2 的分布与溶蚀规律，认为除极地以外，所有地带性大气成因的碳酸对喀斯特作用影响不大，无机成因的碳酸和无机酸的数量随着温度和湿度的提高而增大，但是对喀斯特作用的意义并不重要。除了干燥地区外，土壤内生物成因的碳酸和有机酸，对碳酸盐类的溶蚀作用都是很大的。可见不同地带中不同生物气候强酸性占优势，降水量和温度的关系决定着喀斯特作用的强度。

在我国，室内或野外均做了大量的研究工作，测试了不同气候带土壤中 CO_2 的含量。有的地区（如桂林）建立了定位站进行长期定位研究；也有一些地区，进行了年度的系统研究，还有一些地区只做过一些短期的测定。对 CO_2 的日变化和年变化有了比较深入的了解，土壤中 CO_2 的含量基本上随着温度升高而增加，所以溶蚀强度具有日变化、年变化和地带性变化的规律。这一研究比较复杂，要开展全国性的系统研究有一定困难。

三、溶蚀强度与桂林标准

碳酸盐岩的可溶性造就了喀斯特地貌，因此喀斯特研究者都在致力于溶蚀特征的研究，探索喀斯特地貌发育的理论。一些科学家企图用溶蚀量（相当于溶蚀强度）来研究喀斯特地貌的形成发展和分布规律，自从 1959 年 Corbel 提出著名的溶蚀公式（$X=4ET/100$）以来，该公式就受到广泛的重视，在我国一些流域的应用结果表明，零星的数据大体可以证明溶蚀强度随着温度和降水量变化的规律。

20 世纪 80 年代实施的“全国石灰岩溶蚀观测网”计划，在全国设 12 个观测点，并以日本的秋吉台作为对照站，目的都是研究探索喀斯特地貌形成和发育的理论。

在地理学界，对于全国性的宏观研究则从另一个角度开展，即应用自然界水分、热量因素的相互关系来研究自然现象的变化发展规律，称为“水热平衡”。研究地表水分和热量的相互关系，以及这种相互关系在自然地理过程和地理综合体形成演变中的作用，是自然地理学的一个研究方向。原中国科学院地理研究所所长黄秉维指出，热量平衡、水量平衡及其在地理环境中的作用的理论，是自然地理学最主要的基本理论。喀斯特地貌形成和发展是自然地理中的重要组成部分，喀斯特地貌也是地表热量和水分相互作用最紧密的一种地貌，与地表各种自然地理现象的形成和发展具有同样的密切关系。所以本书在研究喀斯特地貌的形成、发展和分布规律时，也使用了热量和水分的综合平衡的理念作为研究指导思想。

自然地理因素很多，在地表水分平衡和热量平衡各分量研究成果的基础上，建立水分和热量各组成要素之间的依赖关系，利用水热关系揭示地理综合体内的物理过程。喀斯特地貌地带性分布规律是水热平衡的结果，因此研究水热平衡是从源头研究喀斯特地貌的形成和发展。

由于喀斯特地貌形成和发展的特殊性，本书采用的方法与自然地理学常用的方法不完全一样。在寒带，当温度降至0℃以下时，液态水变为固态冰，水的溶蚀强度降至最低点，近于零。溶蚀作用转化为强烈的冻融作用、寒冻风化作用等。一般来说，赤道地区是地球上年平均温度最高的地区，是喀斯特溶蚀强度最大的地区，因此设定这个区域代表性的溶蚀强度为100%。这样从寒带到赤道，溶蚀强度从0到100%，似乎是最合理的方案。但这个方案有两种情况不好解决：一是在国外部分缺乏具体的气象资料；二是该方案与地球上具体的溶蚀条件不相符合。大家知道，溶蚀强度与侵蚀强度的平衡区域是在亚热带区域，这个区域的溶蚀强度与侵蚀强度大体呈动态平衡。如果按上述方案处理，赤道热带的溶蚀强度为100%，溶蚀强度按几何级数递减，那么热带季雨林区域的溶蚀强度为50%，实际上热带季雨林区域与赤道地区一样，都是以溶蚀为主的地区。亚热带地区才是溶蚀和侵蚀平衡的区域，根据上述两个问题，这样处理显然不合适。因此不能利用上述方案。

按照上述热带季雨林区域的溶蚀强度大于侵蚀强度，亚热带喀斯特发育处于溶蚀作用和侵蚀作用平衡的观点，本书将溶蚀强度100%区域定义为热带喀斯特地貌区域。这个观点也不妨碍热带喀斯特地貌还有发育强度的差别，可以分为赤道雨林喀斯特地貌带和热带季雨林喀斯特地貌带，都是以溶蚀为主的区域。该区域之北，为亚热带喀斯特地貌区域，溶蚀强度为50%。这个划分比较符合喀斯特地貌的分布规律。下面将涉及具体的华南热带季雨林喀斯特地貌区域“溶蚀强度”指标的确定。有两个办法：一个办法是取区域的年平均温度和年平均降水量；另一个办法是寻找一个具体的地点。经探索，结果类同。所以本书采用具体地点的办法，这样还可以减少大量的计算。

具体地点，本书选择了桂林。由于桂林是热带喀斯特地貌发育比较充分的地方之一，它位于热带喀斯特的北部边缘，公认热带喀斯特形成的最低年平均温度为17℃，而桂林的多年平均温度为18.8℃，在最低年平均温度17℃之上。至于热带喀斯特地貌的多年平均降水量条件，多数学者认为在2000mm左右，桂林多年平均降水量为 1921.2mm，也基本符合公认的条件。所以桂林的多年平均温度和多年平均降水量具有相当的代表性，而且桂林具有典型的、系统的峰林和峰丛喀斯特地貌，在世界喀斯特研究中举足轻重。因此本书选择桂林作为基准点建立标准，称为“气候-地貌的桂林标准”（简称“桂林标准”）。设定这里的年水热平衡度（溶蚀强度）为 100%，代表热带季雨林地区喀斯特地貌北部边缘的气候环境，也便于具体地区之间的对比。以这个标准计算结果，年溶蚀强度在赤道热带的印度尼西亚为 187% ~ 200%，桂林为 100%，信阳为 46.8%，沈阳为 16.5%。

为了检验上述地带之间溶蚀强度设置的正确性，本书也以赤道区域的溶蚀强度为 100%，做了地带性分布强度的计算。以上两种方法计算的结果，各地的溶蚀强度数值都不同，但有一点却几乎完全一致，就是地带间的比值基本相同，说明所确定的降水量和温度的标准大体是正确的，桂林的溶蚀强度是印度尼西亚雅加达的 53%，信阳与桂林比为 47%，石家庄与信阳比为 54%。也就是从赤道热带雨林到热带季雨林之间，从热带季雨林与亚热带之间水热平衡率几乎都是降低一半的变化规律，因此不论哪种方法都不影响溶蚀强度的分布关系。这说明“桂林标准”比较符合实际。

喀斯特地貌作用主要有两个面：一个是地表面，即地表喀斯特地貌的形成过程；另一个是地下喀斯特形成面，一般认为是潜水面，即以地下河为主的地下洞穴的形成面。这两个面上喀斯特作用的气象因素是有一定差别的。喀斯特地表形态和地下形态的形成因素虽然都是在温度控制下发展的，但形成环境和特点有非常大的区别。地表地貌的形成是在夏半年高温的条件下形成的，昼夜温差和年温差较大，生物作用和机械风化作用比较强烈。从热带向寒带生物作用逐渐减弱，而机械风化作用逐渐加强。地表喀斯特作用主要是在夏半年高温、多雨条件下直接形成的，降雨一停止，地表喀斯特地貌的形成过程基本上暂告一段落，进入缓慢的风化、溶蚀、剥蚀过程。冬季气候寒冷，降水稀少，侵蚀和溶蚀作用处于全年的最低点。地表喀斯特地貌形成于开放性的环境之中，地表过程主要表现为以高温下间歇性的侵蚀、溶蚀作用为主，常年性的溶蚀、剥蚀作用为辅。从热带向寒带这种特点越来越明显。热带和亚热带具有溶蚀为主的地貌特征，温带呈现常态地貌特征，表示侵蚀作用占了主要地位。

潜水面附近是地下河形成的区域，这里温度的年变化和日变化均很小，与年平均温度一致或接近，气象环境稳定，基本上是一个恒温环境，夏季地下水温低于地面，冬季地下水温则高于地面。受到雨季大量降水的影响，夏季也是地下侵蚀作用、溶蚀作用发育强烈的时期。除降水过程之外，一年中大部分时间的非降水时期，地下河还在流水作用下继续发展。在峰丛洼地区域，面积不大的洼地所集的水量有限，不可能携带很多大的石块进入地下河，所以在碳酸盐岩区域很少有大量的砾石堆积，洪水中的沙子和砾石少，侵蚀作用的能力就降低到最低点。因此热带地区地下河的形成发展是以溶蚀作用为主。在温带，进入地下的水流大多为裂隙渗透水。溶蚀强度随着温度降低而降低，但在这样封闭的条件下，除了地表流水带来的溶质发挥溶蚀作用以外，裂隙深处的 CO_2 还有多种“混合溶蚀作用”，显示“溶蚀作用”为主的特点。这些因素与地表喀斯特地貌形成有很大区别，足以证明地下洞穴和廊道等的形成主要以温度控制下的溶蚀作用为主。

根据以上分析，地表喀斯特地貌的形成过程不同于地下喀斯特地貌的形成过程，所以在地貌形成的分析中采用不同的时间因素。具体的分析方法是：将不同地点的夏半年平均温度（或年平均温度）和夏半年平均降水量（或年平均降水量）与桂林相比，分别计算出桂林与各地的夏半年（或全年）平均温度和夏半年平均降水量（或年平均降水量）的比值，然后把同一地点的夏半年（或全年）的平均温度比值与降水量比值相乘，视为当地的溶蚀强度，也就是说该值相当于与桂林溶蚀强度的比值。这个方法适用于年平均温度在 0℃ 以上地区。它的结果基本符合喀斯特地貌分布的特点，且以数值来表达，为研究某一地区溶蚀强度提供了一种方法。它代表的意义是：一个区域里，在特定的温度作用下的溶蚀强度，是这个地区最大的溶蚀强度，它和纯度很高的碳酸盐岩结合所形成的地貌，成为这个区域典型的喀斯特地貌。喀斯特地貌的形成和发展过程无不与溶蚀强度有关。岩性是最基本的条件，不同的岩性、纯度都会影响溶蚀作用的强度，出现不同的喀斯特地貌。构造及构造运动是喀斯特地貌形成过程中最为直接和复杂的作用，它们改变着地貌的高度和坡度，影响水流的作用方式，形成不同的地貌形态，这些地貌形态是在不同强度的溶蚀作用下形成的。温度、降水量和各种环境因素是喀斯特地貌形成的外部因素，它们的影响都转化为溶蚀强度，也就是说一个地方的溶蚀强度是在温度控制下形成的，历史发展过程也是如此。

四、溶蚀强度呈几何级数分布

喀斯特地貌的发育是一个长周期的过程，本书使用国家气象中心资料室汇编的 1971 ~ 2000 年的中国地面气候资料，从时间尺度来说，周期很短，缺乏代表性，是不太理想的。降水量明显的有十来年的短周期变化，资料时间太短往往会得出不正确的结论。

由于地表喀斯特地貌的发育主要在雨季进行，本书用夏半年的温度和降水量进行分析，鉴于各地温度和降水的时间分布不完全一致，这里统一使用 4 ~ 9 月的平均值作为夏半年的气象数值。关于地下喀斯特地貌形成的条件，以年平均温度和年降水量计算。夏半年和冬半年使用不同的数据与计算方法，主要取决于地表与地下环境的差异。地表在整个夏半年处于高温环境，我国东部从热带到暖温带的温差很小，如石家庄的夏半年温度仅为桂林的 90. 35%，单论温度，我国东部区域的溶蚀强度应该差不多，但是雨日天数、降水量、干燥度等都是从南向北减少的；单就降水量而论，石家庄夏半年降水量仅及桂林的 26. 72%，计算结果显示石家庄的溶蚀强度只有桂林的 24. 14%。南北的溶蚀强度的差距就显而易见了。但地下溶蚀就不按这个规律进行，地下洞穴的温度终年变化不大，基本上是个恒温环境，石家庄的年平均温度仅为桂林的 71. 27%，再加上冬半年降水量从南向北迅速减少，也影响地下河中流量，所以石家庄年溶蚀强度仅为桂林的 19. 18%。

根据以上论述，采取不同的计算方法。具体如下。

某地夏半年的温度或降水量的比例为该地夏半年的平均温度（或降水量）除以桂林夏半年平均温度（或降水量）。

例如，北京的夏半年平均温度为 21. 58℃，桂林的夏半年平均温度为 24. 87℃，所以北京夏半年平均温度的比例为 21. 58÷24. 87＝86. 77%。

同样，北京的夏半年降水量为桂林的 31. 19%。

则北京夏半年的溶蚀强度为 86. 77%×31. 19%＝27. 06%，即北京夏半年溶蚀强度仅为桂林的 27. 06%，如果按年平均温度和年降水量计算，北京的年溶蚀强度仅为桂林的 19. 48%，简称为北京的夏半年溶蚀强度为 27. 06%，年溶蚀强度为 19. 48%。

用这个方法可以计算任何地方的溶蚀强度，只要有正规的气象资料即可，是一种很方便的办法。

为了解喀斯特溶蚀强度分布的规律，选择了从桂林经北京一直到嫩江的纵贯南北的剖面线，以讨论全国地带性分布的特点。在这条剖面线的范围内共设置 15 个点，为了便于大家检查，本书将这 15 个地方的数据列于表 2-1 并做出分析图（图 2-2）。

表 2-1　溶蚀强度诸因素分析　（单位:%）

地点	夏半年温度比例	夏半年降水量比例	年平均温度比例	年降水量比例	年溶蚀强度	夏半年溶蚀强度
桂林	100. 00	100. 00	100. 00	100. 00	100. 00	100. 00
零陵	98. 63	53. 75	94. 68	74. 21	70. 26	53. 02
长沙	97. 31	50. 29	90. 43	69. 30	62. 66	48. 93

续表

地点	夏半年温度比例	夏半年降水量比例	年平均温度比例	年降水量比例	年溶蚀强度	夏半年溶蚀强度
常德	96.38	53.39	89.89	68.88	61.92	51.46
武汉	96.90	53.68	88.30	66.05	58.32	52.02
信阳	91.19	48.31	81.38	57.55	46.84	44.06
驻马店	91.92	44.89	78.72	50.97	40.12	41.26
郑州	90.87	30.11	76.06	32.92	25.04	27.36
安阳	91.40	27.99	75.00	28.98	21.74	25.58
石家庄	90.35	26.72	71.28	26.91	19.18	24.14
北京	86.77	31.19	65.43	29.77	19.48	27.06
沈阳	76.92	34.95	44.68	35.93	16.05	26.88
长春	69.48	30.13	29.79	29.69	8.84	20.93
哈尔滨	67.55	27.66	22.34	27.29	6.10	18.69
嫩江	57.50	26.68	2.13	25.60	0.54	15.34

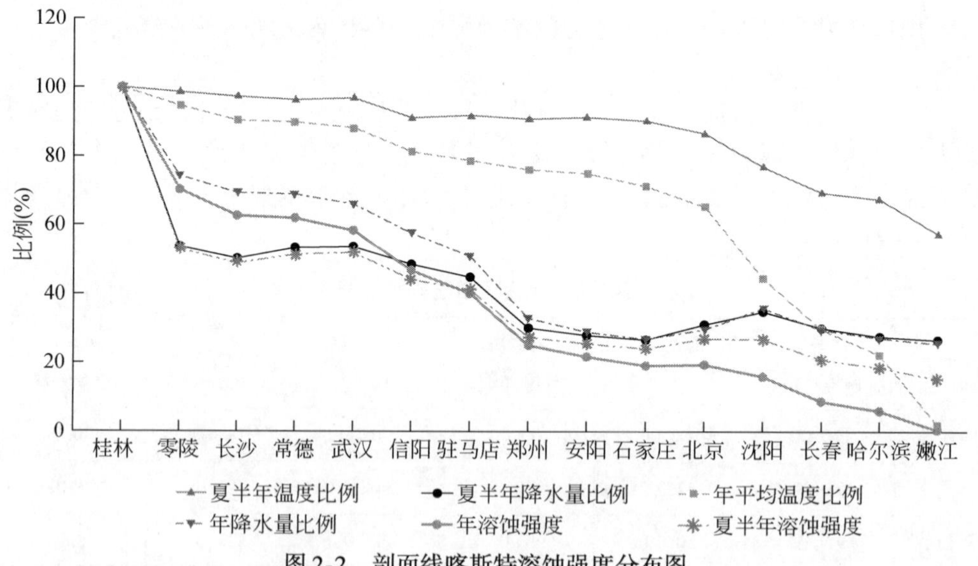

图 2-2　剖面线喀斯特溶蚀强度分布图

图中共绘制了六条线：两条温度分布线（夏半年和年平均温度比例线）、两条降水量分布线（夏半年和年降水量比例线）、两条溶蚀强度线（夏半年和全年线），它们和喀斯特地貌地带性分布的特点分析如下。

（一）夏半年溶蚀强度呈几何级数分布

夏半年溶蚀强度线呈阶梯状特征，随着温度升高，溶蚀强度增大，从北向南溶蚀强度呈几何级数上升；夏半年温度、夏半年降水量和夏半年溶蚀强度都有这个特征。

夏半年温度反映地表喀斯特发育的热量情况。夏半年温度比例线呈现出从热带喀斯特地区向温带喀斯地区阶梯状下降的特点，决定了喀斯特地貌的地带性。热带喀斯特地区，夏半年的平均温度为25～27℃；亚热带喀斯特地区，夏半年的平均温度约为24℃；暖温带喀斯特地区，夏半年的平均温度约为22.5℃。温度差别虽小，但喀斯特地貌地带性的特征非常明显。

我国夏半年降水量的分配也大体呈阶梯状分布。热带喀斯特地区夏半年降水量在1100mm以上，亚热带喀斯特地区夏半年降水量为850mm左右，暖温带喀斯特地区夏半年降水量为550～600mm，石家庄以南冬季有稍多的降水，石家庄以北冬季降水减少，所以夏半年和年降水量线基本重合。降水量与温度结合，形成溶蚀强度地带性特点的主要指标，所以溶蚀强度线与降水量分布线基本相似。

夏半年的温度比例线、降水量比例线和溶蚀强度线，总的来说都有同一个特点，就是呈阶梯状分布，由低纬度向高纬度降低。线段平稳的地方，代表一个气候地貌带；平稳线段之后斜率增大部分，代表这个气候地貌带的亚带，呈现向下一个地带过渡的特性。这三条线的变化虽大体一致，但仍有少许差异，所以用综合的方法，确定喀斯特地貌地带性的界线。在溶蚀强度分布图（图2-2）上看到，从桂林到零陵之间这些线段都有比较大的斜率，可以认为这是热带向亚热带过渡的区域，是热带喀斯特地貌的一个亚带。桂林与零陵之间距离很近，看作这个亚带不显著；之后这些线又走势平稳，表示已进入亚热带喀斯特地貌区域，武汉以后斜率减小，可看作亚热带喀斯特地貌向暖温带喀斯特地貌的过渡区。从夏半年溶蚀强度线上可看出，石家庄以南温度、溶蚀强度的分布比较平稳，石家庄以北夏半年温度迅速下降，可看作暖温带的过渡带，结束于沈阳附近。

根据上述特征，本书应用夏半年溶蚀强度指标来确定溶蚀强度的地带性界线。该指标有下列特点。

地带性界线的确定：零陵附近，是热带喀斯特的北部边缘，根据夏半年溶蚀强度，这里的溶蚀强度达70%左右，为热带喀斯特地貌的北部边界，与年平均温度18℃线相近，夏半年平均降水量最低为1100mm，年平均降水量为1400mm左右。在驻马店附近是秦岭淮河线，年溶蚀强度为40.12%，为亚热带的北界，相当于年平均温度14℃，年降水量为850mm。暖温带喀斯特地貌的分布达沈阳北部，溶蚀强度最低为22%，年平均温度为8℃左右，年降水量近600mm。以溶蚀强度约为12%的线为寒温带喀斯特地貌的界线。这些特点尤其区域间差异明显，热带、亚热带和暖温带的区域比较稳定。在地带内，区域性的溶蚀强度分布变化不大，如果在热带季雨林地区溶蚀强度为100%的话，那么在赤道热带雨林区域为170%～200%；在亚热带区域，从零陵到武汉，溶蚀强度变动于49%～52%；而暖温带区域，石家庄的溶蚀强度仅为信阳的40.95%。很显然，从热带向暖温带呈几何级数下降趋势，这就决定了我国喀斯特地貌地带性分布的特征。

溶蚀强度是温度和降水量综合作用的结果，但更重要的是反映热量的主导性作用，溶蚀强度的几何级数分布就是反映热量分布最突出的一个例子，它和一年中太阳的活动有密切关系。太阳入射角随纬度增高而迅速减小，地表辐射收入也迅速减少，“以北半球为例，大约在北纬38°处，地面上太阳辐射能的收入与其支出达到平衡。由此向南，太阳辐射能的收入状况表现为盈余；向北太阳能的收支状况表现为亏缺”（牛文元，1992）。

石家庄的纬度正好处于北纬38°，夏半年温度线和年平均温度线都是在石家庄开始下降。石家庄以北降水量稍有增加，夏半年溶蚀强度有所上升。但沈阳以北尽管降水量没有多大变化，夏半年溶蚀强度和年溶蚀强度都调头向下，沈阳成了转折点，因此沈阳成了暖温带的北界。这个理论与本书的实际夏半年的溶蚀强度数据基本符合。

北半球辐射收入盈余区域可以分为三个区间，一是北纬0°～10°是典型的赤道热带雨林区域，一年四季太阳都是当头照，是高温、高湿、多雨的地区。以印度尼西亚为例，年平均温度为27℃左右，最冷月平均温度不低于18℃，气温年较差很小，日温度差可达10～15℃，全年多雨，年降水量达2000～3000mm，平均为2500mm左右。以桂林的溶蚀强度为参照，计算印度尼西亚的溶蚀强度：当年降水量为2500mm时，年溶蚀强度约为187%，也接近于桂林的2倍；以年降水量为3000mm计，年溶蚀强度为200%左右。所以溶蚀强度呈几何级数的分布规律不仅是我国的特点，也是北半球的特点，从赤道到寒带之间溶蚀强度都呈几何级数变化趋势。

北纬10°～23.5°是夏半年太阳当空的地带，属热带季雨林区域。亚热带区域太阳的入射角稍有减小，但全年热量都在盈余区域，暖温带在北纬38°以南区域，当太阳直射在北回归线上时，夏半年温度盈余，冬半年太阳直射南回归线上空时，暖温带区域冬半年热量亏损，所以暖温带是热量盈余向亏损演变的过渡带。寒温带是冬夏热量都亏损的区域。以上讨论中，按喀斯特地貌的地带性规律，每带只分两个亚带。我国夏半年溶蚀强度的分布与变化和太阳辐射非常吻合，说明热量起着控制的作用，其变化为喀斯特地貌地带性变化和界线的划分提供了明确的依据。

（二）年溶蚀强度的分布特点

年溶蚀强度线是表示地下喀斯特地貌活动情况的指标线。

1）年溶蚀强度的影响因素如温度和降水量，是年平均数据，反映地下喀斯特发育的条件，它们和夏半年数据存在差异。首先，年平均温度比例线没有夏半年温度比例线那样典型的阶梯状特点。在热带喀斯特地貌区年平均温度与夏半年温度温差仅为4℃，亚热带区域为8℃，暖温带区域达12℃左右。夏半年与冬半年的温差随着纬度增加而加速增大，也表示冬半年的溶蚀强度随着纬度的增加而加速降低。

2）年降水量从南到北急剧降低，暖温带区域处于西风带，产生一个降水量的低谷，溶蚀强度也下降很快，形成了一个凹地。但从平均状态来看华北与东北的年降水量（除了东北地区局部地区为800～1000mm之外）差不多，为500～600mm。

3）年溶蚀强度有独特的表现，除了不典型的阶梯状和缺乏过渡带的特点之外，这条线的斜率最大。从热带喀斯特地区开始一直下降，到驻马店，穿过夏半年溶蚀强度线。信阳之南，年溶蚀强度高于夏半年溶蚀强度；信阳之北，年溶蚀强度低于夏半年溶蚀强度，且差距也越来越大。这两条线交汇点的溶蚀强度约为40%，在溶蚀强度分布图上，溶蚀强度40%线具有重要的地貌意义。该线之南属于热带、亚热带湿润喀斯特地貌区域，是喀斯特地貌发育强烈的地区；该线之北属于干旱与半干旱的温带喀斯特地貌区域，是喀斯特地貌欠发育和不发育地区。该线南北喀斯特地貌发育完全不同，其研究方向、方法和勘探方法也迥然不同。它是溶蚀作用和侵蚀作用强弱的分界线，也是全新世喀斯特正地形（峰林、峰丛、丘丛等）、喀斯特洼地和地下河发育的终止线。

在秦岭—淮河线以北地区（暖温带），年溶蚀强度线与夏半年溶蚀强度线的距离越来越大，年溶蚀强度仅为20%，特别是石家庄、北京以后差距迅速加大，显示地下喀斯特发育的强度迅速降低。暖温带区域年溶蚀强度线和夏半年溶蚀强度都迅速下降，形成一个“洼地”，显然是降水量不足造成的，属降水量不足型。

沈阳以北属于寒温带喀斯特地貌区，夏半年温度比例线和年平均温度比例线都急剧下降，而降水量变化不大，东部气候湿润，西部半干旱。夏半年溶蚀强度线和年溶蚀强度比例线双双向0℃等温线迈进，显然属热量严重不足的表现。

沈阳以北地区进入季节性冻土地区，哈尔滨以北和以西地区进入0℃区域，这里是多年冻土的南界。冻土改变了形成喀斯特地貌的水文特征，因此喀斯特动力学的特性也迥然有异。我国东北碳酸盐岩地层很少，因此这方面研究很薄弱。

年溶蚀强度的分布决定了地下喀斯特发育的特点，以下具体分析地下喀斯特发育的实际情况。

喀斯特地下形态是不能直接看得到的，可通过钻探等手段进行了解，常计算喀斯特率来描述。它以钻孔中所遇到的洞穴和裂隙等的长度占钻孔深度的比来表示（表2-2）。喀斯特率实际上是地下的溶蚀强度的表现，笔者在1985年的《中国喀斯特地带性因素初探》一文中已做过初步研究。各地钻孔众多，没有一个钻孔的情况是一样的，钻孔中的情况千差万别，本书选择一些代表性的钻孔资料，这些钻孔资料都是较纯的碳酸盐岩区域，具有可比性。广西中部地下洞穴很多，笔者所收集的钻孔资料中，喀斯特率最低为12.5%，平均为14.9%；而湖南和湖北南部的喀斯特率一般在11%以下，平均为6%，比广西低了一半多；河北和山西地区以溶孔、裂隙为主，喀斯特率仅为2%～3%，又比湘鄂地区降了一半。

表2-2　不同地带的喀斯特率　（单位:%）

喀斯特地带	地点	特征	喀斯特率	资料来源
暖温带喀斯特带	山西	裂隙、马家沟组	2～3	据钱学傅资料
亚热带喀斯特带	湘西南	洞穴、栖霞与茅口组	4.4	据943部队资料
	江西九江	洞穴、C-T灰岩夹泥质灰岩	2.4	据943部队资料
	恩口煤矿区	洞穴	4.5	据943部队资料
	湖北南部	洞穴	8～11.4	第三机械工业部第九设计队
热带喀斯特带	武鸣	洞穴、DCP灰岩	19.2	刘金荣
	合山煤矿	洞穴、合山系	14.1	董加国
	合山煤矿北矿	洞穴、合山系	13.75	孙德璇等
	合山煤矿	洞穴、茅口阶	12.5～66.7	孙德璇等

这三地带恰恰代表三个喀斯特气候地貌地带，分别代表热带喀斯特带、亚热带喀斯特带和暖温带喀斯特带。从热带向亚热带、暖温带喀斯特率逐渐下降，显示从热带向暖温带，随着年平均温度的逐渐降低，喀斯特率迅速减小，反映了溶

蚀强度的强烈衰减过程，按几何级数下降，也表明深部缓流带上部的特点，存在着地带性分布规律。这个观点可能没有人同意。但有一点是肯定的，喀斯特率随着温度降低，其规模和数量也是逐渐降低的。1988 年，柴宗新在《广西石灰岩山丘区水土流失特征分析》一文中指出，钻孔见洞率在广西武鸣盆地灰岩中达 19.2%，比华北地区高 4 倍，较华中地区也高 2 倍以上。得出了和笔者相同的结论，也是几何级数关系。今天笔者研究溶蚀强度时，无意中发现不同的方法却得到了相同的结论，即随着温度的降低，地表溶蚀强度与地下喀斯特率都呈几何级数下降，地上与地下地形特点、形成环境和形成条件迥然不同，但其变化规律却基本一致，这绝非偶然。所以几何级数下降的规律是喀斯特地貌发育的重要规律。

不同的喀斯特率显示了不同气候区域地下喀斯特发育的强度，它主要反映排泄地下水的能力，也表现在地表水文特点上。喀斯特的地下形态吸收地表水的能力，常用径流深来表示，径流深是一个区域性的数据，是一个宏观的概念，但也可看到不同喀斯特率对地表水向地下转化的影响。喀斯特率越大，表示碳酸盐岩的溶蚀强度越大，故地下洞穴的空间和密度也越大，和地表之间发生水力联系的可能性也越大。众多地下洞穴和溶蚀裂隙为地下河的形成和发展提供了条件，为地表水向地下转化提供了一种可快速转化的通道。喀斯特率小的地区，地下洞穴形态、规模和密度也较小，地表与地下之间发生水力联系的可能性较小，因此地表水向地下转化的速度也变慢，呈缓慢的渗漏方式，丧失了地表水向地下水快速转化的特点。当降水量超过地下洞穴的排水能力时，超过部分不能转化为地下水，而成为地表径流，形成地表河流。所以不同的喀斯特率条件下地貌的形成过程是不同的。

不同喀斯特率首先在径流深方面得到反映。处于热带喀斯特区域的广西，从区域水文学研究结果看，径流深为 30% ~40%，即 60% ~70% 降水量渗入地下，表明热带喀斯特区域具有很高的喀斯特率，能迅速将大部分降水向地下转移，其中洼地连片分布的地区，100% 的降水迅速转为地下径流，表明这里的深部缓流带上部为地下河的发育提供了最好的、通畅的条件。该区域地表地貌为峰丛洼地，其下地下河广泛分布。

在亚热带喀斯特地区，地下的喀斯特率远低于热带喀斯特地区，如黔北、湘西和鄂西的径流深为 50% ~60%，即降水量的一半或一半多成为地表径流，只有 40% ~50% 的降水量转入地下，三峡地区石牌附近实际观察到的坡面渗漏量更小。那里河谷两岸陡坡上的渗漏水量<30%，说明这个区域平均 6% 的喀斯特率不可能提供或建立起快速、畅通的地下排水系统。钻孔资料表明，这里的地下喀斯特地貌主要是洞穴和裂隙性廊道，降水不能迅速转入地下，部分或大部水流成为地表径

流。尽管这里有洼地，但不像热带喀斯特地区那样有大面积的深洼地分布，而以浅洼地为主，河网密度较大，也有不少地下河系的形成。

暖温带地区的喀斯特率只有亚热带喀斯特地区的一半，仅为2%～3%，钻探资料显示以裂隙和溶孔为主，几个大泉，如晋祠、娘子关泉、趵突泉等都属于裂隙泉，且降水集中，不利于裂隙系统吸收，500～600mm的年降水量都不能完全吸收，这些地表水形成了深切的季节性谷地，即所谓的“干谷”。地下裂隙通道在河床中以裂隙渗漏为主，可见少许洼地的初级形态——漏斗。

如上所述，深部缓流带上部的喀斯特形态和密度，深深影响到地表喀斯特地貌形态特征的形成，所以笔者认为喀斯特地貌的地表形态和地下形态具有相关性。

（三）溶蚀强度与非地带性的分布

以上研究了溶蚀强度与喀斯特地貌地带性分布的关系，展示了喀斯特地貌纬向分布的规律性。溶蚀强度的分布规律决定了喀斯特地貌地带性的特征，但青藏高原隆升形成了高度不同的阶梯状地貌，破坏了喀斯特地貌纬向分布的地带性特点，在一些地区形成了非地带性因素的地貌条件。地形高低的变化同样引起当地降水量和温度的变化，但溶蚀强度的关系不会变，地带性的指标不会变，因此溶蚀强度指标同样适用于研讨非地带性的喀斯特地貌分布的规律，非地带性影响了喀斯特地貌经向的变化规律。这种情况在热带和亚热带区域最为明显。例如，北回归线沿线，桂林以东是热带峰林、峰丛喀斯特平原区，云贵高原的斜坡地带属于热带峰丛地貌区。云贵高原面上，海拔上升达2000m左右，气候已经变为亚热带气候，发育于新近纪的热带喀斯特地貌，在全新世经受了亚热带气候的改造。热带陡峭的峰林和峰丛地貌被改造成坡度较缓的锥状喀斯特地貌。但海拔较低的地方和河谷仍属于热带气候，发育热带喀斯特地貌。整个区域是在热带气候条件下生成、亚热带条件下发展的，所以也称为热基亚热带喀斯特地貌。其总的地貌形态与广西的峰林、峰丛形态比较接近，与华中的亚热带喀斯特地貌有很大的区别，是非地带性喀斯特地貌的类型之一。

在云贵高原的西部，高原面的高度上升幅度更大一些，溶蚀强度显示气候已属暖温带气候特征。夏半年的溶蚀强度在40%以下，包括昆明、蒙自、丽江地区，在西部延伸至成都西南部。但年溶蚀强度稍高一些，为40%～45%，属亚热带气候。在气候学上，昆明地区属亚热带。这个带的西部，属暖温带，全年的溶蚀强度都在40%以下。这个区域的地貌在新近纪也经过热带气候的塑造，第四纪气候为温带气候，所以称为热基暖温带喀斯特地貌。

在亚热带地区，东起海滨，西至四川盆地西部边缘，都属于亚热带喀斯特地貌发育区。其西应该有亚热基（亚热带基础）暖温带发育区，但这一带分布比较狭窄，这里暂予忽略。

寒温带喀斯特地貌夏半年溶蚀强度为12% ~20%。该地貌带很特殊，除了我国东北存在一个地带性的寒温带喀斯特地貌区之外，在青藏高原东部斜坡地带还存在一个非地带性的寒温带喀斯特地貌区，从秦岭西部向西南经成都以西地区，一直延伸到拉萨的西部。这一喀斯特地貌区可以分为两段，南段可能属于热基寒温带喀斯特地貌区；北段可能属于亚热基寒温带喀斯特地貌区，向东北方向与地带性的寒温带喀斯特地貌区相连。这些特点与我国东北的寒温带喀斯特地貌在自然条件方面有某些相似之处，都是森林区域，年平均温度为0 ~4℃，年平均降水量在400mm以下。400mm降水量分布线从我国东北向西南贯穿全境，将整个中国划分为两个部分，东部为湿润和半湿润喀斯特气候区，是我国主要喀斯特地貌分布区；西部为干燥区域，都属于非地带性喀斯特地貌分布区，是弱喀斯特发育区，包括两个部分，即青藏高原高山干燥区域和甘肃、内蒙古、青海及新疆的干燥戈壁沙漠区域，其中除青藏高原有较多的碳酸盐岩分布之外，其他地区碳酸盐岩分布很少。

在20世纪50年代，我国喀斯特研究者应用喀斯特地貌形态学的观点，提出了宏观的喀斯特地貌发育的特点，将我国喀斯特地带性分布规律以溶蚀为主的类型（相当于热带喀斯特地貌）、侵蚀-溶蚀类型（相当于亚热带喀斯特地貌）和溶蚀-侵蚀类型（相当于温带喀斯特地貌）等来表示，这种观点明确地指出了从热带喀斯特地貌到寒温带喀斯特地貌分布的动力学特征，较好地解释了喀斯特地貌地带性的分布规律，是应用综合观点解释喀斯特地貌发育的开端。本书应用气候地貌法，也能很好地解释这种分布规律。CO_2是溶蚀的主要因素，在土壤中的浓度较大，而随着温度降低，其浓度也逐渐降低，目前要建立起一个演变的数值系列，还有些困难。在20世纪60年代就有人提出，估算温度增加10℃，CO_2产生量增加一倍（任美锷和刘振中，1983）。这种估算说的是平均状态，事实上溶蚀强度是随着温度升高而加速升高的。因此，CO_2的形成量应该与溶蚀强度的变化一致，呈几何级数变化，才能满足溶蚀强度变化的需要。

我国各地喀斯特溶蚀强度特征见表2-3。

表 2-3　我国各地喀斯特溶蚀强度特征表

地区	编号	站名	夏半年温度（℃）	夏半年温度比例（%）	夏半年降水量（mm）	夏半年降水量比例（%）	夏半年溶蚀强度（%）	年平均温度（℃）	年平均温度比例（%）	年降水量（mm）	年降水量比例（%）	年溶蚀强度比例（%）
	0	桂林	24.87	100.00	280	100.00	100.00	18.8	100.00	1921.2	100.00	100.00
北京	1	北京	21.58	86.77	87.32	31.19	27.06	12.3	65.43	571.9	29.77	19.48
天津	2	天津	22	88.46	78.33	27.98	24.75	12.6	67.02	639	33.26	22.29
河北	3	石家庄	22.47	90.35	74.82	26.72	24.14	13.4	71.28	517	26.91	19.18
	4	怀来	22.47	90.35	85.67	30.60	27.64	9.6	51.06	738	38.41	19.62
	5	承德	19.57	78.69	96.5	34.46	27.12	9.1	48.40	740	38.52	18.64
	6	乐亭	19.83	79.73	81.17	28.99	23.11	10.6	56.38	668	34.77	19.60
	7	沧州	22.18	89.18	77.66	27.74	24.74	12	63.83	639	33.26	21.23
山西	8	大同	17.03	68.48	92.33	32.98	22.58	7	37.23	737	38.36	14.28
	9	原平	18.67	75.07	91.67	32.74	24.58	9	47.87	725	37.74	18.07
	10	太原	18.98	76.32	85	30.36	23.17	10	53.19	703	36.59	19.46
	11	介休	16.33	65.66	89.5	31.96	20.99	10.6	56.38	756	39.35	22.19
	12	运城	22.17	89.14	82.33	29.40	26.21	14	74.47	747	38.88	28.95
内蒙古	13	图里河	9.83	39.53	69.2	24.71	9.77	-4.4	0.00	463.9	24.15	0.00
	14	海拉尔	12.7	51.07	55	19.64	10.03	-1	0.00	367.2	19.11	0.00
	15	博客图	11.57	46.52	75.8	27.07	12.59	-0.4	0.00	489.4	25.47	0.00
	16	阿尔山	10.17	40.89	65.03	23.23	9.50	-2.7	0.00	452.9	23.57	0.00
	17	东乌珠穆沁旗	14.35	57.70	38.75	13.84	7.99	1.4	7.45	258.7	13.47	1.00
	18	巴彦毛道	17.22	69.24	15.25	5.45	3.77	7.3	38.83	99	5.15	2.00

续表

地区	编号	站名	夏半年温度（℃）	夏半年温度比例（%）	夏半年降水量（mm）	夏半年降水量比例（%）	夏半年溶蚀强度（%）	年平均温度（℃）	年平均温度比例（%）	年降水量（mm）	年降水量比例（%）	年溶蚀强度比例（%）
内蒙古	19	二连浩特	16.65	66.95	20.97	7.49	5.01	4	21.28	142.3	7.41	1.58
	20	阿巴嘎旗	14.3	57.50	37.3	13.32	7.66	1.3	6.91	249.5	12.99	0.90
	21	朱日和	17.55	70.57	31.27	11.17	7.88	5.1	27.13	210.7	10.97	2.98
	22	海流图	16.45	66.14	29.88	10.67	7.06	5.3	28.19	199.8	10.40	2.93
	23	百灵庙	15.18	61.04	38.55	13.77	8.40	4.2	22.34	261.4	13.61	3.04
	24	化得	13.33	53.60	48.33	17.26	9.25	2.8	14.89	320.6	16.69	2.49
	25	呼和浩特	17.26	69.40	58.57	20.92	14.52	6.7	35.64	397.9	20.71	7.38
	26	吉兰泰	19.98	80.34	16.07	5.74	4.61	9.1	48.40	106	5.52	2.67
	27	鄂托克旗	17.13	68.88	39.15	13.98	9.63	7.1	37.77	264.7	13.78	5.20
	28	王盖苗	13.58	54.60	51.43	18.37	10.03	1.6	8.51	345.9	18.00	1.53
	29	鲁北	17.97	72.26	59.58	21.28	15.37	6.6	35.11	382.5	19.91	6.99
	30	林东	16.58	66.67	60.41	21.58	14.38	5.3	28.19	390.2	20.31	5.73
	31	锡林浩特	14.93	60.03	42.98	15.35	9.21	2.6	13.83	286.6	14.92	2.06
	32	林西	15.66	62.97	59.2	21.14	13.31	4.8	25.53	385	20.04	5.12
	33	通辽	18.22	73.26	56	20.00	14.65	6.6	35.11	373.6	19.45	6.83
	34	多伦	19.13	76.92	58.63	20.94	16.11	2.4	12.77	386.4	20.11	2.57
	35	赤峰	18.11	72.82	55.78	19.92	14.51	7.5	39.89	371	19.31	7.70
辽宁	36	彰武	18.43	74.11	76.55	27.34	20.26	7.5	39.89	509	26.49	10.57
	37	朝阳	19.68	79.13	73.9	26.39	20.89	9	47.87	480.7	25.02	11.98

续表

地区	编号	站名	夏半年温度（℃）	夏半年温度比例（%）	夏半年降水量（mm）	夏半年降水量比例（%）	夏半年溶蚀强度（%）	年平均温度（℃）	年平均温度比例（%）	年降水量（mm）	年降水量比例（%）	年溶蚀强度比例（%）
辽宁	38	锦州	19.33	77.72	85.5	30.54	23.73	9.5	50.53	567.7	29.55	14.93
	39	沈阳	19.13	76.92	97.86	34.95	26.88	8.4	44.68	690.3	35.93	16.05
	40	本溪	18.45	74.19	116.3	41.54	30.81	7.8	41.49	776	40.39	16.76
	41	营口	19.53	78.53	89.65	32.02	25.14	9.5	50.53	643.3	33.48	16.92
	42	丹东	17.95	72.18	133.5	47.68	34.41	8.9	47.34	925.6	48.18	22.81
	43	大连	19.03	76.52	85.92	30.69	23.48	10.9	57.98	601.9	31.33	18.16
吉林	44	前郭尔罗斯	17.61	70.81	63.75	22.77	16.12	5.4	28.72	422.3	21.98	6.31
	45	四平	18	72.38	92.15	32.91	23.82	6.7	35.64	632.7	32.93	11.74
	46	长春	17.28	69.48	84.35	30.13	20.93	5.6	29.79	570.4	29.69	8.84
	47	延吉	16.1	64.74	78.35	27.98	18.11	5.4	28.72	528.2	27.49	7.90
	48	临江	16.4	65.94	111.7	39.89	26.31	5.3	28.19	791.7	41.21	11.62
黑龙江	49	呼玛	13.38	53.80	69.1	24.68	13.28	-1	0.00	471.2	24.53	0.00
	50	嫩江	14.3	57.50	74.7	26.68	15.34	0.4	2.13	491.9	25.60	0.54
	51	孙吴	13.2	53.08	80.3	28.68	15.22	0	0.00	537.8	27.99	0.00
	52	克山	15.35	61.72	76.83	27.44	16.94	1.9	10.11	509.8	26.54	2.68
	53	齐齐哈尔	16.73	67.27	63.02	22.51	15.14	3.9	20.74	415.3	21.62	4.48
	54	海伦	16.15	64.94	82.73	29.55	19.19	2	10.64	544.6	28.35	3.02
	55	富锦	15.91	63.97	73.4	26.21	16.77	3.2	17.02	517.8	26.95	4.59
	56	安达	16.57	66.63	66.12	23.61	15.73	3.7	19.68	428	22.28	4.38

续表

地区	编号	站名	夏半年温度（℃）	夏半年温度比例（%）	夏半年降水量（mm）	夏半年降水量比例（%）	夏半年溶蚀强度（%）	年平均温度（℃）	年平均温度比例（%）	年降水量（mm）	年降水量比例（%）	年溶蚀强度比例（%）
黑龙江	57	哈尔滨	16.8	67.55	77.45	27.66	18.69	4.2	22.34	524.3	27.29	6.10
	58	通河	15.5	62.32	89.03	31.80	19.82	2.6	13.83	603.1	31.39	4.34
	59	尚志	15.47	62.20	94.8	33.86	21.06	2.9	15.43	660.5	34.38	5.30
	60	鸡西	15.9	63.93	77.78	27.78	17.76	4.2	22.34	541.6	28.19	6.30
	61	牡丹江	17.34	69.72	76.52	27.33	19.05	4.3	22.87	537	27.95	6.39
	62	绥芬河	13.8	55.49	77.22	27.58	15.30	2.8	14.89	553.9	28.83	4.29
上海	63	龙华	22.87	91.96	135.5	48.39	44.50	16.1	85.64	1164.5	60.61	51.91
江苏	64	徐州	22.63	90.99	110.9	39.61	36.04	14.5	77.13	831.7	43.29	33.39
	65	赣榆	21.43	86.17	123.5	44.11	38.01	13.5	71.81	905.9	47.15	33.86
	66	南京	23.02	92.56	126	45.00	41.65	15.4	81.91	1062.4	55.30	45.30
	67	东台	21.95	88.26	129.1	46.11	40.69	14.6	77.66	1051.1	54.71	42.49
浙江	68	杭州	23.38	94.01	160.8	57.43	53.99	16.5	87.77	1454.6	75.71	66.45
	69	定海	22.32	89.75	157.6	56.29	50.51	16.4	87.23	1442.5	75.08	65.50
	70	衢州	24.18	97.23	186.8	66.71	64.86	17.3	92.02	1705	88.75	81.67
	71	温州	23.77	95.58	207.3	74.04	70.76	18.1	96.28	1742.4	90.69	87.32
安徽	72	亳州	22.8	91.68	103.7	37.04	33.95	14.7	78.19	790.1	41.13	32.16
	73	蚌埠	23.27	93.57	120.6	43.07	40.30	15.4	81.91	919.6	47.87	39.21
	74	霍山	22.8	91.68	159.1	56.82	52.09	15.2	80.85	1356.7	70.62	57.09
	75	合肥	23.43	94.21	114.2	40.79	38.42	15.8	84.04	995.3	51.81	43.54
	76	安庆	24.07	96.78	175	62.50	60.49	16.7	88.83	1474.9	76.77	68.19

续表

地区	编号	站名	夏半年温度（℃）	夏半年温度比例（%）	夏半年降水量（mm）	夏半年降水量比例（%）	夏半年溶蚀强度（%）	年平均温度（℃）	年平均温度比例（%）	年降水量（mm）	年降水量比例（%）	年溶蚀强度比例（%）
福建	77	南平	25.1	100.92	188.5	67.32	67.94	19.5	103.72	1652.4	86.01	89.21
	78	福州	24.93	100.24	165.4	59.07	59.21	19.8	105.32	1393.6	72.54	76.40
	79	永安	24.9	100.12	175.5	62.68	62.75	19.3	102.66	1563.8	81.40	83.56
	80	厦门	24.75	99.52	165.8	59.21	58.93	20.4	108.51	1349	70.22	76.19
江西	81	吉安	25.18	101.25	167.2	59.71	60.46	18.4	97.87	1518.8	79.05	77.37
	82	赣州	25.73	103.46	158.3	56.54	58.49	19.4	103.19	1461.2	76.06	78.48
	83	景德镇	24.25	97.51	206.1	73.61	71.77	17.4	92.55	1826.6	95.08	88.00
	84	南昌	24.65	99.12	186	66.43	65.84	17.6	93.62	1624.4	84.55	79.15
	85	南城	24.57	98.79	192.7	68.82	67.99	17.7	94.15	1704.7	88.73	83.54
山东	86	惠民	21.7	87.25	82.73	29.55	25.78	12.5	66.49	568.5	29.59	19.67
	87	成山头	17.68	71.09	90.2	32.21	22.90	11.4	60.64	664.4	34.58	20.97
	88	济南	23.33	93.81	97.07	34.67	32.52	14.7	78.19	672.7	35.01	27.38
	89	潍坊	21.25	85.44	80.93	28.90	24.70	12.5	66.49	588.3	30.62	20.36
	90	菏泽	22.28	89.59	85.95	30.70	27.50	13.7	72.87	624.7	32.52	23.70
	91	兖州	22.2	89.26	92.5	33.04	29.49	13.6	72.34	660.1	34.36	24.86
河南	92	安阳	22.73	91.40	78.37	27.99	25.58	14.1	75.00	556.8	28.98	21.74
	93	卢氏	20.42	82.11	81.82	29.22	23.99	12.5	66.49	622.3	32.39	21.54
	94	郑州	22.6	90.87	84.3	30.11	27.36	14.3	76.06	632.4	32.92	25.04
	95	驻马店	22.86	91.92	125.7	44.89	41.26	14.8	78.72	979.2	50.97	40.12
	96	信阳	22.68	91.19	135.28	48.31	44.06	15.3	81.38	1105.7	57.55	46.84

续表

地区	编号	站名	夏半年温度（℃）	夏半年温度比例（%）	夏半年降水量（mm）	夏半年降水量比例（%）	夏半年溶蚀强度（%）	年平均温度（℃）	年平均温度比例（%）	年降水量（mm）	年降水量比例（%）	年溶蚀强度比例（%）
湖北	97	老河口	23.92	96.18	100.4	35.86	34.49	15.5	82.45	934.7	48.65	40.11
	98	恩施	23.03	92.60	188.9	67.46	62.47	16.2	86.17	1470.2	76.53	65.94
	99	宜昌	23.7	95.30	146.2	52.21	49.76	16.8	89.36	1138	59.23	52.93
	100	武汉	24.1	96.90	150.3	53.68	52.02	16.6	88.30	1269	66.05	58.32
湖南	101	常德	23.97	96.38	149.5	53.39	51.46	16.9	89.89	1323.3	68.88	61.92
	102	长沙	24.2	97.31	140.8	50.29	48.93	17	90.43	1331.3	69.30	62.66
	103	芷江	23.18	93.20	145.4	51.93	48.40	16.5	87.77	1331.3	69.30	60.82
	104	零陵	24.53	98.63	150.5	53.75	53.02	17.8	94.68	1425.7	74.21	70.26
广东	105	韶关	26.03	104.66	180.6	64.50	67.51	20.4	108.51	1583.5	82.42	89.44
	106	广州	26.55	106.76	231.1	82.54	88.11	22	117.02	1736.1	90.37	105.75
	107	河源	26.2	105.35	260.8	93.14	98.12	21.5	114.36	2006	104.41	119.41
	108	汕头	25.83	103.86	216.6	77.36	80.34	21.5	114.36	1631.1	84.90	97.09
	109	汕尾	26.15	105.15	273.7	97.75	102.78	22.2	118.09	1947.4	101.36	119.70
	110	阳江	26.47	106.43	346	123.57	131.52	22.5	119.68	2442.7	127.14	152.17
广西	111	桂林	24.87	100.00	280	100.00	100.00	18.8	100.00	1921.2	100.00	100.00
	112	河池	25.75	103.54	205	73.21	75.80	20.15	107.18	1524.1	79.33	85.03
	113	百色	26.68	107.28	180.9	64.61	69.31	22	117.02	1070.5	55.72	65.20
	114	桂平	26.45	106.35	210.5	75.18	79.95	21.6	114.89	1682.5	87.58	100.62
	115	梧州	25.95	104.34	185.1	66.11	68.98	21	111.70	1450.9	75.52	84.36

续表

地区	编号	站名	夏半年温度（℃）	夏半年温度比例（%）	夏半年降水量（mm）	夏半年降水量比例（%）	夏半年溶蚀强度（%）	年平均温度（℃）	年平均温度比例（%）	年降水量（mm）	年降水量比例（%）	年溶蚀强度比例（%）
广西	116	龙州	26. 7	107. 36	174. 8	62. 43	67. 02	22. 2	118. 09	1304	67. 87	80. 15
	117	南宁	26. 63	107. 08	173. 7	62. 04	66. 43	21. 8	115. 96	1309. 7	68. 17	79. 05
	118	钦州	26. 72	107. 44	294. 4	105. 14	112. 96	22. 2	118. 09	2150. 3	111. 92	132. 17
海南	119	海口	27. 45	110. 37	201. 1	71. 82	79. 27	24. 1	128. 19	1651. 9	85. 98	110. 22
四川	120	甘孜	11. 3	45. 44	94. 6	33. 79	15. 35	5. 6	29. 79	659. 7	34. 34	10. 23
	121	马尔康	13. 67	54. 97	113. 1	40. 39	22. 20	8. 6	45. 74	786. 4	40. 93	18. 72
	122	松潘	11. 37	45. 72	98. 35	35. 13	16. 06	5. 9	31. 38	728. 4	37. 91	11. 90
	123	理塘	8. 37	33. 66	110. 8	39. 57	13. 32	3. 2	17. 02	722. 1	37. 59	6. 40
	124	成都	22. 13	88. 98	129	46. 07	41. 00	16. 1	85. 64	870. 1	45. 29	38. 79
	125	九龙	13. 27	53. 36	135. 4	48. 36	25. 80	8. 9	47. 34	902. 6	46. 98	22. 24
	126	宜宾	23. 53	94. 61	144. 8	51. 71	48. 93	17. 8	94. 68	1063. 1	55. 34	52. 39
	127	西昌	20. 93	84. 16	148. 3	52. 96	44. 57	16. 9	89. 89	1013. 5	52. 75	47. 42
	128	会理	19. 43	78. 13	166. 3	59. 39	46. 40	15	79. 79	1147. 8	59. 74	47. 67
	129	万源	21. 1	84. 84	171. 3	61. 18	51. 90	14. 7	78. 19	1232. 7	64. 16	50. 17
	130	南充	23. 6	94. 89	131. 7	47. 04	44. 63	17. 3	92. 02	987. 2	51. 38	47. 28
重庆	131	沙坪坝	24. 32	97. 79	144. 2	51. 50	50. 36	18. 2	96. 81	1104. 5	57. 49	55. 66
	132	酉阳	21. 18	85. 16	168. 6	60. 21	51. 28	14. 8	78. 72	1331. 6	69. 31	54. 56
	133	毕节	18. 35	73. 78	122. 7	43. 82	32. 33	12. 8	68. 09	899. 4	46. 81	31. 87
	134	遵义	21. 48	86. 37	138. 5	49. 46	42. 72	15. 3	81. 38	1074. 2	55. 91	45. 50
	135	兴仁	20. 08	80. 74	181. 3	64. 75	52. 28	15. 2	80. 85	1342	69. 85	56. 48

续表

地区	编号	站名	夏半年温度（℃）	夏半年温度比例（%）	夏半年降水量（mm）	夏半年降水量比例（%）	夏半年溶蚀强度（%）	年平均温度（℃）	年平均温度比例（%）	年降水量（mm）	年降水量比例（%）	年溶蚀强度比例（%）
云南	136	德钦	10.23	41.13	77.98	27.85	11.46	5.7	30.32	621.5	32.35	9.81
	137	丽江	16.55	66.55	142.2	50.79	33.80	12.7	67.55	968	50.39	34.04
	138	腾冲	18.67	75.07	203	72.50	54.43	15.1	80.32	1527.1	79.49	63.84
	139	楚雄	19.98	80.34	118.5	42.32	34.00	15	79.79	862.7	44.90	35.83
	140	昆明	18.75	75.39	137.9	49.25	37.13	14.9	79.26	1011.3	52.64	41.72
	141	临沧	20.78	83.55	156.9	56.04	46.82	17.5	93.09	1163	60.54	56.35
	142	澜沧	22.57	90.75	215.5	76.96	69.85	19.4	103.19	1576.8	82.07	84.69
	143	思茅	21.37	85.93	203.8	72.79	62.54	18.3	97.34	1497.1	77.93	75.85
	144	蒙自	22.07	88.74	114.7	40.96	36.35	18.6	98.94	857.7	44.64	44.17
西藏	145	拉萨	13.3	53.48	68.4	24.43	13.06	6	31.91	426.4	22.19	7.08
陕西	146	榆林	18.23	73.30	52.65	18.80	13.78	8.3	44.15	365.6	19.03	8.40
	147	延安	18.7	75.19	72.22	25.79	19.39	9.9	52.66	510.7	26.58	14.00
	148	西安	21.85	87.86	69.77	24.92	21.89	13.7	72.87	553.3	28.80	20.99
	149	汉中	21.4	86.05	114.8	41.00	35.28	14.3	76.06	852.6	44.38	33.76
甘肃	150	敦煌	19.77	79.49	6	2.14	1.70	9.5	50.53	42.2	2.20	1.11
	151	玉门镇	17.02	68.44	9.2	3.29	2.25	7.1	37.77	66.7	3.47	1.31
	152	酒泉	17.08	68.68	12.7	4.54	3.11	7.5	39.89	87.7	4.56	1.82
	153	民勤	18.23	73.30	16.6	5.93	4.35	8.3	44.15	113	5.88	2.60
	154	乌鞘岭	7.03	28.27	60.93	21.76	6.15	0	0.00	404.6	21.06	0.00

续表

地区	编号	站名	夏半年温度（℃）	夏半年温度比例（%）	夏半年降水量（mm）	夏半年降水量比例（%）	夏半年溶蚀强度（%）	年平均温度（℃）	年平均温度比例（%）	年降水量（mm）	年降水量比例（%）	年溶蚀强度比例（%）
甘肃	155	兰州	18.22	73.26	45.57	16.28	11.92	9.8	52.13	311.7	16.22	8.46
	156	平凉	16.75	67.35	68.12	24.33	16.39	8.8	46.81	482.1	25.09	11.75
	157	合作	9.17	36.87	76.38	27.28	10.06	2.4	12.77	531.6	27.67	3.53
	158	武都	21.1	84.84	68.73	24.55	20.83	14.6	77.66	471.9	24.56	19.08
	159	天水	18.6	74.79	66.5	23.75	17.76	11	58.51	491.8	25.60	14.98
青海	160	冷湖	10.7	43.02	122.5	43.75	18.82	2.8	14.89	82.7	4.30	0.64
	161	大柴旦	12.1	48.65	25	8.93	4.34	1.9	10.11	160	8.33	0.84
	162	刚察	6.95	27.95	58.67	20.95	5.86	0	0.00	379.4	19.75	0.00
	163	格尔木	13.55	54.48	69	24.64	13.43	5.3	28.19	421	21.91	6.18
	164	都兰	10.76	43.26	27.21	9.72	4.20	3.2	17.02	193.9	10.09	1.72
	165	西宁	13.61	54.72	58.3	20.82	11.39	6.1	32.45	373.6	19.45	6.31
	166	同德	8.03	32.29	65	23.21	7.50	0.4	2.13	431.3	22.45	0.48
	167	托托河	3.47	13.95	42.73	15.26	2.13	0	0.00	275.5	14.34	0.00
	168	曲麻莱	4.98	20.02	46.63	16.65	3.33	0	0.00	406.3	21.15	0.00
	169	玉树	9.427	37.91	72.37	25.85	9.80	3.2	17.02	485.9	25.29	4.30
	170	玛多	4.15	16.69	46.55	16.63	2.77	0	0.00	321.6	16.74	0.00
	171	达日	5.55	22.32	79.52	28.40	6.34	0	0.00	544.6	28.35	0.00
宁夏	172	银川	18.53	74.51	26.87	9.60	7.15	9	47.87	186.3	9.70	4.64
	173	盐池	17.77	71.45	39.21	14.00	10.01	8.3	44.15	273.5	14.24	6.28

续表

地区	编号	站名	夏半年温度（℃）	夏半年温度比例（%）	夏半年降水量（mm）	夏半年降水量比例（%）	夏半年溶蚀强度（%）	年平均温度（℃）	年平均温度比例（%）	年降水量（mm）	年降水量比例（%）	年溶蚀强度比例（%）
新疆	174	阿勒泰	16.6	66.75	17.15	6.13	4.09	4.5	23.94	191.3	9.96	2.38
	175	富蕴	16.4	65.94	18.66	6.66	4.39	3	15.96	189.6	9.87	1.57
	176	和布克赛尔	13.98	56.21	18.62	6.65	3.74	3.8	20.21	136.3	7.09	1.43
	177	克拉玛依	22.1	88.86	13.12	4.69	4.16	8.6	45.74	105.7	5.50	2.52
	178	精河	20.33	81.75	11.72	4.19	3.42	7.8	41.49	102	5.31	2.20
	179	奇台	17.83	71.69	22.73	8.12	5.82	5.2	27.66	192	9.99	2.76
	180	伊宁	18.83	75.71	22.12	7.90	5.98	9	47.87	268.9	14.00	6.70
	181	乌鲁木齐	18.46	74.23	31.22	11.15	8.28	6.9	36.70	286.3	14.90	5.47
	182	吐鲁番	26.85	107.96	16	5.71	6.17	14.4	76.60	15.6	0.81	0.62
	183	库车	21.32	85.73	10.17	3.63	3.11	11.2	59.57	74.5	3.88	2.31
	184	喀什	21.33	85.77	7.28	2.60	2.23	11.8	62.77	64.9	3.38	2.12
	185	巴楚	21.33	85.77	8.95	3.20	2.74	12.1	64.36	61.1	3.18	2.05
	186	铁干里克	22.01	88.50	6.07	2.17	1.92	11	58.51	39.5	2.06	1.20
	187	若羌	22.62	90.95	4.21	1.50	1.37	11.7	62.23	29	1.51	0.94
	188	莎车	21.2	85.24	7.02	2.51	2.14	11.7	62.23	53.3	2.77	1.73
新疆	189	和田	22	88.46	4.78	1.71	1.51	12.5	66.49	36.4	1.89	1.26
	190	安德河	21.48	86.37	4.25	1.52	1.31	10.8	57.45	27.3	1.42	0.82
	191	哈密	21.18	85.16	4.73	1.69	1.44	9.9	52.66	39.1	2.04	1.07
台湾	192	台北	26.53	106.67	267.8	95.64	102.03	22.7	120.74	2363.7	123.03	148.56
	193	高雄	27.65	111.18	271.9	97.11	107.96	24.7	131.38	1784.9	92.91	122.06

第二节　喀斯特地貌形成的动力因素：流域因素

太阳辐射导致地球上大气环流的形成，因而有了温度和降水的分布规律，这两个因素是喀斯特地貌形成的外营力因素。温度构成了地表溶蚀强度的特点，这是形成喀斯特地貌的“热量系统”。这一部分将重点讨论降水在喀斯特地貌形成中的作用，是谓“动力系统”，但它与温度的表现有一定的差异，同时也是互相配合的作用。在温度作用下形成了溶蚀强度，这只是一个控制因素，它要靠水去实现溶蚀强度的作用。温度变化的规律性比较稳定；而降水分布就不太均匀，降水量是喀斯特地貌形成的直接因素，它必须与地面接触才能起到造貌的作用，成为地貌形成的动力。降水与地面接触后形成的是流域，流域就成为喀斯特地貌形成的动力系统。喀斯特地貌的形成和演变取决于流域和流域内的特征。“热量系统”和“动力系统”相结合，发育了喀斯特地貌。这两个系统的结合和演变形成了喀斯特地貌系统。喀斯特地貌生成系统如图 2-3 所示。

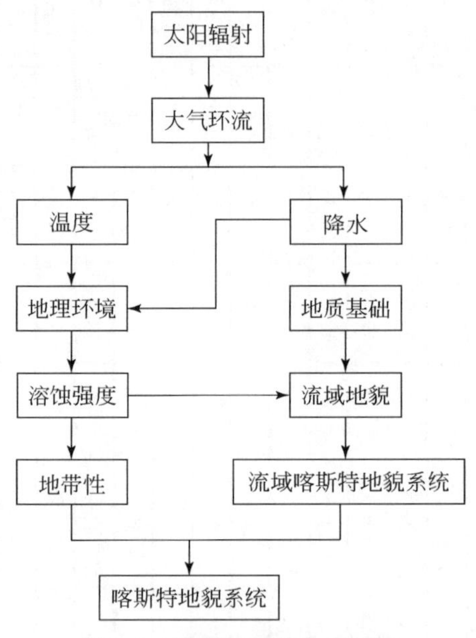

图 2-3　喀斯特地貌生成系统

一、降水的作用

水是喀斯特地貌形态的创造者和雕刻师，是喀斯特地貌形成的动力因素，所以水和喀斯特地貌特征的关系最为密切。水来源于降水，也是溶剂的载体，降水量的多少，在一定的条件下影响着侵蚀溶蚀作用的充分度。一般情况下，一个地区降水量越多，喀斯特发育越充分，两者呈正相关（图 2-4）。所以有些研究者十分注意降水量与溶蚀量的关系的研究，Engh（1980）在研究欧洲喀斯特时得出结论，认为溶蚀量与降水量之间为线性关系。

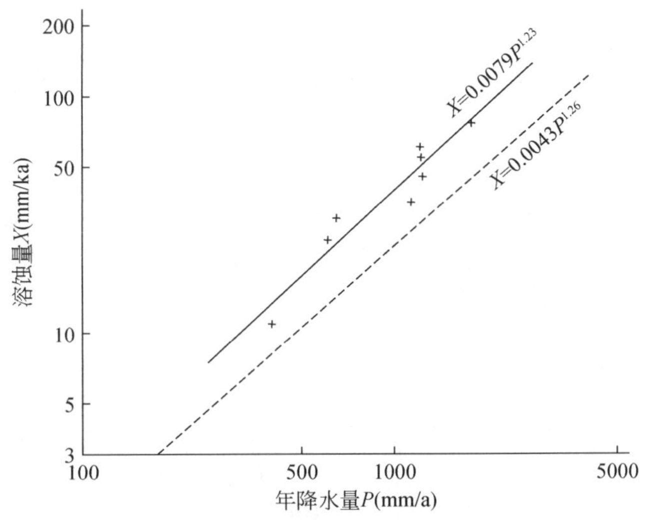

图 2-4　年降水量与溶蚀量关系曲线

虚线为欧洲的关系曲线（Engh，1980），实线为中国的关系曲线，为笔者的研究结果

资料来源：陈治平，1985

由于温度代表的热量系统是“软实力”，在喀斯特地貌的形成过程中，不起直接的作用。同时，相邻气候带之间的温度差很小，与降水量相比，显得无足轻重。据目前研究水平，尚不能系统地叙述温度和降水量在喀斯特地貌形成中的作用。因此有重视降水量的作用，轻视温度作用的情况。在很多著作中，虽然也有学者认为温度和降水量有重要作用，但分析时，则主要谈降水量的变化与喀斯特地貌的关系。

笔者同样开展了我国降水量与溶蚀量的研究，也得出降水量与溶蚀作用的线性关系。但是在同样的降水量情况下，中国降水量与溶蚀关系曲线的位置相比欧洲该线要高一些（陈治平，1985），这表明中国喀斯特地貌主要分布区域的温度，比他们研究的区域要高一点，所以在同样降水量的条件下，我国的溶蚀强度要大一些。这两者对比中发现，尽管降水量对喀斯特地貌发育有直接的作用，但喀斯特地貌的发育受溶蚀强度控制，因此降水量是喀斯特地貌形成与发育的主要因素，但并不是唯一因素。温度、热量因素虽不是喀斯特地貌形成的直接因素，但它是控制因素，控制着溶蚀强度的分布，形成喀斯特地貌的地带性特点。所以降水量与溶蚀量之间并不完全是简单直接的关系，而是受温度等因素的制约。上述规律在同一气候带里是正确的。不同气候带的降水量与溶蚀强度线，如果分别画在一张图上，则成了一系列的平行线。本书研究表明相邻地带之间溶蚀强度是几何级数的关系，因此同样的降水量，在热带的溶蚀量是1的话，那么在亚热带的溶蚀量仅为0.5，到暖温带只有0.25了。所以如果研究常态地貌的形成规律，在不同的区域，同样的降水量形成的地貌可能是相似的，缺乏地带性的特点。但是在气候地貌学中就不完全如此，同样的降水量，由于碳酸盐岩具有溶蚀性，在热带、亚热带和温带形成的地貌就不完全一样，不仅地表地貌不一样，更突出的是地下地貌的差异，在不同气候带的地下地貌是有区别的，这就是溶蚀强度的作用。所以研究喀斯特地貌，不仅要研究降水的作用，更要研究在各种因素制约下降水的作用。图2-4所揭示的规律是没有考虑温度的情况下得出的，单一因素是不能完善地解释喀斯特地貌形成和发展规律的。

（一）溶蚀强度的作用

溶蚀作用是化学作用，它有随温度变化的规律，在温度面前它是一个变量，有地带性的规律。由于降水是溶蚀作用的执行者，所以很多现象表明降水量与溶蚀量之间的密切关系，这种关系远比与温度的关系紧密得多。一些学者认为降水量对喀斯特地貌形成起关键作用，这样理解也可以。但这里有两个因素，它们的作用是不同的。流水作用一般指流水侵蚀作用，如果没有溶蚀作用加入的条件下，形成的是常态地貌，它是缺乏地带性规律的；只有溶蚀作用的加入，才能形成喀斯特地貌，才有地带性规律。本书研究表明相邻地带之间溶蚀强度是几何级数的关系，因此说明不同地区的溶蚀特征并不完全取决于降水量的多少，它还受控于温度和气候环境下的溶蚀强度，它是一只无形的手；降水量还受控于地质构造和岩性，它们是有形的手。所以降水量形成的流水作用是溶蚀作用的“操盘手”，也是地貌的“雕刻师”，但也是一个“打工仔”，受多种因素的左右。特别是那只无形的手，指挥着它走上地带性发展的道路。所以不能简单地看待温度和降水量的单独作用，更应该看待它们综合的作用。

（二）降水的地带性规律

降水也有地带性规律：它是受大气循环、海陆关系等诸多因素影响的，与温度形成的地带性规律有一致的地方，如热带地区高温和多雨相重合，是喀斯特地貌十分发育的地区；也有不一致的地方，高温与少雨相配合，这些热带地区是喀斯特地貌不发育的荒漠地区。温度分布的规律性，与降水的规律性相结合，形成了地球上丰富多彩的喀斯特地貌带。

我国东部属于季风气候，年降水量与气温年较差都是从南向北逐渐减少，降水的气候带特征比较明显。

热带喀斯特地貌区域，年降水量达 1100 ~ 2200mm；亚热带喀斯特地貌区域，一般年降水量为 800 ~ 1400mm，东部年降水量最高达 2000mm；暖温带喀斯特地貌区域，年降水量为 500 ~ 700mm。

喀斯特地貌主要在夏季多雨季节发育，虽然降水的不均匀性是其特点，但多年平均夏半年降水量却比较一致。在热带喀斯特地貌区域的广西，夏半年降水量大都在 1100 ~ 1300mm；亚热带喀斯特地貌区域（长江以南）的夏半年降水量在 900mm 左右；暖温带喀斯特地貌区域的夏半年降水量达 550 ~ 600mm。

多年平均降水量的均匀分布，保证了喀斯特地貌带内地貌发育的均一性。

（三）热量与降水量的关系

喀斯特地貌形成中热量与降水量的关系，是互相依存和制约的关系，可以从很多方面看到这种相互制约的关系。在同一个气候带内，在正常的降水量条件下，会生成相同的喀斯特地貌。但当降水量减少到一定数量之后，喀斯特地貌的形成演变过程将发生改变。

这种例子很多，在热带由于大气环流和海陆关系的影响，赤道热带喀斯特地貌区域的降水量分布差别很大，喀斯特地貌产生很大的分异，那里不仅有湿热的热带雨林喀斯特地貌，还分布着热带半干燥和干燥喀斯特地貌。

在我国同样有这种例子，如在秦岭—淮河以南的湿润地区，降水量较大，有些学者认为都是峰林分布区域。但从夏半年降水量分析，南北差异非常明显，在南岭以南地区，虽然全年的平均降水量变化很大，为 1100 ~ 2000mm，但各地夏半年的降水量变化却很小，很有规律性，大多数为 1100 ~ 1300mm，所以 1100mm 降水量是广西热带喀斯特地区年平均降水量的最低值。这时候的溶蚀强度为 70% 左右，可以认为这些数据代表热带峰林喀斯特地貌发育的最低阈值。这个夏半年溶蚀强度也可作为热带与亚热带喀斯特地貌分界的依据。

在南岭以北、长江以南的亚热带区域，气候比较稳定，除了东部地区降水量丰富之外，大多数地区夏半年平均降水量为 900mm 左右。

虽然南岭南北，年平均温度和年降水量差别都不大，但是由于溶蚀强度的差别很大，即使同样的降水量，在不同溶蚀强度的作用下，其溶蚀量也就大有区别。

在气候学中 800mm 降水量分布线作为亚热带和暖温带的降水量指标，溶蚀强度为 40%，这也是亚热带和暖温带喀斯特地貌分界线的阈值。

当暖温带区域的降水量降到 400mm 以下时，就失去了暖温带半干旱喀斯特地貌的生存条件，发育干旱气候条件下的喀斯特地貌，不仅在山区没有喀斯特地貌存在的痕迹，在地下也几乎找不到稍大一些的溶蚀形态。

从上面的叙述中，可以看到我国的年平均降水量1100mm、800mm、400mm是热带、亚热带和干旱与半干旱喀斯特地貌形成的最低阈值。区域性的降水量低于上述数量后，喀斯特地貌类型发育将发生变化。

（四）降水量超高时喀斯特地貌的特点

当降水量高于地带性规律上限的时候，喀斯特地貌的变化又是一种特点。

例如，长江下游以南的丘陵、平原地区属于亚热带喀斯特地貌区域，但绝大多数地区的降水量都在1600～2000mm。与我国峰林地貌区相似，甚至比某些峰林地区的降水量还多，但这里仍属亚热带喀斯特地貌。原南斯拉夫黑山共和国的降水量超过2000mm，最大可达5000mm（玛·斯维婷和包浩生，1990），也就是说其超过了我国热带喀斯特地区的降水量，但那里没有发育热带那样的峰林地貌。在欧洲，大西洋沿岸，也是降水量较多的地方，很多地方超过了我国热带喀斯特地貌形成的降水量条件，那里仍然属于温带喀斯特地貌，发育常态山地地貌。

又如，日本的秋吉台高地，高地是海拔为180～420m的低山、丘陵，属于暖温带海洋性气候。如果峰林地貌的形成取决于降水量的多少，秋吉台的年降水量为1900mm左右，与我国桂林相同，但那里也没有桂林那样的热带峰林地貌，也没有亚热带那样的地貌。秋吉台喀斯特高原的年平均温度为13.9℃（袁道先，1993b），与我国济南相同（济南是半干旱的暖温带气候）。秋吉台高原正地形与常态的丘陵类似，分布着很多漏斗，草原上散布着林立的岩柱（石芽），地下洞穴很发育，面积为130km^{2}的喀斯特高地有450多个溶洞。这些特点说明气候潮湿、降水量大的秋吉台，地下喀斯特发育的强度比半干旱的济南的喀斯特地貌发育程度要高。但秋吉台的喀斯特地貌仍然属于温带特征，正地形显示常态地貌的特征。秋吉台是我国石灰岩溶蚀速度观测网的对照站，和桂林的降水量几乎相同。在观测期间，桂林降水量为1865.1mm，秋吉台降水量为1951mm，比桂林的年平均降水量（1921.2mm）略高，但同时期20cm土层深处与50cm土层深处的试片的溶蚀量（表2-4）却与降水量分布规律不一致。

表2-4　桂林与秋吉台土壤中溶蚀量对比表

地点	单位	20cm土层深处	50cm土层深处
秋吉台	mg/d×10^2	17.18	28.37
桂林	mg/d×10^2	70.6	91.12

续表

地点	单位	20cm 土层深处	50cm 土层深处
比值	%	24	31

降水量多的秋吉台的土壤中溶蚀量反而比降水量少的桂林小得多。将桂林和秋吉台的两个土壤中溶蚀数据（20cm 土层深处和 50cm 土层深处）进行比较，其比值依次为 24% 和 31%，与我国暖温带夏半年溶蚀强度 25% ~30% 相同，显示秋吉台与我国暖温带的溶蚀强度具有相似性。

秋吉台的土壤中溶蚀量反而比降水量少的桂林小得多，其原因在于受当地溶蚀强度的控制，其地下溶蚀的强度受年平均温度所控制，所以会产生秋吉台降水量多于桂林，而土壤下的溶蚀量远比桂林小的情况。

（五）溶蚀量与侵蚀量的关系

喀斯特地貌是溶蚀与侵蚀共同作用的结果。看起来这句话有点多余，但事实上，在室内和野外做溶蚀试验时，都把结果归于溶蚀量的范畴，而忽视了侵蚀作用的存在。图 2-4 中认为溶蚀量与降水量的关系是直线关系，也是把溶蚀量与侵蚀量混在一起。众所周知，溶蚀强度与温度有直接关系，温度越高，溶蚀强度越大。在不同气候带里，虽然溶蚀量都随降水量增加而增加，但溶蚀的基数是不同的。而侵蚀强度与温度没有这种关系，直接随降水量大小、强度变化。从客观情况分析，这两个问题在理论上是分得清的，但事实上这两者很难分清。在实验室里看起来似乎不太重要，在自然界，这两种作用的表现却是非常明显，可以是共同作用的，但也可以是矛盾的，甚至是互相破坏的。本书第一章在气候地貌法中，提出了各个地带的溶蚀强度，从图 2-5 中可以明显地看到，从地貌学的观点分析，在喀斯特地貌区域，侵蚀溶蚀的总量为 100，那么当地的溶蚀强度值可以看作侵蚀溶蚀的倒数，溶蚀强度大的地方，侵蚀形态不显著；溶蚀强度越小，侵蚀形态就越明显。不同地带中，溶蚀强度与侵蚀强度的关系，比较正确地回答了喀斯特地貌发育的特点。

图 2-5 中的上凹形溶蚀形态曲线代表不同地区的溶蚀强度，那条上凸形的曲线代表侵蚀作用强度，两条曲线显示不同气候带侵蚀和溶蚀强度的关系。由于溶蚀作用的强度与温度有关，因此在热带地区的比例最高，向寒带方向逐渐降为 0。相反，侵蚀形态曲线，随着溶蚀强度曲线的下降而上升，显示温度越低，溶蚀作用强度越低，而侵蚀作用强度越强烈。

在热带地区，显示溶蚀强度明显高于侵蚀强度，地貌特点显示，山体内外被各种各样的溶蚀特征所笼罩，甚至侵蚀作用强烈的地方也失去了山高谷深的特

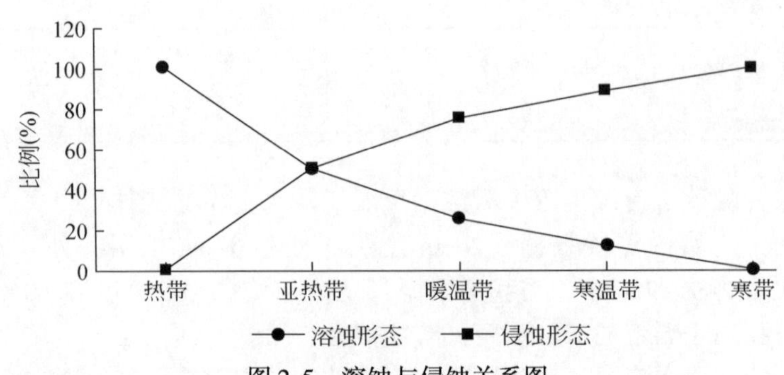

图 2-5 溶蚀与侵蚀关系图

点，被峰丛深洼所替代。在峰林区域，陡立的山坡显示强烈的溶蚀作用结果，这就是热带喀斯特区域峰林地貌奇异的特点所在。流水作用的存在，好像听从溶蚀作用的安排，显不出侵蚀的面貌。在亚热带，溶蚀强度降低了，与侵蚀强度各占一半，侵蚀山地的特征开始显露，但其相互之间的矛盾还不太突出。到了暖温带，溶蚀强度降低到热带地区的1/4，地下喀斯特发育的弱化，在热带、亚热带地区地下洞穴的发育影响着地表地貌的发展，地下河的发育导致一系列洼地的形成。这种现象在我国半干旱的暖温带已基本不再存在，地下溶蚀形态已失去吸引地表水强烈下渗的能力。降水大多数都成为地表河水，满目是常态山地的面貌，更突出的是，过去曾经受过亚热带气候塑造形成的喀斯特地貌，被后来的流水扫荡，只在少数分水岭地区残留，显示流水对喀斯特作用和喀斯特地貌的破坏性。在寒温带和青藏高原，强烈的冻融作用、寒冻风化作用和冰缘作用下，与热带、亚热带和暖温带不同之处，就是地表岩石强烈破碎，虽然寒温带和青藏高原的溶蚀强度降低了，但水与岩石的接触面大大增加，相对增加了溶蚀量。所以有温度降低，溶蚀强度增加之说。在地势较低的森林带里，这种过程不易形成喀斯特正地形，但水中碳酸钙的含量较高，当河流中流速降低的时候，碳酸钙沉积形成灰华坝。泉水流出洞口时，由于温度降低，在洞外堆积呈灰华层。在森林线以上，裸露的岩石受强烈的风化作用，高原上不同时期发育的各式各样的地貌穿上了一样的衣服，掩盖了不同地貌的形成特征，正地形表面强烈剥蚀，残留有很多似峰林状的高丘，因此引起了高原上有没有喀斯特及峰林发育的争论。各种气候因素间的矛盾斗争，更加强了地带性的特点。

二、气态水的作用

流水担负着碳酸盐岩溶蚀作用、侵蚀作用、搬运作用和溶蚀的媒介作用的重担，在喀斯特发育过程中起重要的作用。水有三态，它们的作用也不同。

近来对气态水也有很多研究，其在喀斯特地貌发育过程中具有很显著的作用。

气态溶蚀方式发生在相对湿度大的地区，特别在雨季时相对湿度要大一些。雨季在华南为5个多月，长江流域约为80天，华北仅为50天。4～5月长江以南地区，特别是两湖盆地，春雨连绵。夏季在江淮流域形成绵绵的梅雨。8～9月青藏高原东侧秋雨连绵，到10月中旬才停止，因此以上这些时期成为这些地方高温高湿的季节。总的说来，淮河以南地区是相对湿度比较高的地区，特别是长江以南地区相对湿度达80%以上，是我国相对湿度最高的地区。这些空气中的小水点，在碳酸盐岩的表面凝结的水，起着表面溶蚀作用，如果湿度大，凝结的水多了，就会流动，形成小的溶痕，也会有小的碳酸钙沉淀物形成。所以相对湿度大、持续时间长的湿热地区的碳酸盐岩的表面，有溶蚀光滑的观感。

相对湿度大也是碳酸盐岩表面低等生物生存的有利条件，岩壁上常见有苔藓类生长，使岩壁溶蚀、剥落而后退，藻类在岩石表面生长具有钻孔作用，形成一些微米级的小孔。张捷（1993）认为藻类喀斯特侵蚀作用有如下三个方面：一是表面及石内的钻孔作用；二是在超微钻孔作用的基础上所产生的微观尺度下剥落、脱落等机械作用；三是岩表藻类对降水等的持水作用及酸化作用。这种酸化作用包括岩表藻类分泌的有机酸及藻类在夜间呼吸所释放的CO_2对岩表水分的酸化过程。

这些藻类在干燥季节，因失水而脱落。宋林华（1986）认为充水裂缝和积水洼地就会形成藻类、苔藓类低等生物和许多细菌生长、繁殖的场所，正如维尔（H. A. Vile）所观察到的，只要40天左右，一个新鲜光滑的石灰岩面，经过菌、藻类的生物作用，就会形成一层海绵壳。笔者发现在贵州德江大龙阡洞口1915年的石刻壁上，经过菌、藻类作用，在石刻壁上已形成了一层厚达2～8cm的疏松的灰华膜。相对湿度大，使地表保持湿润，有利于植物和微生物的生长，使地表层持续提供丰富的CO_2，加强了溶蚀作用。在洞穴中，相对湿度的大小影响着洞穴内化学沉淀物的规模和特色，随着地区相对湿度的减小上述作用逐渐减小。到淮河以北的半干燥地区，相对湿度降低，苔藓等分布显得稀少，岩石的棱角分明，构造形迹显露。

气态水是地球上湿润地区岩石表面保持缓慢溶蚀的一种经常方式，它塑造了喀斯特地貌表面的微形态，是不可忽视的一种溶蚀方式，它是气候湿润的喀斯特地区山坡后退的一种重要形式。

三、地质构造奠定了流域的基础

事实上，降水并不是侵蚀、溶蚀的直接因素，雨水落到碳酸盐岩地面以后，形成径流，才开始起溶蚀、侵蚀的作用。降水对下垫面产生溶蚀、侵蚀作用，其作用与流速有关、与地面坡度有关、与地形特点有关、与地面物质结构有关，总之与流域内的各种特点有关。处于大流域上游的流域地貌常以高山深谷为特点，而处于大流域下游的流域地貌则以低山平原为主。地球表面的陆地被众多的流域所分割。

在喀斯特地貌研究中，降水量仅仅在研究大区域喀斯特地貌分布特点时才具有意义，在研究区域内喀斯特地貌分布和具体的喀斯特地貌成因时，应用降水量的数据显得太笼统，因为一个区域都是多种喀斯特地貌形态共存的特点。因此，同样的降水量不足以说明各种喀斯特地貌形态形成的差异。所以要更深入地研究形成各种地貌差异的不同动力过程，这个差异就是降水与不同地面形态接触后发生的。

水从天而降，它所达到的地面是不平整的，即使在准平原的条件下，也是如此。这个特点是地质构造所赋予的，从而创造了水从高处流向低处的条件，形成了河流、形成了流域。流域的特点大都与地质构造有关，流域依地质构造而生存。构造运动的特点形成了各种各样的流域形态，它可以是构造不等量上升形成的，也可以是断块差别升降形成的；也可以是以褶皱的形式出现，也可能是多种因素综合形成的。构造上升与下降的过程、构造运动的强度，为沉积和侵蚀溶蚀的方式奠定了基础，形成了不同的流域地貌分布特点的架构，如巨大山脉、广阔的高原和盆地，也就是说构造运动的结果形成了各种构造地貌。如果没有外营力作用的话，原始构造地貌要比现在地貌简单得多，但现在地貌分布的绝对高度、轮廓都已具备。地质学界对于喀斯特地貌形成的解释，第一因素是气候，第二因素是构造。卢耀如（1982）认为新构造运动上升的强度是重要的因素。对于气候条件如何影响喀斯特地貌的形成，他们一般只应用温度和降水量的基本数据，而对大地构造、岩性和新构造运动的特点、强度与喀斯特地貌的关系研究则比较深入。

喀斯特地貌是内外营力综合作用的结果。地理学的观点认为，内、外营力的作用是不同的，应该分成两个层次。内营力活动在地貌形成过程中相当重要，但它不能直接形成人们看到的喀斯特地貌，它只是提供了喀斯特地貌形成的构造基础、地形雏形，所以地貌形态中就包含着各种构造的因素。而外营力的热量和动力因素——水是形成喀斯特地貌的主要和直接因素，热量是溶蚀因素，水是动力因素，水是地貌形成的雕刻师。随着原始地形的高低、起伏，雕刻成各式各样的地貌形态。所以在地貌形成过程中，地质因素处于被动态，外营力作用处于主动态。地质构造运动也是动态变化的，但不管如何变化，外营力也能适应构造运动强度的变化，主动调整作用的方向和方式。

内营力和外营力作用的结果在某些条件下是一致的，在有些条件下并不是一致的。内营力的各种形式造成了地面的高低起伏。外营力由于受河流基准面控制，随着基准面的升与降，河流作用都是从河口向上游进行，并且依比降的大小发育相应的地貌类型。在基准面稳定的区域，可以看到喀斯特地貌的发展与上升强度有正相关的关系。例如，在桂林盆地中，流域的下游是地壳比较稳定的地区，分布着喀斯特平原和孤峰；流域的中游发育峰林；流域的上游是地壳上升强度较大的地区，形成了峰丛洼地。这是构造上升强度与喀斯特地貌发育一致的例子。构造上升强度大，喀斯特地貌的起伏也大，这是正常河流纵剖面地区的特点。而在基准面不稳定的区域，如云贵高原上的流域喀斯特地貌与地壳上升强度就不一定相一致，且往往呈负相关的关系，在流域下游地壳上升强度较小，但河流下切强度却很大，形成高差巨大的峰丛深洼，这与河流作用的特点有关，是反均衡剖面区域的特点。而河流上游是地壳上升强度较大的地方，虽然，这里的地面高度更大了，但河流的溯源侵蚀作用尚未到达，地面切割缓浅，在河流的源头形成峰林，使上游保持高原面的特征。在这个过程中，流域内地貌形态的变化和基准面稳定区域正好相反。这就是构造运动和河流作用对喀斯特地貌形成作用不一致的例子，这是第二阶梯上的重要特征，这种例子还有很多。因此笔者强调内营力作用，它创造了地貌的高度和地貌的轮廓，但这个高度的地方没有形成当前喀斯特地貌的最高阶段的地貌特征。这就是构造强度与喀斯特地貌不匹配的表现。所以地理学者往往愿意将外营力与内营力分开讨论，就是这个道理。

四、流域是喀斯特地貌生成的摇篮

降水进入地面，汇成河流，成为流域。地球表面被众多的大大小小的流域所分割，没有例外。有的流域中地势高差达数千米，受不同的气候影响。这些流域又为一系列小的流域所分割。本书所说的流域指最基本的流域——小流域。流域面积很小，整个流域里可以看作宏观温度是相同的，降水量也是相等的，溶蚀强度也是一致的。在这个流域里，却发育着类型不同的地貌，流域内各种地貌的分布成为一个有机的整体，流域内地形条件的不同，形成地貌的动力条件也不同，因而形成系统的互相联系的地貌系统。这就是某一溶蚀强度分布区域的喀斯特地貌特点。

在地貌研究领域中，小流域里有四个重要的因素，即基准面、河流比降、地面坡度和坡形。它们组成了一个流域的整体和有机的体系，在喀斯特地貌的形成发展过程中，发挥着不同的作用，且融汇于一体。在溶蚀作用的控制下，形成了系统的流域喀斯特地貌体系。所以流域成为喀斯特地貌生成的摇篮。归纳起来本书将上述四个因素称为喀斯特地貌发育的“四要素”。

（一）基准面决定了流域内喀斯特地貌分布和发育方向

基准面可以分为稳定性基准面和不稳定性基准面两种。

稳定性基准面的特点是：虽也有升降变化，但变化量很小。例如，大家都熟悉的桂林盆地，盆地底部相对稳定，但盆地周围的山地，在新生代不断上升，从这些山地发育的河流纵剖面呈正常的下凹的抛物线型。该流域里的喀斯特地貌类型从上游向下游的分布次序是：峰丛洼地、峰林和溶蚀剥蚀平原。

不稳定性基准面的特点是：地壳不断地间歇性上升，基准面也处于不断向下发展过程中。因此，每次河流下切之后，使河流纵剖面上下游之间的高差增大，造成溯源侵蚀，而溯源侵蚀没有到达的地区，保留着上一阶段形成的地貌特点。这样地壳多次间歇上升之后，就形成了多级地貌阶梯。以黔南喀斯特地貌为例，从上游到下游依次是：古准平原、峰林、峰丛浅洼和峰丛深洼。这个次序与桂林盆地正好相反。这是由基准面特性不同造成的，进而形成了从上游到下游地貌排列的次序与桂林盆地完全倒置的现象。

从这两个例子可以看出，不同特性的基准面，对喀斯特地貌类型的排序和发展方向有明显不同的作用，但喀斯特地貌的发展方向却是一致的。因此喀斯特地貌的排序是现象，而演化的次序才是喀斯特地貌发育的本质。

（二）河流比降与喀斯特地貌类型的密切关系

不同地貌的形成有不同的动力过程和环境特点，河流纵剖面上不同的河流比降段都有特定的水流动态和特定的环境条件，这为深入研究各种喀斯特地貌的形成和发展提供了具体条件。所以河流比降分布的规律决定了喀斯特地貌分布特点，深入研究喀斯特地貌类型必须深入研究河流比降的分布，这成为喀斯特地貌发育理论中的核心课题之一。因此本书把河流比降与流域内部环境、地貌类型看作一个整体，把它们之间的关系看成一个系统，这系统各部分之间是互相联系的、互相依赖的、互相制约的和存在着反馈特征的。笔者曾系统地进行过热带喀斯特地貌区域洼地与河流比降分布关系的研究，发现河流比降与洼地的分布关系呈线性相关。以河流比降8‰为界，大于8‰时，分布着复合洼地和圆洼地（图2-6），峰丛与洼地为伍。洼地是水流垂直循环的产物，当河流比降大于8‰

时，不管河流比降增加多少，水动力过程不会改变，只是水流的垂直循环作用进一步增强，所以即使河流比降达到30‰～40‰时，依然是峰丛洼地。河流比降为8‰以下时，以谷地为主，峰林与谷地为伴，主要以峰林平原、峰林盲谷、峰林谷地等地貌为主；其下限为3‰。河流比降为3‰以下时，是剥蚀平原和堆积平原分布区域。这就是河流比降与喀斯特地貌类型的基本关系。这些峰丛洼地区域包括了圆洼地和复合洼地，峰林平原中也有不同的形态组成。这种不同的形态可能是不同时期形成的。无论是峰丛还是峰林，从它们形成开始到现在，在地壳不断上升过程中，都在继续发生、发展，直到现在仍在进行中。

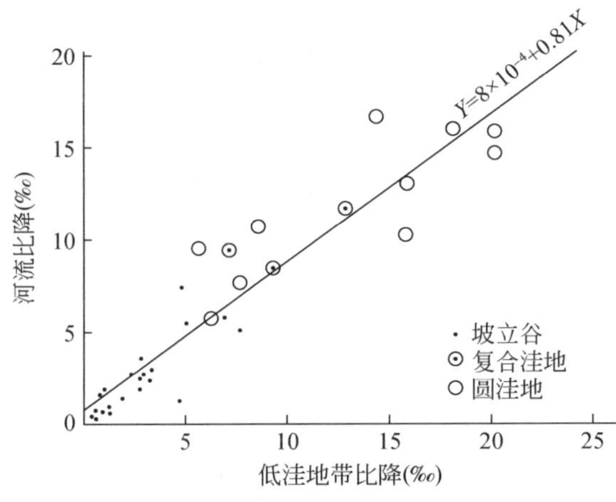

图 2-6　洼地分布与河流比降的关系

资料来源：陈治平等，1981

（三）地面坡度显示地貌类型的溶蚀侵蚀特征

侵蚀、溶蚀量与地面坡度的关系密切，经野外和室内试验研究，地面坡度由小逐渐增大，流速也随之增加，侵蚀、溶蚀量也相应增加。一般认为，地面坡度越大，相应的流速也越快，侵蚀、溶蚀的速度也越快。刘再华（2000）在桂林尧山进行了野外试验研究，以直径4cm、厚3cm的圆形试片进行研究，根据其月变化得出：溶蚀量的变化曲线，与降水量的变化一致；流速增大时，灰岩的溶解速率增加明显。例如，在5月，当流速为20cm/s时，水中的溶蚀速率为静水中的两倍以上；在8月，流速为60cm/s时，水中的溶蚀速率为静水中的六倍以上，因此证明流速增大时，灰岩溶解速率有加速的特征，而白云岩仅有少量增加。这些为传统的概念提供了有价值的数值依据，证明随着地面坡度增加流速也增加，溶蚀、侵蚀量也随之增加。

张之淦（2006）认为洪水是溶蚀和侵蚀作用的主营力：洪水时期水力比降也相应增大，流量越大，溶蚀、侵蚀速率越大；流速越快，溶蚀、侵蚀速率也越快。主要原因来自下列四个方面。

1）与枯水相比，洪水的方解石（碳酸盐矿物）不饱和度要大几个数量级（地下水平时多接近饱和），也就是岩石溶蚀速度要大十倍、百倍。

2）由于洪水流速加快，溶蚀速度与水不饱和度的关系从二次方变成一次方直线关系，从而加快灰岩溶解，其溶解速度加快几十个百分点或更多。

3）流速加快还可能促使“溶脱”现象发生。

4）水量增加能够使溶蚀速度成倍增加。

上述有关地面坡度和溶蚀、侵蚀的认识仅仅是一般的概念，在试验中还发现临界地面坡度在地貌形成中的作用。Renner 在野外观察中发现，超过某一临界地面坡度之后，随着地面坡度进一步增大，侵蚀强度反而减小。对此有两种解释：第一，坡面侵蚀取决于水流的流速，流量一定时地面坡度越大，流速也越大。但是在降水条件相同时，流量与有效受雨面积呈正相关。而有效受雨面积与地面坡度的余弦成正比，即地面坡度越大有效受雨面积越小，综合上述作用可以看到，在地面坡度中等时侵蚀强度最大。第二，随着地面坡度的变化，一般而言，坡度越陡，其土层越薄，而且组成越粗，抗冲能力就越强。最后直至基岩裸露，无法为侵蚀过程提供现成的疏松物质。因此在地面坡度较陡时，虽然冲刷力加强了，但抗冲力增加得更快，因此侵蚀强度反而减弱。自从临界地面坡度概念提出以后，不少学者做了大量研究。Renner 给出的临界地面坡度为 22°左右（许炯心，1996）；陈永宗（1983）、陈浩（1986）以黄土为坡面物质，室内人工降雨试验结果表明临界坡度为 25°～28°；Meijerink（1985）发现在新近砍伐森林之后的热带地区，产生最大侵蚀的临界地面坡度为 25°～40°。

（四）坡形与溶蚀侵蚀强度关系

不同坡形的侵蚀强度也有很大的区别。坡形分凸形坡、凹形坡和直线坡三种。李日民等认为，存在着一个临界坡度值，对不同坡形的坡面上的侵蚀进行数学模拟，结果是，凸形坡上侵蚀率最大，直线坡上侵蚀率次之，凹形坡上侵蚀率最小。“凸形坡上的侵蚀量相当于直线坡的五倍”（许炯心，1996）。上述地面坡度与坡形的试验研究虽然还在探索之中，但现在已得到的结果对喀斯特地貌的形成和发展有极为重要的参考价值。例如，我国华南热带喀斯特地貌区域，溶蚀强度大于 70%，流域内地貌呈强烈的溶蚀特征，地貌类型是剥蚀平原、峰林和峰丛。由于水平溶蚀强度大，峰林的坡度都在 60°以上，是溶蚀、侵蚀强度最小的坡形。该区域形成了陡立的山坡，这种坡形的侵蚀强度最小，比较稳定。黔南锥状峰林为直线坡，其侵蚀强度比陡峭坡稍大，所以高度较低，坡度较缓。在亚热带喀斯特区域，缓丘地貌是凸形坡，侵蚀力大，导致亚热带地区喀斯特地貌坡度更缓，没有热带喀斯特地区那样雄伟挺拔。

五、喀斯特地貌的地带性特征的形成

气候具有地带性的特征，导致溶蚀强度存在显著差异，溶蚀强度从赤道向两极呈阶梯式下降，因此喀斯特地貌形成了强烈的地带性特征（表 2-5）。

表 2-5 中国喀斯特地貌的地带性特征分布表

项目	热带	亚热带	暖温带	寒温带	高寒带
溶蚀强度（%）	100	50	25	12	
侵蚀比率（%）		50	75	88	
地貌特征	峰林、峰丛类	缓丘类	常态山地	寒冻风化类	冰缘类
洼地特征	稳定性洼地	稳定性洼地	活动性洼地	少量活动性洼地	冰缘洼地
地貌形态	溶蚀形态	侵蚀溶蚀形态	溶蚀侵蚀形态	侵蚀形态	冰缘形态
动力特征	100% 渗入	50% 渗入	20% ~30% 渗入		
地下河特征	深洼地下河系	浅洼地下河系	河床渗漏型	少数洞穴和裂隙通道	不发育
洞穴	洞穴众多 无山不洞	洞穴多	洞穴少，有的 没有化学沉积物	洞穴少， 限于河谷边	洞穴小的干洞

气候地带性规律是由太阳辐射形成的，作为气候地貌学的喀斯特地貌，也是依据气候的地带发育，所以喀斯特地貌的界线与气候地带性的界线基本一致。喀斯特地貌的发育虽然也以太阳辐射为主导，但具体的形成条件有其特殊性。

1）在太阳辐射作用下，植物和土壤的分布具有地带性特征，植物根系的作用及其残余物的分解、土壤的化学特性及细菌的活动等，形成大量 CO_2，这是碳酸盐岩溶蚀作用的溶剂，溶于水形成碳酸。上述诸多因素都与温度有密切关系，随温度增高而增高，在喀斯特地貌发育过程中综合体现为“溶蚀强度”，这个数据比较稳定，不同的气候带都有特定的数值，按照几何级数分布。从热带、亚热带、温带到寒带，溶蚀强度依次为 100%、50%、25%、12.5%，如此大的溶蚀强度差别，在不同的地带中，形成各不相同的喀斯特地貌形态和地带性特点。

2）溶蚀强度与地带性地貌的关系，地下河的发育、洼地的分布和喀斯特正地形的形态都与溶蚀强度有密切关系。

热带喀斯特地区是溶蚀强度最大的地区，洼地密布，地下河系发达，峰林陡峭，成为一个系统。其中，以地下河发育特点为主导，影响着洼地及正地形的特征。高强度的溶蚀强度使大大小小的裂隙，都无例外地遭受着溶蚀的作用。裂隙的大小控制着集水的多少，影响溶蚀的程度。无疑，地下河的密度大，形成通畅的排水系统。地表水迅速向地下水转化，形成了众多的峰丛深洼；在峰林区域，强烈的溶蚀作用，形成了广泛的溶蚀平原和高角度的峰坡，这种陡坡的侵蚀强度很低，有利于坡度的稳定性。脚洞导致峰林底部的空洞化，峰林边缘的崩塌使坡度陡峭，形成了奇峰异洞。

亚热带地区，50%的溶蚀强度作用下，水平溶蚀作用弱化，地貌已失去陡坡的特点，形成缓丘，具有凸形坡特点的缓丘，由于抗侵蚀力最弱，不同时期发育的喀斯特地貌丧失了各自的特点，形成大同小异的地貌形态；洼地在洪水季节往往不能排泄全部洪水，洼地与槽谷并存成为一大特点，即使在第四纪河流强烈下切时期，也只形成丘丛浅洼。在低山、丘陵地区，有些地下河上，看不到洼地的存在，但并不是说地表水没有下渗，主要是裂隙下渗，洪水下渗量小于地表的流失量。

暖温带喀斯特地区，在我国是半干旱和荒漠喀斯特地区。半干旱地区的溶蚀强度仅为25%左右。地下喀斯特的特征是溶孔和溶隙，在大型地下储水构造区域，由于下游不透水层的阻隔，形成大范围的储水空间，其中层面和不同规模的裂隙、岩石中的溶孔等，都成了储水场所。但因溶蚀强度很低，这些裂隙等的连通性较差，缺乏典型的地下河特征。流速缓慢的裂隙性渗漏，不能吸引地表水快速向地下转移，在地面不能形成快速集水的汇流中心，因此缺乏形成洼地的条件。大部分雨水从地表流失，形成北方半干旱地区典型的“干谷”系统。由于溶蚀强度很低，侵蚀作用的强度达到75%左右，所以地表以侵蚀地貌特征为主。上述每个喀斯特地貌带都有特有的正负地形结构，因此形成了鲜明的地带性特征。

寒温带喀斯特地貌的冬半年地面几乎都在寒冻风化作用的控制下，只有夏半年由流水作用活动控制，但温度较低，溶蚀强度降至最低点，因此地表地貌过程具有融冻风化作用和流水作用等多种作用的特征。在地下具有稳定集水的大型裂隙和有利的集水构造条件下形成地下通道，这种地下通道的上部有的位于地表河流的下部，有的缺乏地面河流的特征。

干旱区域，降水稀少，不具备形成喀斯特地貌的条件，但在有利的条件下，即使在高寒的青藏高原上，也可见现代溶蚀的痕迹。上述每个喀斯特地貌带都有特有的正负地形结构，形成鲜明的地带性特征。

六、喀斯特地貌的历史演变

喀斯特地貌的地带性是喀斯特地貌分布的特征之一，属于水平变化系列。同一个地区，由于历史气候的变迁，不同时期发育的喀斯特地貌形态也可能不相同。所以在地貌形态上既有前期气候条件下形成的地貌特征，又有现代气候条件下形成的地貌特征，从而形成喀斯特发育和喀斯特地貌形态的多代性。新生代我国气候发生了很大的变化，其主要原因有两个，一是青藏高原的隆起，并影响高原周围地形的变化，改变了气候形成的条件；二是第四纪的气候变化。这两件大事，深深地影响着我国喀斯特地貌的发育，使我国喀斯特地貌的分布变得复杂和多样化，进而形成了喀斯特地貌的多代性。

中国现代喀斯特地貌的形成，在燕山运动期，总的来说处于一个剥蚀状态，这是准平原形成时期，发育了很厚的红色风化壳。古近纪，中国气候有明显的分带情况，分三个带，南北两个是潮湿带，中间是干旱带。南部为热带常绿阔叶林带，中部为亚热带疏林草原和荒漠地带，北部为暖温带阔叶林地带。从喜马拉雅运动开始，地壳运动开始变得活跃，但强度都不大，新近纪随着青藏高原开始隆起，高原东部也逐渐脱离准平原状态，不少地区平地升起，喀斯特地貌开始发育，由于上升初起，上升量不大，峰林、喀斯特丘陵等地貌拔地而起。到上新世，地壳上升强度增大，在青藏高原东部广大地区峰丛和峰丛类地貌广泛发育，成为喀斯特地貌的主要类型。表明青藏高原东部地势已开始上升，似乎以整体性倾斜上升为主，差异性上升还不太明显。上新世末期，在横断山脉中宽谷广布，这种宽谷的特征一直延伸到广西的峰丛分布区域，成为新近纪末期和第四纪初期的喀斯特地貌的代表性特征，也说明这一时期青藏高原东部地势上升量有限。

更新世是青藏高原强烈隆升的时期，也是其东部地形强烈差异隆起的时期，尤其是在原来的热带喀斯特地貌区，形成了多个非地带性规律分布的喀斯特地貌区域，为中国喀斯特地貌增添了许多特色，呈现出地带性与非地带性喀斯特地貌并存的特点。

青藏高原隆升造成了高度不同的阶梯状地貌，破坏了纬向分布的地带性特点，在一些地区形成了非地带性的地貌条件。条件变了，产生了新的溶蚀强度和地带性的指标，形成了喀斯特地貌经向的变化规律。这种情况在热带和亚热带区域最为明显，它所形成的地貌与气候地带性的地貌形态有所不同。所以本书在当地现在气候条件下，形成的喀斯特地貌名词之前，赋予“热基”和“亚热基”的冠词，如“热基亚热带喀斯特地貌”“亚热基温带喀斯特地貌”等，这种名词过去没有出现过。在“中国南方热带、亚热带岩溶地貌分类方案”中，把沿北回归线分布的非地带性区域的喀斯特地貌，大都列入热带喀斯特地貌之中（覃厚仁和朱德浩，1984）。又如，《中国岩溶研究》一书，是中国岩溶区划最为详细的著作，它的一级区划是以气候为主，将热带、亚热带合并为一个级别，对沿北回归线分布的喀斯特地貌类型区域进行了比较详细的划分，但也没有进一步明确气候带的归属。本书把它们冠以“热基”和“亚热基”的理由是：首先要反映各地喀斯特地貌形成的实际情况，如“热基亚热带喀斯特地貌”，它现在已进入亚热带气候的发展过程，还称它为热带喀斯特地貌，确实有点不切合实际。从发展规律方面分析，有它的特殊性。没有完全沿亚热带喀斯特地貌的途径发展，所以说它是亚热带喀斯特地貌，却又与亚热带地貌有所不同。它是“诞生”在热带气候条件下，现在在亚热带气候条件改造下得以发展。这个过程与华中地区亚热带气候条件下地貌发育过程、地貌形态均有明显的区别。华中地区的喀斯特地貌是在亚热带气候条件下形成和发展的，其形成基础不同，也影响后期地貌发展条件的不同，从而形成不同的地貌形态。例如，热基亚热带喀斯特地貌区、热基温带喀斯特地貌区是很典型的例子。气候变化比较显著的暖温带也有这种特点。热基亚热带喀斯特地貌，陡峭的峰林坡度减缓，呈锥状喀斯特地貌的特点，而没有亚热带地貌特有的丘陵状特征。又如，热基温带喀斯特地貌，由峰林向丘陵状地貌方向演化，缺乏温带地区流水强烈侵蚀的常态地貌特点。

以上叙述中，可以看出从新近纪中国喀斯特地貌形成以来，各喀斯特地带中气候条件大体稳定，所以地带性特点明显。另外，从新近纪以来，气候有变冷的趋势，尤其是更新世时期比较显著，使同一地带中，喀斯特地貌形态发生变化，有“热基”和“亚热基”喀斯特地貌系列的特点，在暖温带区域新近纪还有洼地的形成，这些都是历史气候演变的结果。以上这些情况说明，中国喀斯特地貌在地带性和非地带性规律的结合，丰富了中国喀斯特地貌的内容，呈现了复杂、多样的喀斯特地貌分布特点。

七、喀斯特地貌区域分布

（一）前人对我国喀斯特地貌分布的认识

流域内喀斯特地貌分布的特点，随所在气候带而异。丰富多彩的喀斯特地貌具有地带性特点，这是大多数研究者的共识，但对其形成和分布的规律存在诸多的观点，从大的、成因方面主要有三种观点。

1）一种是地质学的观点，主要研究大地构造与喀斯特地貌分布的关系。张之淦是其中典型学者的代表之一。他认为中国有两条纬向和一条经向重要自然景观分界线：一是昆仑山—秦岭—大别山；二是阴山—燕山；三是横断山脉—龙门山—六盘山—贺兰山。它们把中国分成五个面积大致相等的自然景观区：华南、华北、东北、青藏和西北。五大自然景观区的分布，既和气候条件有密切的关系，又有着深远的地壳结构根源。根据大地构造工作者的意见，沿着上述自然景观分界线，地下有切穿岩石圈的深大断裂，把中国大陆分割成五大块体。因此在某种意义上可以说五大自然景观区是中国大陆五大块体在地表的反映。张之淦从分析中国岩溶分布特征及其发育的地质、地理环境入手，共分出 10 种岩溶形态成因类型。

2）中国科学院地质研究所岩溶研究组（1979）认为：岩溶发育和分布是以大地构造为基础，气候特点是划分喀斯特分布的第一要素。根据外营力作用将岩溶发育划分为五种成因，即溶蚀成因、侵蚀-溶蚀成因、溶蚀-侵蚀成因、溶蚀-剥蚀成因和剥蚀成因，并考虑到干燥度等因素。第二要素是大地构造要素。这个观点既重点考虑了气候的因素，又兼顾了地质的因素，这个喀斯特地貌分类比较全面和系统。

3）地理学界主要以地貌形态作为分类标准，因为地貌形态是在内营力基础上，由外营力加工形成的，是气候地貌学观点。这个气候地貌观点更为简洁明了，以任美锷为代表。从气候地貌学的观点看，丁锡祉（1982）、穆桂春和谭术魁（1992）认为中国气候地貌可以分为三个区域，即东部季风区、青藏高原区和西北干旱区。

（二）本书对我国喀斯特地貌分布的观点

喀斯特地貌形成的动力因素是水，气候湿润度或干燥度就成为喀斯特地貌发育强度的指标，从这个观点出发，本书认为：中国喀斯特地貌分布主要分成两大部分，东部为气候湿润区域，是喀斯特地貌发育的区域；西部为气候干燥区域，是喀斯特地貌不发育或欠发育的区域。《中国岩溶研究》一书中也持这个观点。

东部湿润区域和西部干燥区域之间是非常特殊的带，它是由于青藏高原上升形成的寒温带气候带，发育寒温带喀斯特地貌，从我国东北的西部向西南沿着青藏高原东部边缘分布，成为我国东西部两大喀斯特区域的隔离带。我国喀斯特地貌带的分布都呈东西向排列，唯独寒温带喀斯特地貌带近于南北走向。这一带温度有同一性，夏半年平均温度为 0 ~ 12℃，年平均温度为 0 ~ 4℃。年平均降水量为 400mm 左右，400mm 等雨线在带内纵贯南北。它把我国喀斯特地貌分割为两个部分，成为我国喀斯特地貌分布的构架。该线之东主要为湿润区域喀斯特地貌，准确地说，是湿润和半湿润、半干燥喀斯特地貌，是我国喀斯特地貌主要的分布区域，包含热带喀斯特地貌带、亚热带喀斯特地貌带和暖温带喀斯特地貌带三个带。该线之西为干燥区域喀斯特地貌带，也可以分为两个带，广大地区都是干旱的喀斯特地貌带，即降水量绝大部分都在200mm以下。由于地形高度的差异，气候特征差异很大。青藏高原海拔多在4500m以上，成为高寒干燥区域；青藏高原之北，有塔里木盆地、河西走廊和准噶尔盆地，是地势低平的地区，所以青藏高原有寒冷的高原荒漠；青藏高原之北，属温带荒漠。

每个喀斯特地貌带具有特有的溶蚀强度与侵蚀强度，在东部各湿润和半干燥地貌带中，又有非地带性因素的影响，形成了不同的亚带，构成了喀斯特地貌系统。根据以上叙述，从赤道经中国南方，一直到达中国北部边界的喀斯特地貌系统分布如下。

A 热带喀斯特地貌带

A-1　赤道热带雨林喀斯特地貌

A-2　热带海洋喀斯特地貌

A-3　热带季雨林喀斯特地貌

A-3-1　热带峰林和喀斯特平原

A-3-2　热带峰丛-地下河系喀斯特地貌

A-3-3　热基亚热带喀斯特地貌

A-3-4　热带边缘喀斯特地貌

A-3-5　热基暖温带喀斯特地貌

B 亚热带阔叶林喀斯特地貌带

B-1　南亚热带湿润喀斯特地貌

B-1-1　南亚热带丘陵-平原喀斯特地貌

B-1-2　南亚热带山原喀斯特地貌

B-2　北亚热带湿润喀斯特地貌亚带

B-2-1　北亚热带丘陵-平原喀斯特地貌

B-2-2　北亚热带山地喀斯特地貌

C 暖温带森林、草原、荒漠喀斯特地貌

C-1　暖温带喀斯特地貌

C-1-1　暖温带平原、低山喀斯特地貌

C-1-2　暖温带中山喀斯特地貌

C-1-3　暖温带荒漠喀斯特地貌

C-2　暖温带喀斯特地貌亚带

D 寒温带喀斯特地貌

D-1　寒温带半干燥-湿润喀斯特地貌

D-2　寒温带半湿润喀斯特地貌

D-3 寒温带湿润喀斯特地貌

E 高寒干旱荒漠喀斯特地貌

E-1 青藏高原干旱喀斯特地貌

E-2 天山高山喀斯特地貌

E-3 大兴安岭高山喀斯特地貌

第二篇

喀斯特地貌带的研究

第三章 热带喀斯特地貌——发育强烈型

我国热带喀斯特地貌是喀斯特地貌中发育最为强烈的一种，由坡度陡峭的峰林、峰丛组成；峰丛之间分布着深深的洼地，形成特殊的集水盆地；地下有发达的地下河或地下水系系统，埋深达200m以上，最大深度可达500m左右；有充分排泄强烈降水的能力；是强烈发育或充分发育的喀斯特地貌系统。

在热带喀斯特地貌带内，由于构造运动的特点和强度不同，不同地段形成不同的地貌结构和发育特点，从而形成了多种发育模式，主要有基准面稳定模式和基准面不稳定模式两种。基准面不稳定模式又可分为均衡上升区域和快速上升区域两种。

热带喀斯特地貌分布与太阳辐射在地表的分布有关。南北回归线之间是地球上热量最高的地区，称为热带。北回归线穿过台湾南部、广东南部、广西南部、云南南部。在古近纪，青藏高原尚未隆起时，气候分布属行星风系，热带的北部界线到达南岭苗岭分水岭一线。由于古特提斯海的存在，热带北界从苗岭向西北转向，经西藏北部、帕米尔、高加索、克拉科夫高原至德国阿尔卑斯高原。

我国热带地区为常绿阔叶林地带，广泛分布于两广和云贵等地，在古近纪，这里有许多小盆地，内沉积深红色、暗红色或棕色砂岩，常为铁和矽所胶结。胶结坚固，有时夹有褐煤，不含盐和石膏，这种沉积显示当时高温多雨，地势平坦。

新近纪华南为热带季雨林地带，长期以来地壳比较稳定，隆起的高地上发育有厚达20～30m的风化壳。昆明附近海拔为2000m的地方，出现硅铝率很低（0.7～1）的红壤，这种红壤显然是产生在热带气候条件下，而不可能产生在现代温暖的气候条件下。表明在新近纪时期，我国北回归线分布地区都属于热带气候条件。新近纪华南喀斯特地貌开始发育。从上新世起，喜马拉雅运动转向强烈，尤其是更新世时期强烈的隆起，逐步改变了北回归线以南地区地势的特征，造成了不同的气候类型。所以我国热带喀斯特地貌分布有两个概念：一个是广义的热带喀斯特地貌，包括我国所有的北回归线附近以南的区域；另一个是典型的热带喀斯特地貌，分布在两广地区，属典型的峰林、峰丛地区。大体以云贵高原东部斜坡的顶部为界，该界以西构造运动引起地形高度的变化，导致气候变凉，改变了喀斯特地貌发育的方向，在热带喀斯特地貌发育的基础上转向亚热带、温带或寒带喀斯特地貌的发育方向。本书将其称为热基喀斯特地貌区域，表示这些地貌都是从热带喀斯特地貌基础上发展起来的，如热基亚热带喀斯特地貌、热基温带喀斯特地貌等。在云贵高原东部斜坡及其以东地区，仍保持着典型的热带喀斯特地貌发育的特点，是典型的热带喀斯特地貌。第四纪时期气候比较稳定，保持着湿热的自然环境和热带季雨林的特点，一直处于高温高湿状态，也保持着热带喀斯特持续发育的条件。

在典型的热带喀斯特区域，第四纪时期冰期气候也影响到这里，产生周期性的气候波动，冬季有寒潮的影响。虽然保持着热带季雨林的特点，总的来说第四纪没有新近纪那么炎热。古地理研究与现代热带气候学的研究有不同的条件和出发点，对热带气候的认识有很大的不同，尤其是对广西气候研究有一些不同的意见。现代气候学的研究，大多是为不同的热带作物种植服务的。因此各学科有各自的指标，就产生了对我国热带分布的争议。涂方旭等（1997）综合分析广西壮族自治区区内外专家、学者对广西气候带划分的意见，大致可以归纳为三种代表性的划法：第一种大致以梧州—百色一线为界，北部为亚热带，南部为热带（或者南部划为半热带或准热带和热带沿海地区）；第二种划法，大致以梧州—百色北部一线为界，北部为中亚热带，南部为南亚热带；第三种划法，将广西划为中亚热带、南亚热带、北热带（热带），南亚热带北界多数定在梧州北部—百色北部一线，北热带位于桂南沿海。

除了第一种划分法之外，第二、第三种划分方法都认为广西大部分地区处于亚热带范围。事实上，这是在当前的气候条件下研究热带的分布。但喀斯特地貌所显示的地貌形态，不仅包含现代形成的喀斯特地貌形态，也包含着新近纪形成的地貌形态。地貌学认为，喀斯特地貌的特征是新近纪气候演变刻在碳酸盐岩上的记录，或者说是新近纪最热时期喀斯特地貌形成的记录。在地质时期，只要气候变化在某种喀斯特地貌发育允许的范围之内，那么这种形态是不会发生根本性变化的，因此喀斯特地貌形态的同一性就是形成喀斯特地貌的气候标准。凡是有成片的喀斯特峰林、峰丛分布的地方，就是热带喀斯特地貌气候的范围。这就是地貌学者和气候学家认识的差别，气候学家说的是现代的气候，喀斯特地貌表示的不仅是现代的气候，更重要的是新近纪以来的气候。这种典型的峰林、峰丛地貌止于广西北部，然后从桂林向西南，它一直伸展到越南北方，再往南，与赤道热带雨林地区的喀斯特地貌形态基本相同，其都可证明，广西的喀斯特地貌，属于热带气候类型的喀斯特地貌。

典型的热带喀斯特地貌北界与自然地理学家认为的热带北界基本一致，大体以南岭与苗岭分水岭为界。

热带喀斯特地貌北界的气候因素，也可以说是热带喀斯特地貌发育的临界值，热带是一个热量的概念，因此主要以温度来划分。国际上有些学者对热带喀斯特地貌北部的临界值提出了一些看法，如弗斯塔彭认为年平均温度为17～20℃、巴拉兹认为年平均温度为18℃、雅库斯认为年平均温度为17～18℃，这些观点都比较接近（朱德浩，1985）。

我国典型的热带喀斯特地貌北界，大体沿现在年平均温度18℃线分布。例如，桂林的年平均温度为18.9℃。笔者过去曾认为18℃年平均温度线为热带喀斯特分布的北界，有的学者认为北界温度为20℃。这些与国际上的学者观点都比较一致。用现代的年平均温度的概念去解释，18℃或20℃都可以。以峰林形成的地质时期的气候来说，现在的年平均温度肯定不是高的，喀斯特峰林、峰丛形成的时候温度比现在要高。但桂林是热带峰林喀斯特之都，若采用年平均温度20℃线，则把桂林划在热带的界线之外，使之成为亚热带喀斯特地貌的一部分，就显得不合适了。从地貌形态来说，桂林是典型的峰林和峰丛分布区域，如果热带北界为20℃，则与热带喀斯特地貌形态同一性的原则相悖，尽管两条线的距离很近，但使用年平均温度20℃线显得不太合理。我国热带喀斯特地貌分布的北界，以年平均温度18℃线比较合适，也比较符合地貌的实际。18℃线与热带喀斯特地貌的北部界线大体一致，如零陵是峰林的北界，年平均温度为17.8℃。18℃线也与典型的热带喀斯特地貌的西部界线基本一致，止于百色经线附近。

典型的热带喀斯特地貌还有一个指标，就是年降水量。没有足够的年降水量是不能形成峰林和峰丛的。热带地区由于受大气环流和海陆分布的影响，年降水量分布很不均匀，所以并不是地球上所有热带地区都发育一样的喀斯特地貌，大致有四种情况。

1）热带雨林分布在赤道附近的湿润大陆和岛屿，气候特征是常年高温，年平均温度达24～28℃，气温年较差很小；降水量多，年降水量可达2000～3000mm，最大可达4000mm；相对湿度大，如雅加达年平均相对湿度达83%，植被常绿。

2）热带稀树草原分布于热带雨林的南北两侧，夏雨冬干。

3）热带荒漠分布于南、北回归线附近的大陆内部和大陆西岸，干旱少雨，植被贫乏。

4）热带季雨林主要分布于南北纬10°到南北回归线附近的大陆东岸，冬夏温度和降水变化显著。年平均温度达18～27℃；年降水量一般为1500～2000mm，雨热同季（钟功甫等，1990）。

上述四种喀斯特地貌类型中，发育最为强烈的首先应该是赤道区域热带雨林喀斯特地貌；其次是热带季雨林喀斯特地貌。前者溶蚀强度为后者的两倍左右。

因此两者地貌都属于热带喀斯特地貌，其形态具有共同性。但由于溶蚀强度差异很大，因此这两个带的地貌特征有显著的不同。我国华南的热带季雨林喀斯特地貌，与赤道区域的热带雨林喀斯特地貌相邻，其间缺乏干燥和半干燥喀斯特地貌类型。

我国热带喀斯特地貌处于热带季雨林区域，碳酸盐岩分布连续、面积很大，质纯、层厚，更新世时期上升强度较大，成为热带喀斯特地貌中的一颗耀眼的明珠。从新近纪以来，受构造运动特点和强度的影响，我国热带喀斯特地貌形成的条件有所变化。按形成规律和区域发展特点，可以分五个类型区域。具体内容如下。

第一节　基准面稳定模式

桂林盆地西部边缘是华南喀斯特地貌的分界线，属地壳上升和稳定的交界线，这个交界线沿着云贵高原东部斜坡带的坡脚边缘分布，大体界线为鹿寨、象州、桂平、南宁和凭祥一线。该线以东地区，属于基准面稳定和轻微下降发育区，与其他喀斯特地貌区域相比，这里是喀斯特地貌类型最为丰富的地区，在地壳轻微上升的地方，有峰丛、峰林、孤峰和剥蚀平原分布；在轻微下降的地方有其他喀斯特地貌区域少见的堆积平原分布，其间有零星的残丘分布，说明堆积平原覆盖了古老的喀斯特剥蚀平原——古准平原的残余。这个区域的构造运动的特点是：基准面相对比较稳定，河流上游地壳上升强度较大。桂林盆地是这种类型的典型地区。

一、基准面稳定地区的喀斯特地貌特征

基准面稳定区域主要分布于华南热带喀斯特地貌的东部地区，按照地貌的分异情况，可以分为两个区域。

1）桂中、桂东和广东，碳酸盐岩的分布比较零星，属稳中有降的区域。

2）桂林盆地及其附近地区，分布着层厚、质纯、产状平缓的碳酸盐岩，以泥盆系融县灰岩为主。这为桂林热带喀斯特发育提供了极好的岩性和构造条件，是中国典型的峰林、峰丛和剥蚀平原分布地区。桂林喀斯特地貌在中生代以前已有峰丛洼地形成，后被三叠系地层覆盖，在白垩纪又被大湖盆所侵没，渐新世又遭短期海侵。以后地壳上升，陆地形成，现代喀斯特地貌才开始发育。

新近纪桂林盆地逐渐形成，开始了现代桂林喀斯特地貌形成的新纪元。新近

纪末、更新世初，桂林盆地底部有深切20～57m的峡谷。在早更新世盆地底部开始下降，在这些古河道中沉积了黏土砾石层，深切谷地被掩埋。晚更新世以来，桂林盆地底部轻微地上升，河流下切，有一级阶地的形成。

中国地质科学院岩溶地质研究所画了一张很好的图，称桂林附近峰丛、峰林和残丘的“配套分布”（图3-1）。从水系分布来说，从海洋山到漓江边是由漓江的支流组成，这些支流的纵剖面呈正常的下凹的抛物线形式。图3-1的右边是海洋山，主要由非碳酸盐岩地层组成，是本区域地势最高的地方。海洋山前至漓江边，由碳酸盐岩组成。开始是一个碳酸盐岩地层组成的背斜构造；从背斜到漓江边也是碳酸盐岩分布区域，岩层产状平缓，地势由背斜轴部向漓江渐渐降低。产状平缓的地方，地势低平，构成了桂林盆地宽阔的底部。这两种构造区域，喀斯特地貌发育的条件不同。在背斜区域上升强度大，是峰丛分布区域。在碳酸盐岩地层产状平缓的区域，分布着剥蚀平原到各种峰林地貌。关于峰林与峰丛的比例，据中国地质科学院岩溶地质研究所的资料，广西其他地区一般是10∶1；桂林盆地中，峰林与峰丛各占一半左右，或者说，峰丛的面积稍大于峰林。这是桂林盆地中地质构造和地层分布特点的特殊性造成的。全国98%的峰林平原集中在广西，广西是我国热带喀斯特地貌区域峰林面积分布最大的地方。更突出的是，桂林盆地有序列化的峰林分布，这是其他地区没有的，也是世界上仅有的。这就是桂林作为科学研究和旅游的价值所在，是桂林的宝贵财富。

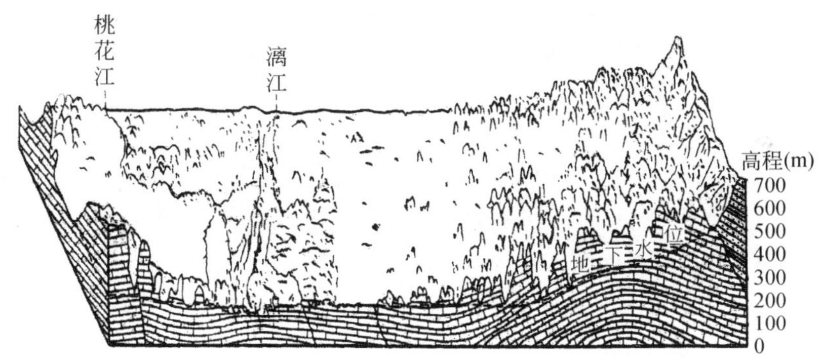

图3-1　桂林附近峰丛、孤峰和残丘的“配套分布”

资料来源：朱学稳，1991c

二、桂林峰林、峰丛形成动态过程的探讨

喀斯特地貌的形成和演化是喀斯特地貌研究的核心问题，戴维斯侵蚀轮回学

说的主要发育规律为：受溶蚀–侵蚀基准面控制的岩溶发育、演变顺序经幼年期、青年期、中年期达到老年期。幼年期地面上出现许多石芽溶沟及少数漏斗；青年期岩溶主要向地下发展，漏斗、落水洞、干谷、盲谷、溶蚀洼地广泛发育；中年期许多地下河因顶板坍陷又转为地上河；最后，出现泛滥平原，泛滥平原上残留一些孤峰和残丘，岩溶进入老年期（图3-2）（任美锷和刘振中，1983）。这一直是地理学和喀斯特地貌学的经典理论，即喀斯特地貌的演化理论。从准平原向峰丛、峰林和平原发展，成为一个经典的侵蚀循环。这个理论提出以来，讨论没有中断过。桂林地区喀斯特地貌研究较为深入，因此戴维斯侵蚀轮回学说难以系统、全面地解释喀斯特地貌形成和发展的一些问题。1980 年前后朱学稳等提出了同时态演化论，曾给出了“同时态演化论的图解”。同时态演化论的观点是在空间上，一个流域里有不同形态的地貌类型，形成时间是相同的，不同地貌类型没有形成时代的先后之别，这些地貌都是同龄的，因此不存在青年期、壮年期和老年期的差异，认为峰林和峰丛是“同期异形”。对于这个观点，邹成杰和何宇彬（1995）在《喀斯特地貌发育的时空演化问题初论》中指出，同时态演化论基本上没有涉及峰林喀斯特的继承性和发展阶段问题。

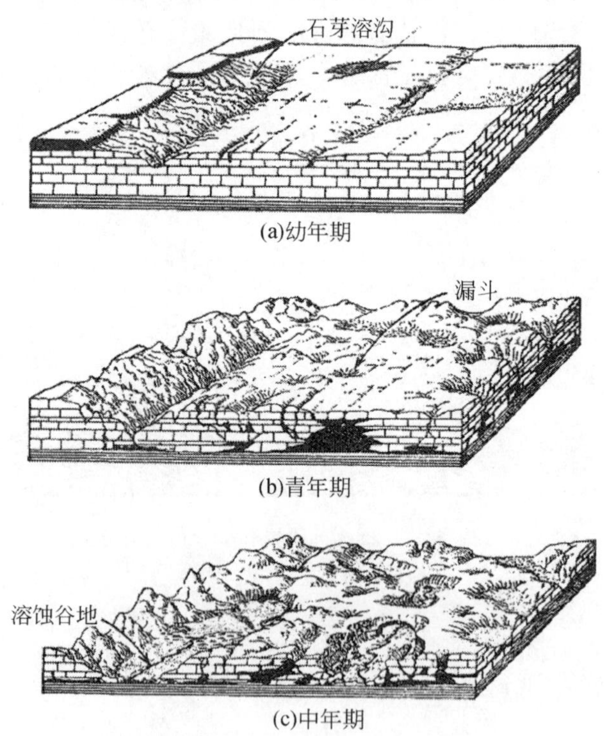

(d)老年期

图 3-2　岩溶发育的阶段性

资料来源：任美锷和刘振中，1983

在喀斯特地貌研究中，有些学者使用系统论、信息论等理论，首先明确研究对象处于什么系统之中，根据喀斯特地貌形成的流水地貌学法则，这个系统应该是流域，这是一个完整的具有严格边界的系统，各种因素都分布在系统之中，平原、峰林和峰丛是这个系统中的三个主要成员，各种因素的信息流传递着能量和物质流的特点，使各种地貌处于相互依存、规律分布之中。

根据这些理念，以及桂林附近峰丛、峰林和残丘的“配套分布”图等，提出本书对峰林、峰丛地貌形成和发展、演变的看法。现在在海洋山下游的碳酸盐岩背斜区域，分布着峰丛，至漓江边分布着峰林和平原。它们是怎么形成的呢？在侵蚀轮回学说、同时态演化论等讨论中，都表示地形发展起始时，地层呈水平状态。本书也从这个背景上开始讨论。同时态演化论中的地貌形态立论是在流域里形成的，正确地指出“一个流域里有不同形态”，因此本书也遵循这个原则，从流域的观点进行讨论。

过去讨论喀斯特地貌的演化都是用块状图，表达作者对喀斯特地貌演化发育的观点，这种观点只强调演化的阶段特征，缺点是没有与其具体的形成条件相结合。喀斯特地貌是形成在特定的流域之中，在特定的条件下发育。喀斯特地貌实际上是流域地貌的一种特殊形态。因此离开了流域的特点、流域的发展与演变，就无法准确地阐明喀斯特地貌客观的形成过程。

桂林盆地区域的原始地貌，假设是一马平川，是基准面稳定的区域和准平原地貌。整个新近纪，广阔的桂林盆地底部的地壳比较稳定，升降量不大。而边缘的海洋山最先隆起，是桂林盆地中上升强度最大的地方，其构成为桂林盆地的边缘常态山地。其下的背斜及其下游地区，主要是碳酸盐岩分布区域，发育典型的喀斯特地貌。按照流域里河流纵剖面比降与地貌关系的规律，在喜马拉雅山隆起过程中，处于河流纵剖面上游的背斜区域随着海洋山的升起，也跟着隆起。那里的河流比降将先于盆地底部区域超过3‰，那时，在背斜区域出现了形成峰林的条件。广大的盆地底部，河流比降仍小于3‰，为喀斯特平原地貌分布区。那时桂林盆地中的喀斯特地貌处于峰林、平原的初始状态［图3-3（a）］。

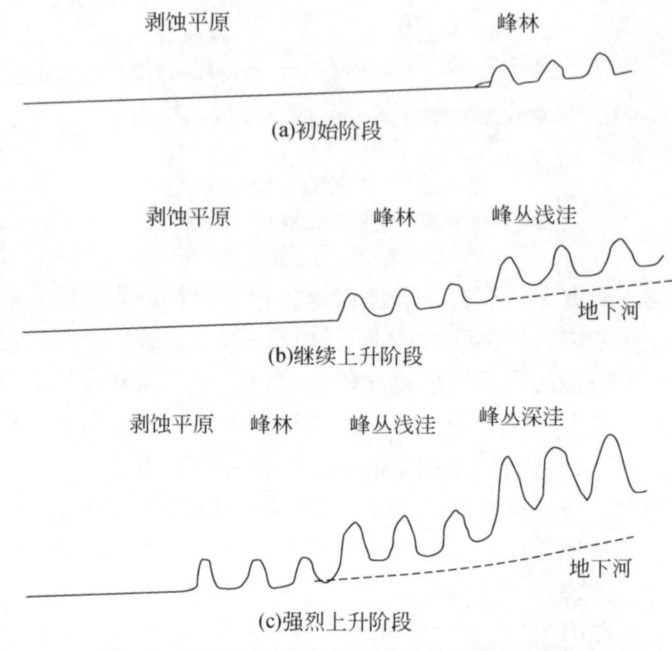

图3-3　基准面稳定区域喀斯特地貌发育示意图

之后背斜继续隆起，背斜区域河流比降渐增，峰林得以继续发展。当这里的河流纵剖面比降超过8‰时，这里的峰林进入峰丛形成阶段。这时峰丛地段以下的中游河段，有可能河流纵剖面比降相应上升到3‰以上。按照同一个地区，比降相同，同样的条件下，形成的地貌特征也相同的原则，这里成为新的峰林发育区。由此，可以看到，整个漓江支流的河流纵剖面上，在中、上游的背斜区域，喀斯特地貌的发育经历了平原上升为峰林，继续上升为峰丛的过程。在中游，平原上升形成了峰林。基准面稳定的下游区域仍保持着剥蚀平原的发展阶段［图3-3（b）］。从这个支流的河流纵剖面上可以看到，从下游向上游，在不同的河流比降条件下，发育了平原、峰林和峰丛三种不同的喀斯特地貌类型，与现在桂林盆地中的喀斯特地貌分布特征基本一致。

在地壳上升的条件下，喀斯特地貌最基本的形态有三种：在热带喀斯特地貌区域，即平原、峰林和峰丛，它们是独立的地貌形态，也是不同发展阶段的阶段形态，是可以转化的形态。从发育规律研究，主要有两个方式：一个是水平演变方式，当盆地边缘上升的时候，河流形成，开始上游河流比降稍大，有峰林形成；如果地壳继续上升，河流比降增大，河流上游的峰林向峰丛转化，而中游河流比降增大，也发育峰林。这样从河流下游向上游，喀斯特地貌分布为平原、峰林和峰丛，形成平原向峰林和峰丛演化的次序。另一个是垂直演变方式，在河流上游是峰丛，它也是从平原、峰林演变为峰丛，是垂向发展的结果，三者重叠在一起，形成一个组合地貌。这是地壳上升运动比较强的地方的特点。所以在流域的不同河段，构造运动的特点不同、强度不同，就有不同的喀斯特地貌分布规律。一般来说喀斯特地貌类型随着河流比降的变化而变化。但发展到峰丛阶段，随着河流比降的加大，地貌大形态不会改变，只改变其内部的结构，成为峰丛浅洼和峰丛深洼，所以现在的峰丛深洼是喀斯特地貌发育的顶峰。峰林向峰丛的变化过程，也是地表河向地下河转变的过程，洼地是地下水系分布的指示物，因此寻找深洼地带的分布，就成为预测喀斯特地下水分布的向导。

从上面的分析中，可以看到以下几个特征。

1）在背斜区域，新生代地壳处于上升条件下，河流比降不断增大，抬升强度逐渐增加，喀斯特地貌经历了三个发展阶段，由准平原上升形成峰林，接着再上升形成峰丛，其特点是三个阶段的地貌形态是重叠的，其演化方向为：准平原→峰林→峰丛。

中游地区演化方向为：准平原→峰林。

河流纵剖面的下游向上游喀斯特地貌分布与上述峰丛的演化方向相同，其分布也为：准平原→峰林→峰丛。

但是，要注意，这块处于河流下游的剥蚀平原，是原来桂林盆地底部准平原的一部分，是流域内峰林、峰丛上升后残留的部分，它在新近纪以来一直处于剥蚀平原的状态，但也在不断更新变化之中，并与侵蚀基准面保持着动态的平衡，虽然是古老准平原的一部分，在发展过程中，也在不断更新演变之中。

以上叙述，说明两个问题，一是发展方向，从新近纪到现在，桂林盆地中喀斯特地貌是沿着准平原→峰林→峰丛方向发展，是地壳不断轻微上升过程中形成的；二是形成年龄问题，上游、中游和下游三个地貌剖面，尽管高度不同，但峰林、峰丛都头顶着原始的古准平原面，所以说是同年龄的。从现象上看，这三个剖面是由三个类型的地貌组成，但实际上每个剖面都由不同的地貌类型组成，且具有不同的发展过程。所以，每个剖面的年龄相同，但同一个地貌形态的年龄并不是相同的。下游只有喀斯特平原一个形态；中游经历了喀斯特剥蚀平原和峰林两个阶段；上游经历了平原、峰林和峰丛三个发展阶段。这说明不同的地貌类型的成长年龄是不一样的，如峰林在中游是独立的地貌类型，在上游峰林位于峰丛的上部，成为峰丛的组成部分，很显然，中游峰林与上游峰丛顶部的峰林的形成年龄是不同的。由于不同喀斯特地貌都是在地壳不断上升过程中形成的，因此即使在峰林和峰丛区域内，同一种地貌其生长的年龄也不会是完全一致的。因此不能因为河流纵剖面上发育的三个地貌类型都是从准平原的基础上发展起来的，就简单地认为平原、峰林和峰丛也是同年龄的。

桂林盆地中喀斯特地貌发育的模式，是在基准面轻微上升的条件下，喀斯特地貌典型的发展模式。这说明从新近纪以来，桂林盆地中喀斯特地貌的形成和演变的过程。关于喀斯特地貌发育的方向，按照戴维斯侵蚀轮回学说的观点：喀斯特地貌发育的方向是：峰丛→峰林→平原，这一点与上述桂林盆地中喀斯特地貌的发育过程是相反的。而且发育过程也不是单一的，其发育和演变过程远较戴维斯观点复杂得多。朱德浩（1985）在研究桂林喀斯特地貌时也注意到：根据观察桂林地区的峰丛并不比峰林年轻，相反峰丛形成的时代很可能比峰林更为久远。朱学稳（1991b）认为我国峰林喀斯特景观的发育应起始于中新世或是上新世，并延续到现在。戴维斯侵蚀轮回学说建立在常态地貌的基础上，但应用到中国时，照单全收，在20世纪50年代，峰林、峰丛等名词确定后，把桂林喀斯特地貌就认定为峰丛→峰林→平原的演变过程。这也成为我国喀斯特地貌的演变方向。这个观点对喀斯特地貌的发育过程的认识犯了方向性错误。当前桂林盆地中喀斯特地貌分布的特征、中国喀斯特地貌发育的特征，以及世界喀斯特地貌发育的特征，绝大多数都是在地壳上升中发育演变而成的。在地壳上升的条件下，喀斯特地貌发育都遵循平原→峰林→峰丛的发育模式。这是地壳上升阶段喀斯特地貌的发育模式。而戴维斯侵蚀轮回学说是峰丛→峰林→平原，这是喀斯特地貌下降过程中的发育模式，其显然不符合现代地壳运动的特点，缺乏喀斯特地貌上升阶段的完整的地貌类型演变过程。所以这一段喀斯特地貌的发育历史，在戴维斯模式中是不完善的，他所提供的模式，事实上是地壳下降阶段的模式，因此很久以来都把这个模式认为是桂林和中国喀斯特发育模式，显然是一个错误。对于桂林盆地中完整的喀斯特流域地貌特征，本书称为基准面稳定的差别上升型模式。在基准面长期稳定的条件下，喀斯特地貌的演变过程是：剥蚀平原向孤峰平原、峰林平原、峰林谷地和峰丛洼地方向演变，这也是地壳上升条件下的发育模式。这个模式仅仅涉及戴维斯模式前一个部分，即从准平原向青年期发展的阶段，说明地壳的上升阶段时间也很长，在这个阶段里，地壳的上升也不是一蹴而就的，而是逐步加强和发展的。间歇性上升运动中的上升强度在不断加强的过程中，形成了多期喀斯特地貌，其演变朝剥蚀平原→峰林→峰丛方向发展。这是地壳上升阶段准平原向峰丛阶段发展和演变模式，峰丛的发展过程，不仅桂林是这样，峰丛遍布苗岭以南的云贵高原东部及其斜坡地带，其形成过程应当都沿着同一个规律发展，是地壳上升阶段的地貌过程，这个过程现在还在进行中，所以现在还谈不上从峰丛→峰林→孤峰平原演变的问题，那是将来地壳稳定或下降的情况下喀斯特地貌的发育过程。

2）在桂林盆地的形成发展过程中，尤其在新近纪以来，漓江支流的河流纵剖面高差逐渐加大，是动态过程。在这个纵剖面上，按照河流比降的规律发育了三种喀斯特地貌区类型，它们发育的阶段和顺序是不同的。在同样的河流比降条件下，形成同样的地貌，但形成的时代可能不同，如在背斜区域峰林的形成时期要比中游的峰林形成时期早。

3）河流纵剖面的发展是动态的，当地壳继续上升，上游的河流比降继续增加时，这里的水动力条件已处于垂直循环状态。地壳继续上升，只能进一步加强垂直循环的强度，增加流水下切的力量，因此继续发展峰丛地貌。所以当河流比降超过8‰以后，无论河流纵剖面比降再增加多少，形成峰丛地貌的特点不会改变。这个特点说明峰丛洼地是喀斯特地貌发育的最高阶段。按照这个规律，如果桂林盆地边缘的海洋山也是碳酸盐岩的话，都有形成峰丛洼地的条件。但在峰丛区域的下游却不同，原来在河流比降处于8‰以下的峰林区域，受地壳继续上升的影响，河流比降超过了8‰时，水的流态发生了变化，水平循环作用的条件全部丧失，垂直循环成了主导因素，流水强烈下切，使处于发展末期的峰林，向峰丛方向转化，峰丛复合洼地的形态可能是在这样条件下形成的。一个长条形洼地被几个洼地所分割。峰丛区域地貌形态的多样化，表明峰丛地貌形成条件的多样化和发育阶段的多期化。这就是喀斯特地貌类型的形成和变化规律。

同样道理，在河流的下游，原来峰林区与孤峰平原的过渡区域，因地壳上升，河流比降加大，开始有峰林雏形的形成和发展。

河流纵剖面上的喀斯特地貌，总是在河流比降的变化中形成和发展。因此河流上下游有不同的、多种多样的喀斯特地貌及组合。从宏观角度和静态观点分析，沿着河流纵剖面分布的喀斯特地貌似乎是不变的，这些不同的地貌都是从剥蚀平原（准平原）上升起来的，似乎这些地貌都是同龄的，从上面动态分析中可知，这些地貌类型是不同时期上升的。从喀斯特地貌形成的动态过程来说，河流纵剖面上的地貌形成时间是变化的，不完全是同期的。

桂林盆地中基准面的变化很小，地面又呈轻微上升的特点，侵蚀与溶蚀作用使地面降低的作用，基本上与地壳上升的作用保持平衡。因此在盆地中有大片喀斯特剥蚀平原的分布，这个平原又是各种喀斯特地貌发育的起点。剥蚀平原上有石芽分布和少量泥沙堆积。所以这个剥蚀平原是一个新生的剥蚀平原，在稍微高起的地方，随着地壳轻微的上升，水平侵蚀与溶蚀作用不能将其扫平，进而形成孤峰，这种孤峰与峰林一样，具有四壁陡峭的特点。这种孤峰的发育与邻近的峰林有同样的特征，如洞穴的成层性及其中的古生物化石等都可以进行对比。它与残丘的特点有明显的区别。在沿用戴维斯侵蚀轮回学说时，一提到喀斯特平原，似乎就是老年期地貌，把成长中的孤峰平原也等同于是残丘平原。这种理解与事实之间有差异，阻碍着喀斯特地貌学的前进。

三、桂中、桂东和广东喀斯特地貌的特征

这个地区的碳酸盐岩呈零星分布。那里盆地底部的古剥蚀面都处于不同程度下降的状态，稳定或低于局部侵蚀基准。喀斯特平原被不同厚度的沉积物覆盖，偶有残丘出现，才证明喀斯特剥蚀面的存在。例如，据玉林、贵港各 400km^2 的统计，其石峰密度，在玉林一带为 0. 36 座/km^2，贵港一带为 0. 25 座/km^2。石峰都比较矮小，平均高度在玉林一带为 70. 5m，贵港一带为 69m，且仅残留小片峰林或峰簇。而典型的峰林谷地、峰林平原和峰丛洼地已不复存在（刘金荣，2004）。只有广东的英德地区上升的山地中，有比较密集的峰林和峰丛洼地的分布。

这个区域古老的准平原，绝大多数残留在下降的盆地底部，现在仍处于轻微下降的环境下，是被第四纪地层覆盖下的古老准平原的一种特殊形态。残丘的基部，都被沉积物覆盖，这就是下降态的特征。峰林、残丘的密度很低，呈现峰林向残丘再向平原发展的情景。这和桂林盆地河流下游的剥蚀平原的发展形态不完全一样，发展方向正好相反，也可算是老年期的一个例子。由此可见，在我国典型的热带喀斯特区域存在着两种喀斯特地貌演变的方向：一个是在地壳轻微上升的区域，如桂林盆地中，喀斯特地貌呈正向发展，演变方向是剥蚀平原→峰林→峰丛；另一个是在地壳相对下降的地区，喀斯特地貌呈负向发展，演变方向为峰丛→峰林→古准平原。说明在地壳上升或下降的条件下，即使升降量并不大，喀斯特地貌的发育也向相反的方向进行。

综上所述，桂林及其东部地区热带喀斯特峰林、峰丛和平原的分布、其相互关系可以看到三种情况：一是峰林向孤峰、残丘方向发展，在桂中可以看到，那里属基准面相对轻微下降的区域；二是峰林独立演变的情况，处于地壳轻微上升，河流纵剖面比降在 3‰～8‰的条件下，有独立发育的过程，在桂林盆地中峰林平原区特别亮眼；三是峰林向峰丛方向发展，当峰林形成之后，如果处于继续较强上升条件的区域，河流比降超过 8‰时，峰林就向峰丛方向演化。因此，可以看到，在同一个地区，随着地壳细微的差别运动，根据地壳运动的特点，峰林可以向不同的方向发展，既可以向孤峰、残丘方向发展，这是峰林走向死亡的阶段；还可以沿着峰林独立方向发展，还可以向峰丛方向发展。但峰丛的发展必须经过峰林阶段。若地壳再上升，从发展的动力地貌学过程来说，峰林必须经过

河流下切形成基座，同时，原来的峰林之间的水平侵蚀转为垂直循环的条件下，形成洼地，这时才能称为峰丛。峰丛是在峰林的基础上发育的，是在上升强度大的地区垂向变化的结果，是一个组合类型。先有峰林的形成，才有峰丛发展的可能。所以峰林发育在先，峰丛发育在后，高道德等（1986）在黔南深入研究之后，也得出了同样的结论。在峰林和峰丛的形成过程中，没有预设的条件，不可能在形成初期就有“峰林的雏形”“峰丛的雏形”的区别，都是按照客观的条件发展。

在轻微上升的热带喀斯特地貌区域，还有一个独有的特征，这里上升强度不大，但地壳震荡的特点非常明显。可以看到，在贺州市一带峰丛洼地中，沉积有早第四纪的白沙井地层。在桂林盆地底部有深切的古河谷，被第四纪的疏松沉积充填，这些都是表示地壳震荡运动的例子，是新近纪以来的产物。在桂林附近还有更早的地壳震荡的结果，洼地中沉积有三叠纪和白垩纪的沉积物，可见这些洼地的形成当在三叠纪或三叠纪以前。

上升震荡地貌例子在云贵高原上很难见到，那里上升强度较大，即使有，也可能因后期侵蚀强度大，被侵蚀了。在洼地中却常看到另一种现象，即洼中洼的现象，在贵州普定，俞锦标等（1990）进行了很好的描述（图 3-4），在亚热带喀斯特区域，鄂西南区域这种现象分布也很广。这种洼中洼的特点，显示着洼地发育阶段和年龄的差别。

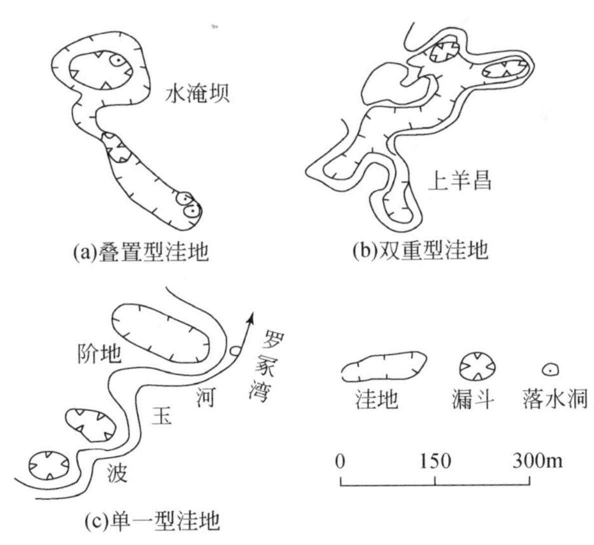

图 3-4　洼地结构类型图

资料来源：俞锦标等，1990

四、喀斯特平原地貌的演化规律

喀斯特地貌正地形主要有三个类型，即喀斯特平原、峰林和峰丛。喀斯特平原是中性地貌，是负地形与正地形之间的过渡类型。这里主要讨论喀斯特平原地貌的演化规律。

喀斯特平原形成的总特点是：在流水水平侵蚀、溶蚀的作用下形成。但具体情况并不那么简单，由于形成之后的环境变迁，喀斯特平原具有多种发育阶段和特点。

根据喀斯特平原上覆盖和裸露的情况，可以分为两种类型：一种是覆盖类型，在喀斯特平原上，覆盖着厚度不等的疏松沉积物，这种特点应属于老年性的喀斯特平原，是地壳下降型的喀斯特地貌特征；另一种是裸露的喀斯特平原，可统称为喀斯特剥蚀平原，是地壳上升型的喀斯特地貌特征。

不同地质发展时期均可有喀斯特平原生成的条件。

1）喀斯特剥蚀平原，发育在基准面基本稳定或轻微上升的地区，地面的侵蚀与基准面保持着同步变化，随着地壳的上升，剥蚀面也在不断更新的过程中，桂林地区的喀斯特平原地貌就属于这个地貌类型。地面基岩裸露，基本上没有第四纪沉积物的堆积，往往只有一些陡峭的孤峰成为标志性的特点。

2）轻微切割的喀斯特平原，位于侵蚀基准以上，往往有沉积物覆盖，其上散布着一些峰林，故有峰林平原之称，表明在形成后期，地壳呈相对下降，后来地壳上升，开始轻微的侵蚀过程，这在云贵高原的东部罗平一带比较典型。

3）埋藏的或残余的喀斯特平原，指前面所说的覆盖的喀斯特平原。

4）喀斯特残余平原，指古老的准平原，经地壳上升，成了山地和高原的顶部，很多地方以峰顶线形式保存。只有在一些高原区域，现代强烈的侵蚀溶蚀作用尚未到达的地区，才保存有准平原的特征。例如，云南弥勒附近的喀斯特准平原属于这种类型。

五、峰丛与峰林的特点

根据以上喀斯特峰林、峰丛的动态分析，本书认为有必要进一步探讨峰林和峰丛的形成过程与定义。

（一）峰丛的特点

峰丛的特点主要有如下的观点。

曾昭璇是峰丛名词的创始人，该名词现已列为世界喀斯特地貌名词，其定义为峰丛是一种连座峰林，基部完全相连，顶部为圆锥状或尖锥状的山峰。该观点准确地表达了峰林是峰丛的形态组成特点。

任美锷也认为在低平地区发育的峰林洼地，若被地壳运动抬升，地下水面急剧下降，垂直渗流带大大加厚，洼地就会由以水平溶蚀为主，转变为以垂直溶蚀为主，这时峰林洼地就会逐渐发育成连座峰林洼地，即峰丛洼地（任美锷和刘振中，1983）。该观点从形成和演变过程正确地说明了峰丛的形成过程和峰林与峰丛的关系。

从这些观点中可以看到对峰丛认识的发展过程，根据笔者的研究，总结峰丛特点如下。

1）峰丛是一种典型的热带喀斯特地貌，形成在质纯、层厚的碳酸盐岩地层上，主要是流水在垂直循环作用下形成的，分布于河流纵剖面比降为8‰以上的区域。

2）峰丛是一种组合形态，从侧面看，上部为峰林，为圆柱状和刃脊状，这种形态取决于流水切割的密度。下部为坡度比较陡的基座，基座的高低取决于当地河流下切的深度。这种组合形态表示地壳上升速度由慢转快，侵蚀溶蚀作用由水平循环转为垂直循环。

3）俯视峰丛区域，峰丛洼地区域都是由众多洼地组成，等高线的特点是呈封闭状，其上层是由封闭等高线组成的孤峰。高度不大，一般为50m上下，最高也有100m以上者。孤峰间为垭口，垭口常作为古河道的遗留物，这是喀斯特峰丛地貌由水平循环向垂直循环的转变点。垭口以下是封闭的等高线组成的洼地，这些孤峰和洼地形成了一个完整的峰丛洼地地貌，是典型的、也是普遍的峰丛洼地的特征，所以峰丛洼地区域实际上是被规模不等的洼地切割的地块。

4）这些洼地底部都有落水洞与地下河相连。洼地底部高程是由管道流的压力决定的。峰丛区域有发达的地下河系统，是地下水分布不均匀的主要原因，地下水主要依深切的地下河分布，所以地下河或地下河系统是峰丛洼地区域的生命线。

这四个方面指出了峰丛形成的动力过程和峰丛的组合形态。其构成了一个不可分离的整体，即峰丛洼地地下河系统，简称峰丛地貌或峰丛洼地。图3-5为广西都安地苏峰丛洼地地貌。峰丛洼地简单定义为：峰丛由连座峰林组成，是喀斯特地貌发育的高级形态，峰间为封闭洼地，其底部高程与地下河管道中的压力分布有关，具有探索地下河分布的导向作用。峰丛洼地以垂直循环为动力特征，发育于河流纵剖面比降为8‰以上地区。

图 3-5　广西都安地苏峰丛洼地地貌

资料来源：中国地质科学研究院水文地质工程地质研究所，1976

（二）峰林的特点

峰林地貌，有较长的研究历史。人们对它也有一个认识过程。一开始峰林与峰丛不分。随着研究的深入，认为峰林和峰丛在形态与形成动力学过程等方面都有很大的区别，峰林和峰丛是两个显著不同的地貌类型。各家对峰林的特点表述如下。

《岩溶学词典》认为峰林指高耸林立的石灰岩山峰，分散或成群出现在平原上，远望如林。

《中国大百科全书：地理学》（1990）中关于峰林表述为高耸林立的石灰岩山峰。分散或成群出现在平地上，远望如林而名之。其相对高度一般为 100 ~ 200m，直径远小于高度，坡度较陡，大都在 60°以上，甚至直立。表面有石芽和溶沟等微地形。

《黔南岩溶研究》（高道德等，1986）认为峰林是基座不连的碳酸盐岩峰体，高一般在 100m 左右，坡陡，常呈尖锥状、塔状。在褶皱舒缓、岩层产状平缓地区，峰林呈繁星状分布。

《中国岩溶学》（袁道先，1993b）认为峰林在基本平坦的地貌上，散布着平地拔起、疏密有致的分离石峰，石峰多为塔状。

对于峰林的定义和特点，各家文字虽有不同，但意思比较一致。本书认为峰林有如下的特点和分布规律。

1）典型的峰林发育在厚层、质纯、产状水平的碳酸盐岩之上。

2）处于河流比降为3‰~8‰的区域。发育于水平循环向垂直循环的过渡带上，从流域下游向中游，喀斯特地貌系列依次为剥蚀平原、孤峰平原、峰林平原和峰林谷地等。

3）峰林区域的地下水位比较浅而平缓，在下游地下水位与剥蚀平原基本一致。向峰林谷地方向，地下水位与地面之间的差距逐渐增加，也就是说地下水位从下游向上游其变幅逐渐加大。这增大的过程表明垂直循环的作用在加强，有季节性变动带的形成，其变幅向上游增加。地表水平溶蚀作用在减小。所以在峰林区的上游段，地面往往形成塌陷，地表出现漏斗，地表河流下切，这就是地貌的回春现象，表示峰林发育已进入后期阶段。所以峰林区域的下端向峰林区域的上端的过渡过程，也是峰林从起始形成时期到峰林生命末期的整个过程。

4）在热带喀斯特地貌区域，强烈的水平溶蚀作用对峰林坡度有加陡的作用，峰林坡脚普遍发育有脚洞，使岩体不稳，形成崩塌，边坡变得更加陡峭。这些因素使峰林谷地向孤峰平原、峰林平原方向演化，水平溶蚀作用逐步加强，导致峰林的坡度逐渐变陡，甚至直立状态。峰林的坡度一般都在60°以上。这是热带季雨林区域热带喀斯特地貌特有的风采。在我国南方热带喀斯特地貌中，大面积、区域性的如此陡峭的峰林地貌，只有桂林地区有，其也被称为“桂林喀斯特”。这种陡立的峰林具有很高的稳定性。当流量一定时，坡度越大，流速也越大，显示侵蚀强度越大。但流量与有效受雨面积呈正相关，有效受雨面积与坡度余弦成正比，即坡度越大，有效受雨面积越小，作用于侵蚀作用的降水量不大，减小了侵蚀强度。当流量一定时，坡度越大，基岩裸露，虽然冲刷力加强了，但抗冲力增加更快，因而侵蚀强度反而减小。桂林地区峰林坡度达60°以上，流水侵蚀强度越来越小。同时桂林的碳酸盐岩岩性纯净、质地坚硬，机械风化作用的强度较小，所以峰林顶部的下降速度很慢，峰林四壁的稳定性也较强，峰林保持着高亢挺拔的特点。

根据以上分析，本书认为峰林的定义为：峰林发育在水平溶蚀为主的地区，即水平溶蚀向垂直溶蚀的过渡带，分布在河流比降为8‰以下区域，是平地拔起、疏密有致的分离、陡立石峰，石峰多为塔状，地下水位浅而分布较均匀。峰林区有旱作（图3-6），显示地下水位季节变动幅度加大，处于峰林发育的后期阶段。

孤峰是喀斯特平原上孤立陡峭的峰体（图3-7），在地壳上升的条件下，平原上那些较高的地区逐渐脱离了水平侵蚀与溶蚀作用的范围，随着地壳上升，由于水平溶蚀、侵蚀作用强烈，这些高地也渐渐升起，成为坡度陡峭的孤

图 3-6　峰林区旱作

资料来源：中国地质科学院岩溶地质研究所，1988

图 3-7　孤峰平原

资料来源：中国地质科学院岩溶地质研究所，1988

峰，因此它和峰林一样具有多层洞穴和脚洞的特征，也记录了孤峰的上升成长的过程。Ford 和 Willims（1989）绘了一个很好的孤峰发育图解（图 3-8），顶部洞穴是柳江人化石产地，时代属第四纪早期；其下的洞穴中有大熊猫-剑齿象动物群化石，时代属中更新世。可见当时这个孤峰还不高，古人类和古动物才有广阔的活动空间。后来的下切才形成陡壁，与周围环境隔断，这说明了孤峰的形成和发展过程是在上升条件下形成的，其高度为 70m 左右。这大体表示了第四纪时期平原地区上升的高度，即轻微上升状态，随着地壳上升，形成多层洞穴和化石层，证明它在上升时期的成长过程。戴维斯观点认为，喀斯特平原是由峰丛、峰林演化而来。这个观点归于简单化，要证明平原是否从峰林演化而来，要仔细研究地貌的特点，尤其是平原的特点更为重要，平原处于剥蚀的状态，一般都属于上升型的；若大范围处于沉积物堆积之下，才是处于峰林向平原的演化阶段。上面本书的论述与 Ford 和 Willims（1989）的图解可以表明，喀斯特平原有多种形成和发展过程：桂林盆地中，喀斯特剥蚀平原的发展，是地壳上升条件下形成的。

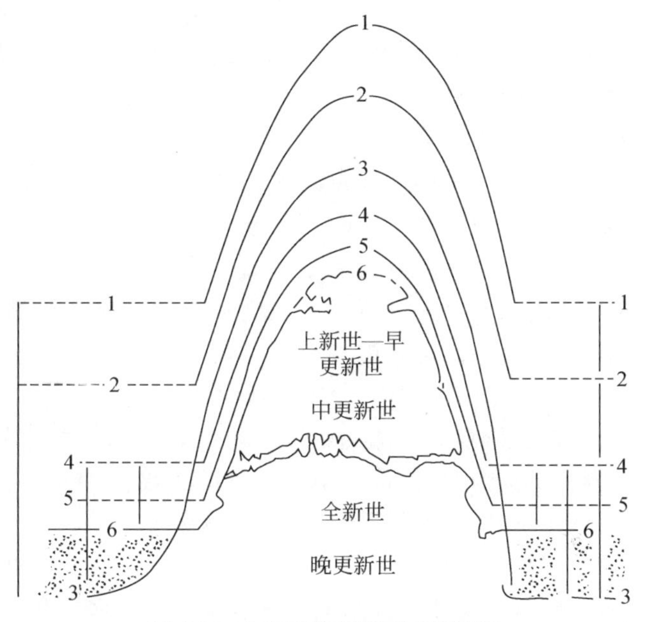

1,2,3,4,5,6为自早期至现代的发展顺序

图 3-8　桂林附近孤峰演化模式

资料来源：Ford and Williams，1989

六、关于溶蚀作用与地貌发育关系的讨论

喀斯特地貌的形成是在侵蚀与溶蚀作用的规律下完成的，流水作用和溶蚀作用研究方面，已有很多成熟的研究成果。

河流的作用与水流的动能大小有关，水流的动能为 $E=MV^2/2$，就是说流速越大，水的动能也越大。一般来说河流的上游流速越大，动能也越大。

据 Birot 测定，河流比降与造床流量的 0.7 次方成反比（许炯心，1996），即河流比降随流量的增大而减小，河流的上游比降最大，流量最小。根据上述两个公式的结论，综合起来，就是河流上游比降最大，流速最大，动能也最大，但流量却最小，其造貌的特点是强烈的下切。向中游、下游流速逐渐减小，水流动能也逐渐减小，但流量却逐渐增多。河流的下游，要取得同样的侵蚀量就需要更多的流量。与上述流水侵蚀规律一致，流速增大，溶蚀量也增大；流速减小，溶蚀量也减少，靠流量增加来弥补。这个流量来自本流域的降水所形成的径流。

在热带喀斯特地貌区域，如桂林地区，溶蚀强度的作用显然高于侵蚀作用，流域内地貌的特点是明显的、强烈的溶蚀特色。在流域的上游峰丛洼地替代了流水切割的山地，中游以峰林改造了丘陵，下游孤峰平原代替了剥蚀平原。但由于水平溶蚀作用强烈，在坡脚形成溶蚀平原和脚洞。桂林地区古老、厚层的碳酸盐岩，岩层倾角很平缓，具有格状或菱形的构造网络。沿着这种构造网络发生的溶蚀作用，不仅将地块切割成格状分布的个体，而且是四壁陡立的岩体，山麓平原和脚洞的发展，也改变了地貌发育的过程，剖面后退的发展过程，让位于崩塌作用，峰林就在这种过程中、保持着陡立的坡度发展壮大。由于这种陡坡的抗侵蚀能力很强，所以坡度比较稳定，保持着高大的形象。可见流域中、下游的地貌形态，也是溶蚀形态掩盖了侵蚀形态，这成为热带喀斯特地貌突出特点。

桂林地区河流上游比降最大，流速最大，动能最大，溶蚀侵蚀量也最大，但流量却最小，表明峰丛洼地形成在高能量、低流量区域。同样，在云贵高原东部斜坡地带，峰丛深洼形成在河流的下游，上游来水都集中在河道中流走，大面积峰丛深洼的形成也主要依峰丛深洼区域的雨水发展。这一点与桂林峰丛的形成条件基本一致。只要一定量的降水就能形成众多洼地，有这些面积不大的洼地，所聚的水流就可以快速地转入地下，使地下河形成和发展。这就是溶蚀作用的强大威力，彻底改变了常态河流的形成和发展特征。

桂林地区河流的下游与上游正相反。这里河流比降最小，流速最小，动能最小，溶蚀侵蚀量也最小，但流量却最大，聚全流域之水，塑造了平坦的溶蚀、剥蚀平原，使地面与基准面达到动态平衡，地表水与地下水面接近。这里具有低能量、高流量的特性。这里最大的特点就是强烈的水平溶蚀作用。中游地区处于上下游之间的过渡区域，具有流速中等、动能中等的特点，对应的地貌为峰林。可见在热带喀斯特地区，由于流水作用中的溶蚀作用处于优势地位，塑造了巧夺天工的桂林山水。在亚热带地区，虽然溶蚀强度也较大，但与热带喀斯特地区相比，溶蚀强度降低了一半，因此就没有桂林山水那样的气势。

在桂林地区，由于峰丛的上游分布着非碳酸盐岩，这里山坡的水流汇入河谷，进入峰丛区域，河水具有较强的溶蚀能力。最明显的例子是外源水的作用，它可以把来自非岩溶区的水集中起来，注入岩溶地区，因而在相同的降水条件下起到事半功倍的作用（袁道先，1993b）。峰林喀斯特的形成应具备质地纯洁、连续沉积厚度大、产状较缓和、分布面积大的岩性与构造条件，充沛的降水（平均为1200～1500mm）和可观的外源水输入，以及足够的环境相对稳定下的发育（或演化）时间。峰丛洼地区域的地下水位越深，降水量与外源水量越大，岩溶化时间越长，峰洼间相对高差也越大（朱学稳，1991a）。这些论述，企图说明外源水是喀斯特峰丛、峰林乃至溶蚀、剥蚀平原等地貌形成的重要因素。

但究竟如何，本书继续以桂林附近峰丛、峰林和残丘的“配套分布”图为基础进行讨论。需要注意的是，这个河流的上游是非碳酸盐岩分布区，雨水中的CO_2含量不高，溶蚀性不强。雨水降到地面后，富含CO_2的土壤层为它提供了丰富的CO_2，增加了其溶蚀能力。但经过土壤层的水，其CO_2的含量，并不是水的流程越长，CO_2的含量就越多，它达到与土壤层中的CO_2平衡后，由于没有与可溶性的岩石接触，所以水中的CO_2就不会消耗，或很少消耗，因此水中CO_2的含量就比较稳定，达到平衡的阶段。

这些水进入了峰丛区域后，水中的CO_2参与到溶蚀过程之中，进入CO_2消耗的阶段。这种水流进入峰丛区域时，并不是参与众多洼地的形成过程中，而是由地表河直接进入地下河。地表河通过下切去适应地下河的条件，这种方式显然跟不上溶蚀方式的速度，因此地表河进入碳酸盐岩区域时，往往形成一定的高差。有的以一定的落差进入地下河，有的地方形成较大的洼地或湖泊，这是在地层接触带上常见的现象，显示富含CO_2的河水具有较大的溶蚀能力。地表河流就以这样的方式转化进入地下河中，参与地下廊道的形成与发展过程。

峰丛区域由两个系统组成，一个是峰丛洼地，即地下河的集水漏斗；另一个是地下河。CO_2含量很低的雨水到达地面，经过洼地中的土壤层时，土壤层中丰富的CO_2进入水中，溶蚀能力增加，参与洼地的形成发展过程之中。土壤层中比较高的CO_2分压力始终使水中保持较多的溶蚀因素，通过垂直的管道系统，水流汇入地下河中，成为地下河形成、发展的因素。“外源水”的特点与上述过程不完全一样，它是以地表河的形式直接与地下河相接，“外源水”进入碳酸盐岩区域后，即参与地下河形成的侵蚀、溶蚀作用之中，这时候这种“外源水”已经失去“外源水”的特征，向喀斯特水转化。在这转化过程中，“外源水”失去了溶蚀作用的功能。那么地下廊道发展的动力是什么？自然不再是那些“外源水”。地下廊道的发展自然有其特殊的发展规律。不同温度的水的混合、不同浓度的水的混合、不同流速的水的混合，都可以恢复溶蚀能力。地下廊道也是CO_2的富集区，CO_2的比重较大，一般情况下它不会逸出地表，而是沉淀在低处，所以常在洞穴深处有CO_2中毒的情形发生，说明地下廊道中的CO_2含量可能要高于土壤层中的含量。上述这些条件保证了地下廊道不间断地发生溶蚀作用。赋予地下廊道中的水流很强的溶蚀能力。也就是说任何具有溶蚀能力的水流，进入喀斯特地区之后，就是溶蚀能力消耗的阶段。但地下廊道中丰富的CO_2和混合溶蚀因素的存在，使这些水流的溶蚀因素可以继续得到补充，所以地下廊道具有继续发展的能力。“外源水”进入碳酸盐岩地区后的变化特点说明溶蚀作用不是一劳永逸的。由于“外源水”进入碳酸盐岩区域，是直接与地下河联系的，所以它和绝大多数洼地的形成没有关系。因此“外源水”在广大的峰丛洼地区域作用的范围是有限的，而且仅仅在非碳酸盐岩和碳酸盐岩的接触带上表现比较清楚。因此“外源水”的作用只有在溶蚀过程的上述条件下较为明显而已。

在《岩溶学词典》中，“外源水”的定义是来源于非可溶岩地区而进入岩溶区的水流。常具有较低的碳酸盐饱和指数，对岩溶地貌和洞穴的发育有特殊的作用。这个条目中缺少三个主要的限制性内容：第一，就是水具有流域的特性，即是同一个流域内的“外源水”，不是泛泛的“外源水”；不同流域的水，不是在非常特殊的条件下，是不会跨流域流动的。第二，“外源水”的作用在进入碳酸盐岩地区之后，至进入溶蚀的平衡之中，都要服从溶蚀作用的总规律。第三，“外源水”都是通过河道进入喀斯特区域的，与广大峰林和峰丛区域并没有联系，这是面和线的关系。例如，把湖南东部的碳酸盐岩分布图，称为“外源水的地质格局”（袁道先，1993b），似乎碳酸盐岩区域都在非碳酸盐岩的包围之中，也就是说都在“外源水”的包围之中，整个区域都受“外源水”的作用，这似乎过分强调了“外源水”的作用。卢耀如（1982）指出，不了解岩溶作用（溶蚀为主）的本质与过程，就不能建立正确的岩溶学理论。

在桂林附近峰丛、峰林和残丘的“配套分布”图上，从背斜区域，一直到漓江之边都是碳酸盐岩地层分布区域。上述峰丛区域的地下河进入峰林区域时，地下河水出露地表，并与地表水汇合，富含CO_2的地表层，就地供应，成了溶蚀作用不断进行的源泉。那些上游来的“外源水”早已变性，不可能源远流长、一劳永逸地对中、下游的峰林和平原发生作用。如果说这个例子比较牵强，那么在峰丛区域可以更清楚一些。在我国峰丛洼地区域，大多数并不是“外源水”供给而形成的。因此存在两种情况，一种是有“外源水”供给形成的喀斯特地貌；另一种是没有“外源水”供给而形成的喀斯特地貌，中国大多数峰丛洼地地貌就属于基本上没有“外源水”供给的地貌。至少朱德浩重点研究的三个区域（柳江小区、桂林大埠和龙州弄岗）是没有“外源水”供给的，地苏地下河区域也是没有外源水供给的，这些地方都是典型的峰丛洼地。

根据“外源水”论述所举例子，应该说碳酸盐岩分布零星、喀斯特地貌面积很小的低山、丘陵和平原地区，所受“外源水”的作用就显著一些。在碳酸盐岩的面积稍大的地方，“外源水”只能在碳酸盐岩的边缘起作用。当然，笔者乐意看到关于“外源水”系统的理论研究成果。

《岩溶学词典》中“外源水”是指“来源于非可溶岩地区而进入岩溶区的水流”，是外部来的水。但“内源水”在该词典中没有词条，没有解释。按照词意，应该是来自碳酸盐岩内部的水流。在热带喀斯特区域，据陈文俊（1988）研究：地苏地下河系多年平均降水量为 $1.83\times10^9\,m^3$，地苏地下河系年实际补给量为 $1.0\times10^9\sim1.46\times10^9\,m^3$（多年平均实际补给量为 $1.2\times10^9\,m^3$），年排泄量为 $1.0\times10^9\sim1.4\times10^9\,m^3$（多年平均排泄量为 $1.154\times10^9\,m^3$）。这说明排泄量与补给量大致相当，并且当年补给量基本可在当年排泄完。这是热带喀斯特峰丛洼地区域的特点，没有其他“内源水”的供给。将这种情况称为“内源水”形成的喀斯特，就不符合实际。根据这种情况，“内源水”和“外源水”就没有什么差别，都是天外来客，都是实实在在的“外源水”，只是在不同的构造条件和环境条件下表现形式不同而已。

喀斯特地貌的形成，与温度和降水量有关，并不是简单的降水量的多少和可观的“外源水”决定的。同样在河流正常纵剖面地区，因为流域下游水流大，把峰林平原、孤峰平原等地貌称为流水喀斯特，也是值得商榷的。喀斯特地貌都是由流水形成的，没有水就没有喀斯特地貌。不同喀斯特地貌是在不同的流水运动方式下形成的，因此流水喀斯特这个概念没有区分各种喀斯特地貌形成特征的含义。

还有一种观点称 holokarst，翻译成中文为全喀斯特。国内也以此将峰丛洼地地貌称为全喀斯特，也有将纯碳酸盐岩上发育的喀斯特地貌称为全喀斯特。据玛·斯维婷和包浩生（1990）介绍，holokarst 的提出者西维其克认为其是一种没有流水作用或者流水作用已达最小限度的喀斯特。如果流水作用对地貌形成仍有影响，那么这个地区并不是真正的喀斯特。玛·斯维婷和包浩生（1990）认为，这种观点在欧洲有很大影响，在一定程度上是有害的，因为这种观点把喀斯特原理与地貌学的基本理论分隔开来。毫无疑问，所有的喀斯特应该是流水作用和喀斯特作用的产物。有学者认为 holokarst 相当于我国“内源水”的喀斯特，把所谓“内源水”喀斯特称为全喀斯特。这显然只看到似乎这个名词很适合这种地貌，但没有重视这个名词的含义。这些名词是外来语，有的是老名词，关键是这种名词不能恰当地反映喀斯特地貌的实质。现在喀斯特研究比过去深入多了，中国有面积广大的碳酸盐岩分布区域，有更多利于深入研究的条件，喀斯特研究方面国际交流越来越多，也越来越深入，应该吸收科学的意见，建立科学的、正确的喀斯特地貌名词，不能盲目地照搬一些国外名词。国外喀斯特研究有它的特点，有些结论可能具有地区性，用来解释中国喀斯特的形成不一定适合。中国碳酸盐岩分布广且连片分布在不同气候带内，有中国喀斯特分布的特点，应该学人所长，研究符合中国喀斯特地貌的系统理论。

第二节　基准面不稳定模式——均衡上升区域

这种地区的基准面处于不断、强烈下切过程中，属于地壳上升条件下，基准面不稳定区域。广大地区呈均衡上升的特点，喀斯特地貌主要发育于那些宽缓背斜的基础之上，这些背斜分布在云贵高原东部斜坡和高原面上，尤其在斜坡地区呈连片分布。但与上一节所论述的基准面稳定模式相比，其分布和发育特征与桂林地区均有很大的区别，且更复杂一些。以广西地苏地下水系地区为典型代表，这是一个宽缓背斜构造，海拔大都在1000m左右，属于低山区域。这个背斜的顶部已被夷平。关于这个夷平面的时代，《中国岩溶研究》认为属白垩纪末期，在桂东为海拔400m以上，桂西为1500m以上，只有残留的峰顶。300～1500m的峰顶线，自东向西增高，东部为孤峰-溶原，西部有峰丛-溶洼。从更大范围来看，这个夷平面可能是南方区域夷平面的一个部分。陈文俊（1988）认为本地区海拔为1000～1100m的夷平面（峰脊与峰顶面）分布十分辽阔，在这夷平面上从云南、贵州到广西都可找到古近纪的红色砾岩堆积，这是夷平面形成年代的可靠证据。就是说地苏地下河背斜上的夷平面系区域性夷平面的一部分，即现在峰丛的峰顶面，属于古近纪。所以古近纪云南、贵州到广西是很低平的准平原状态，云贵高原东部的“斜坡”还不存在。

一、均衡上升区峰林、峰丛形成和特点

以地苏地下河系七百弄区域为例（图3-9），该区域与桂林盆地的喀斯特地貌分布有很大的区别，其喀斯特地貌的平面分布规律比较单纯，地表广布峰丛。但这里并不是简单的一片峰丛山地，它包含着新近纪以来喀斯特地貌发育的各个过程。渐新世至中新世初，地块在大容运动下上升，那些宽缓背斜剥蚀面开始隆起，它是整个南方地壳掀升运动的一部分，从局部来说，掀升运动的强度不大，可以看成均衡上升地区。剥蚀面抬升，流水下切，这些宽缓背斜区域的峰林开始形成。中新世晚期至上新世末，又一次剥蚀时期，这次下切强度比上一次大，形成了峰林的基座和洼地，即形成了峰丛。因此导致峰林阶段的结束，峰林面积极大地缩小，代之而起的峰丛得到了大发展。在早更新世和中更新世早期，地壳运

动处于一个间歇时期，本区河流发育又达到平衡纵剖面的程度，水平溶蚀较强，河道很宽，有宽谷期之称。中更新世之后，在宽谷中发育了一系列洼地，是最近期强烈下切的结果，称为深洼地期。深洼地之下是现代地下河系，其组成了深洼地下河系统。这就是地苏地下河系区域喀斯特地貌发育的全貌。它至少包含了四个地貌发展阶段：第一个阶段是峰林发育期；第二个阶段是峰丛浅洼地发育期，第三个阶段是宽谷发育期；第四个阶段是深洼地下河发育期。

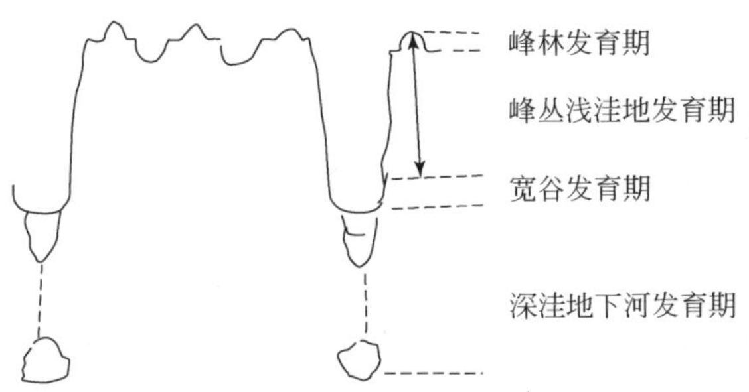

图 3-9　七百弄区域喀斯特地貌发育图解

这四个发育阶段，被压缩在一个完整的山地之中，所以也可称为压缩性结构。这种特点不仅是七百弄区域的特点，在峰丛区域大体都是这样。

上述喀斯特地貌的形成与演变过程，可以说明以下两个问题。

一是峰林发育在先，峰丛发育在后。目前地表整体峰丛化是由喀斯特地貌发展初期的整体峰林化演变而来，所以现在在广西的中西部才有广大的峰丛洼地地貌的分布；从地貌发育的动力过程来说，只有整体峰林化的存在，才有现在整体峰丛化的结果。整体峰林化只能理解为总的特点，并不排除其他喀斯特地貌类型的存在。

二是喀斯特地貌的演变过程，表明喀斯特动力过程的变化。初始的峰林是在流水的水平循环为主的情况下形成的。到峰丛浅洼地阶段，地貌动力变为以垂直循环为主导。而宽谷阶段表示地壳运动暂时的稳定，地壳运动处于稳定阶段，使河流形成了均衡剖面。深洼地下河阶段，又以更强烈的深切为主。地貌发育有四个阶段，这就是叠置型地貌赋予地貌发育的特点。

二、均衡上升区的喀斯特地貌发展模式

地苏地下河系所在的背斜是被削平的准平原面，现在大多数地面分布着峰丛，表示构造运动的特点是总体均衡上升的。每次上升都把峰顶线推向新的高度，峰顶线成为这个古老夷平面的象征，是这个最古老夷平面的残余。

从喀斯特地貌的发展历史中，了解喀斯特地貌的演化过程，每个过程、阶段总会留下一些证据。本书已论证了桂林地区喀斯特地貌类型与河流比降的关系。地苏地下河系区域遍布峰丛，这里的峰丛与桂林峰丛的形成特征是否相同，是不是第一个发育阶段是峰林阶段，有没有这个阶段呢？很多学者都在研究，笔者注意到在地苏地下河系区域，有峰林阶段的存在，在峰丛的顶部有峰林的特征，这些峰林的高度达 40 ~ 50m，有些保留很典型的陡峭的石峰，其顶部的直径为数十米至 100 多米，大于 200m 的很少，这与桂林陡立峰林上部的特点相似（陈治平等，1981）。

在地苏地下水系中部的雅龙乡峰丛的垭口上，也就是峰林的底部，其湖相沉积中，有褐煤沉积。按区域相关沉积对比，褐煤形成时代属中新世—上新世（朱学稳，1991b）。所以峰林形成的时代应早于该沉积。在峰林形成后期，有一个沉积时期，之后形成洼地，表明峰丛是一个组合类型。这个地区虽然以峰丛洼地为主，但在都安以北红水河和龙江的分水岭区域分布有峰林谷地地貌，证明这里曾经有过峰林发育的阶段。现代河流的溯源侵蚀尚未到达，保留着古老的峰林地貌。

宋林华等（1993）根据 Mandelbrot 的分形理论，研究峰林和峰丛地貌的形态特征，证明峰丛是双层结构。在七百弄地区 700m（为绝大部分的峰丛垭口的标高）以上、峰丛的上部为孤立峰林。孤峰高度不及 100m，一般为 50m 左右。700m 以下等高线密度很大，显示山坡很陡，说明峰林形成之后到宽谷洼地面之间，地面下切了 300m 左右，成了峰丛的基座，峰林演变成了峰丛。由于地苏地下河流域向东南方向微微倾斜，流域的下游，峰林分布的高度也逐渐降低接近地面，因此下游有峰林的分布。这就是均衡上升区域峰林和峰丛平面分布的关系。这些峰林下面已有 20 ~ 30m 的地下水位季节性变动带。峰林谷地上有漏斗、坍陷和落水洞等形态。这说明在地苏地下河系下游，已进入峰林发育的晚期阶段。这种峰林分布面积不多。由于这个原因，地苏地下河系流域的地貌以峰丛为主，在峰林以下没有剥蚀平原形成的条件，所以缺失剥蚀平原，这也是所有箱状背斜上的主要特点。

随着高原斜坡上行，峰林和峰丛的分布特点有一些新的变化。当峰林形成之后，受掀升运动的影响，上游被抬升较高，当峰丛形成时，地下河没有上溯到上游，因此那里保留着峰林地貌。例如，乐业“S”形构造上，也普遍发育着峰丛地貌，但在其中百朗地下河系的上游，发育地表河，分布着峰林（图 3-10）。广泛发育峰丛伴有少许峰林分布，说明在峰丛形成之前，有峰林发育。

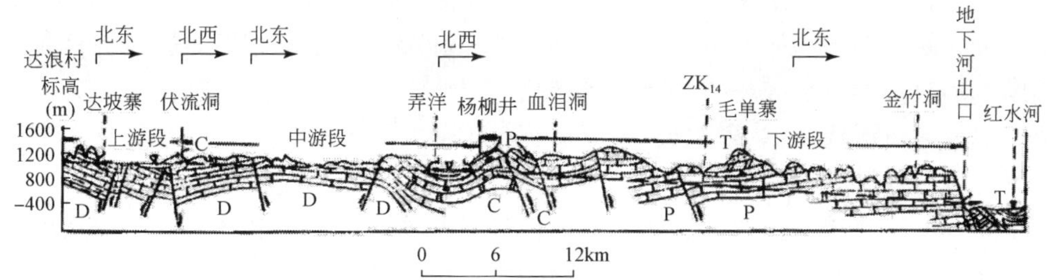

1-砂页岩；2-泥质灰岩；3-硅质岩；4-燧石灰岩；5-灰岩；6-白云质灰岩；7-假鲕状灰岩；8-鲕状灰岩；9-白云岩；10-断裂；11-地下河及其进出口

图 3-10 百郎地下河系地质剖面图

资料来源：易求芳，1983

宋林华等（1993）用同样的方法，证明贵州麻尾地区具有与七百弄的箱状背斜上特点很相似的双层结构特征。

《黔南岩溶研究》中也记载了苗岭分水岭附近及普定等地，分布着化石峰林。该书还指出在独山、都匀一带峰丛中，峰丛发育有二元结构，即峰丛上部有峰林存在，上部叠加50m的峰林，并且它们大体在一个等位面上，该书认为此种峰丛之上的峰林，代表的是老的尚未到达溶原的岩溶景观。新的造貌运动开始后又在此基础上雕刻，便形成了新的峰丛。此种正地形，即是生成时间有先后的岩溶正地形叠加现象。

这些都可以证明峰林和峰丛形成的关系。各地峰丛顶部的峰林高度一般仅为50m左右，显示这个峰林期内上升运动的量不大，才刚从准平原地面获得轻度的上升。现在热带喀斯特地区主要分布着峰丛地貌，这可证明第二阶梯及其东部的斜坡上的峰丛区域，在其形成之前同样有广泛的峰林发育。峰丛是一个组合类型再次得到证明，同时也证明它是在地壳上升过程中形成的，是上升强度逐渐增加的结果。

峰丛能有连片分布、同步发育的规律，表明桂西地区的地势分异还不是很大，高原斜坡还没有形成。峰丛形成时期表现为整体上升，地苏地下水系区域是一个宽缓的背斜，其西是一个向斜，是笔者研究岩滩水库库区渗漏的区域，这里的峰丛和地苏区域的峰丛是联系在一起的，分布高度也大体一致。这种特点，向东一直到达柳州附近，以西到达河池、百色一带，一直延伸到高原面上，向西到文山附近。在苗岭的南坡，也有很多峰丛分布。这种峰丛区域性分布的现象，证明上新世峰丛形成的时候，这里地势还很平坦，不同构造活动的差异性很小，具有峰丛形成的一致条件，所以喀斯特地貌呈区域性、整体性分布。

早更新世，宽谷水系形成。宽谷水系在我国南方分布广泛，属于地表水系，从云贵高原东部的斜坡地带一直延伸到横断山脉都有分布，宽谷形成时期地貌阶梯尚未形成，所以它是一个标准地貌层。以地苏地下水系区域为例，在宽谷时期，地苏区域形成了10多条近于东西向分布的宽谷水系的支流。它们分别汇入地苏区域内最低的地表河谷——拉棠谷地，在10多条宽谷水系的支流之间，是一个高大的峰丛浅洼山地，这是上新世形成的峰丛浅洼地。这些洼地底部比较宽平，洼地原始的深度不大，呈峰丛浅洼的特征，尤其是水系中上游的洼地中有残积物和沉积物分布，现在深山区的农民就在这些洼地中耕作。

三、洼地–地下河的形成特征

第四纪地壳强烈上升，在宽谷背斜区域发生深切，地貌过程发生了重大变化，是第二地貌阶梯强烈上升的时期，也是云贵高原东部斜坡的主要形成时期。这时期是水系大变动的时代，地表水系迅速转为地下水系。以地苏地下水系区域为例，在宽谷时期，地苏区域形成了一系列近于东西向分布的宽谷地表水系，它们汇入地苏区域内最低的河谷网。更新世地壳强烈上升，原来的宽谷地表水系全部转入地下，在宽谷中形成深切的洼地，很多洼地深度达200m以上。其下有地下水系的发育，溶蚀作用都是在地下进行，现在还在进行中。地下河的纵剖面一般是正常的纵剖面，虽然也已受到第四纪河流深切的影响，但影响还不大。现代新一轮的溯源侵蚀尚未进入地下水系的河口区域。例如，地苏地下河系在出口后才进入更深切的地下河主流中。百朗地下河系，下游地下河的比降有所增加，但在出口以后，才以大比降形式汇入红水河。独山箱状背斜区域，裂点还在地下河系出口处以外8km的地方。由于这种特点，地下水系区域好像一个“盆地”镶嵌在流域之中，前期的溯源侵蚀已经到达，但后期的溯源侵蚀尚未到达，使地下河或地下水系仍处于一个相对稳定的环境，形成了大体正常的纵剖面特征，特别是中下游比降较小，水平侵蚀溶蚀作用显著，地下河发育比较成熟，成为复杂的树枝状水系。

背斜区域几乎没有地表河，现在大一些的地表河都分布在这些宽缓背斜两侧的向斜中，向斜地层产状很陡，且岩性不纯，甚至有非碳酸盐岩分布，成为背斜区域地下水的边界层，背斜区域碳酸盐岩地层的产状又比较平缓，成为一个箱状的集水和地下水运动的良好场所。这些条件就形成了两个特点：一是地下河下切以后，地下水排泄出口建立的难度较大，必须在下游地势较低、构造条件有利的地方才能形成；二是这类宽缓背斜区域，因它的左右边界分布着弱透水性或不透水的地层，且一般倾角很大，组成一个不透水的边界层。由于地下河的下切速度快于地表河，因此在地下河的下切过程中受阻于背斜两侧的不透水层，其阻断了这些支流向东进入背斜东侧拉棠谷地的通道，只能在背斜区域内寻找汇流通道和出口。所以这种地下河的规模都比较大，可以形成巨大的地下水系，地苏地下河系就是一例。原来它的多条宽谷支流，大多向东进入拉棠谷地，第四纪时期，洼地从宽谷中下切以后，地下水流路遭受背斜边界的非碳酸盐岩地层的阻断。从洼地分析图上，可以看到一系列的低洼地带，东流至东风、大定、九送一线就中断了，这一线上发育有一系列的洼地，有些洼地的最低高程比地苏一带还低。其东发育于地苏背斜上的洼地也较它略高。据卫星照片判读，这里有一条近于南北向的断层，一系列低洼地带的中断处恰与这断层线分布基本一致。上述这些特点说明地苏地下河的主流在断层线附近。原来这些宽谷支流都分别流向东部的拉棠谷地中，现在使这些支流都龟缩到边界层背斜之内、近南北向的新的断裂带中，汇合成为地苏地下河系新的主流，在地苏背斜的下游，沿断层形成了出口和一个新的统一的、流域面积很大的地下河系。因此在宽缓的箱状背斜区域发育的地下水系规模都大，宽谷背斜水系成为我国最大的喀斯特地下河系，分布在红水河和南盘江流域，其中绝大多数分布在广西和贵州南部的宽缓背斜区域，尤以云贵高原东部斜坡区的宽缓背斜区域最为集中。所以这里的特点是宽谷深洼和地下水系是热带喀斯特地貌的一大代表类型。中国的喀斯特洼地分布很广，但这种类型的深洼地下水系系统，在世界任何地方都少见。中国华南由于溶蚀强度大和中更新世地壳上升强度空前，又处于河流溯源侵蚀最强烈的地方，因此成了喀斯特峰丛深洼地貌发育最充分、最完善的地方。这么大面积、分布于箱状背斜上的峰丛占据了喀斯特总面积的98%（朱德浩，2013）。

四、喀斯特地貌的继承和发展

1981 年，笔者写了一篇文章《预测岩溶地下水系的洼地分析法》。梁虹和杨明德（1994）以研究地苏地下水系区域的宽谷为题，对《预测岩溶地下水系的洼地分析法》提出了质疑。其实《预测岩溶地下水系的洼地分析法》只写了洼地分析的方法，并没有写多少理论问题，就一小段涉及理论问题，被拿出来进行了重点分析。梁虹和杨明德（1994）提到：陈治平等研究指出地下水系是以古准平原上的地表水系演变而来的，具有继承性。因为当地壳抬升时，侵蚀基准面下降，水流在宽阔的河谷底部沿着碳酸盐岩层中的各种裂隙下渗，特别在一些断层的交汇点上或其他有利的地方形成消水洞，使地表排水通过消水洞下泄进入地下水系，在具有地表排水带的低洼地带中，地下河的下切就比较大，地下廊道的位置也比较低，而水量比较小的支流赶不上主流的下切，依然成为地下河的支流，地下河就继承了低洼地带发育。本书已详细地分析了地苏地下河流域的地貌发展过程，这里主要讨论喀斯特地貌的形成和继承发展的规律。其实，笔者对演变、继承二字用意很简单，后期的谷地是在前期的流水网基础上发展起来的。因此《预测岩溶地下水系的洼地分析法》提出地下水系是从古准平原地表水系演变而来的。梁虹和杨明德（1994）认为古准平原地表水系结构是一种无序的结构。侵蚀、搬运和沉积是三位一体的，整个地质史中都是按这个规律进行的，无序是否可以理解为没有规律，笔者认为世上不存在没有规律的东西，只有没有认识的事物。准平原在各种气候条件下都能形成，因此准平原的特点也各异。梁虹和杨明德（1994）所研究的区域是广西地苏地下河区域，在古近纪、新近纪时，这里是热带季雨林区域，河网、湖泊很发达。上述宽缓背斜区域喀斯特地貌演化示意图已很好地说明了问题，雅龙褐煤沉积、宋林华分形研究等，都证明了地苏地下河流域地貌的发展过程，在七百弄山区，从顶部的峰林一直下切，直达宽谷。这些例子说明地貌从古准平原到现在，都是沿着水文网继承和发展演变而来的。一般情况下，现代的水文网不可能完全脱离古水文网来发展。

梁虹和杨明德（1994）提到峰丛区域的水文网密度高于常态区域，这也有继承发展的因素。在均衡上升地区，喀斯特地貌最早发育的是峰林，这是在基准面稳定或轻微上升的条件下形成的，强烈的水平溶蚀作用使所有的裂隙都受到水平溶蚀的影响。那些具有区域性的、开放性的裂隙影响尤为显著。将地面分割成一定构造控制的格局，形成一个个独立的峰林，这种溶蚀作用对地面的分割作用，远比常态侵蚀作用强烈。后来的地壳上升，在峰丛形成过程中，虽然有一些裂隙因规模较小，缺乏在适应新形势下继续发展的能力而被淘汰，但热带喀斯特地区河网总体高密度的状态没有变，裂隙众多，切割密度较大，所以霍顿系数较大，使山坡陡峭。这些也是霍顿系数较大情况下继承发展的特征。

由于地表岩层层面和裂隙、断裂的分布与地下特征不完全一致，所以继承也不是一成不变、照单全收的。地下水系与干谷不是同时代产物，因此不可能是完全的共生关系，应该是继承关系，两者完全映射是不太可能的。发展是沿着新的、变化了的条件进入新的阶段。即使贵州高原区和峡谷区的双向演化模式的例子，也是沿着原有的水系发育的，具有继承性，是演变和继承。所有岩层、裂隙或断层都不是水平的，都有一定的倾斜，因此，地上和地下的情况就不可能完全一模一样，所以继承不要求新老水文网一定要映射，也说明地下河继承了低洼地带发育。笔者认为发展与继承用词比较合理，不管从什么角度分析，溯源侵蚀也好，由此形成的峰丛深洼也好，均不可能离开过去的水文网而得到发展。

第三节　基准面不稳定模式——快速上升区域

本系统位于云贵高原东部，苗岭分水岭是它的北部边界，西部界线大体到达昆明附近。本系统地域上属于热基亚热带喀斯特地貌，沿北回归线分布。在新近纪，这里是热带气候带，喜马拉雅运动初起，开始上升量不大，更新世以后强烈上升，成为我国地貌的第二阶梯，上升到2000m左右。在新近纪虽然上升强度不大，但比桂林地区要大一些。每次地壳上升之后，都有河流溯源侵蚀发生，但均没有能够到达分水岭区域。而且每次上升运动的强度在逐渐加强，河谷坡度、比降也随之增加，所以每次河流溯源侵蚀前进的速度也随之减缓。河谷里留下的不是一个裂点，而是几个裂点，使河谷成为阶梯状，从分水岭到河谷形成阶梯状的地貌，如图3-11所示，在河流溯源侵蚀到达的区域，河谷深切，形成不同形式的峰丛洼地，裂点以上河段基本上仍保持着原来的地貌形成系统。因此在地貌形态上，留下阶梯状分布的时间特点和环境演变的痕迹。在多次河流溯源侵蚀过程以后，河流从上游向下游喀斯特地貌分布依次为残余准平原、峰林、峰丛浅洼和峰丛深洼。尤其是下游，由于河谷强烈下切，形成了特有的反均衡剖面。这就是地壳上升强度较大，导致河流溯源侵蚀形成特有的演化特点。

受高度上升的影响，更新世气候变凉，高原面上年平均温度降低到16～18℃，年平均降水量为1200～1400mm，使喀斯特发育强度保留着比较高的水平。与我国长江以南的亚热带喀斯特区域的年平均温度和年平均降水量相当。高原表面的气候由热带转变为亚热带。现在夏半年溶蚀强度也和亚热带地区相当，如兴仁的夏半年溶蚀强度为52.46%，喀斯特地貌的主要特征以锥状为主，本书称它为热基亚热带地貌。另外，在深切河谷地区是炎热的热带气候，年平均温度在18℃以上，发育着热带峰丛深洼地貌，与高原面上分布的亚热带锥状喀斯特地貌，形成了两个地貌类型。

一、快速上升区域喀斯特地貌的演变与地貌分布特征

高原面是古老的准平原面，是残丘分布的平原。高原面上，发育有一系列盆地，盆地中有地表河流，有红色黏土层分布，保存了早期山盆期形成的峰林地貌特征。喀斯特地貌以锥状和金字塔形为特点。一般锥峰高度仅数十米。

由于构造运动上升强度较其东部的斜坡地区大，更新世强烈上升使云贵高原成为我国地形的第二阶梯，是河流的强烈溯源区域；南盘江和北盘江干流的溯源侵蚀已达到本区，大支流的溯源也已深入高原内部。由于更新世上升强度较大，

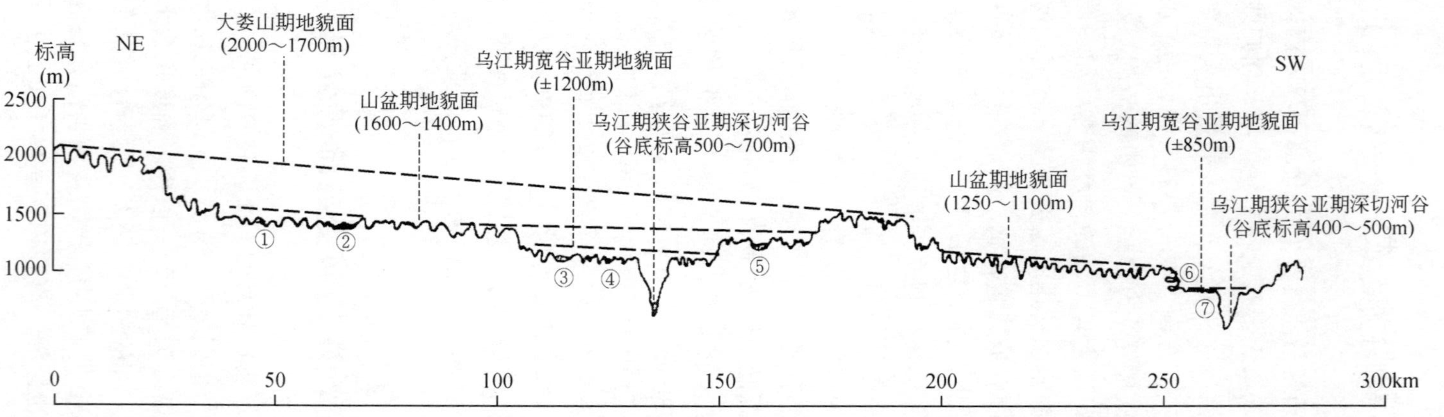

图3-11　黔南地区地貌及第四纪地质综合示意剖面图

①普定溶洞产大熊猫-剑齿象生物群化石，地质时代中晚更新世；
②平坝一带残积红土层；
③贵阳一带残积红土层，古地磁测定地质时代早至中更新世；
④贵阳花溪党武溶洼中细砂层产东方剑齿象化石，地质时代不晚于中更新世；
⑤惠水摆金宁旺泥砂砾石层；
⑥独山基长神仙洞石钟乳，同位素年龄测定数据33万年；
⑦独山基长一带残积红土层

资料来源：高道德等，1986

河流下切速度很快，因此常以深切“V”形峡谷为特点，它的支流更是以两岸陡峭的嶂谷形态出现。例如，南盘江的支流马岭河就是这样，其河谷深切达 300 ~ 600m，广阔的高原面被深切嶂谷所分割，成为这个地区的主要特点。这里现在的河流仍处于强烈下切之中，也就是说，这里是基准面不稳定区域，溯源侵蚀在强烈进行，支流下游切割的深度随着距离主河谷越近而越深。因此出现了与桂林喀斯特地貌发育的时空分布完全相反的特点，也和云贵高原东部斜坡区域的地貌发育特点不同。本区域的河流呈反均衡剖面的形式，支流的下游向主要河谷方向，河流比降逐渐加大。本区地壳上升强度增加，间歇性的上升促使河流阶段性发育和演变，从上游向下游留下了不同时期、不同发育强度的地貌特征。图 3-12 显示高原区域喀斯特地貌的发育方向为：高原残丘平原（准平原）→峰林盆地→峰林谷地→峰丛浅洼→峰丛深洼→峡谷。这里主要分布着石炭纪至三叠纪的地层，有纯灰岩、薄层泥质灰岩夹白云岩及白云质灰岩等。

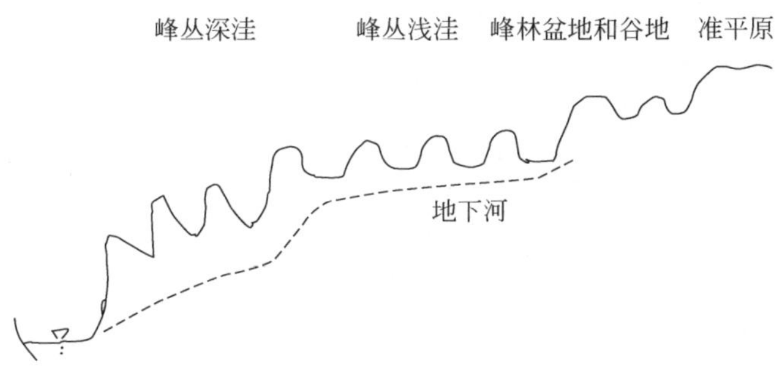

图 3-12　基准面不稳定区域喀斯特地貌发育示意图

云贵高原喀斯特地貌发育的五个阶段如下。

（一）准平原

在罗平地区保留较好。

（二）峰林发育时期

广阔的剥蚀面，在地壳开始轻微上升的条件下，珠江水系尚未形成，在古准平原的基础上发育了一系列的盆地水系，成为本区域的一个特点，继而发育为峰林盆地，相当于杨怀仁（1994）所称的“山盆期”，此时为峰林的形成期。现在这些峰林残存于流域的上游和分水岭地区，有常年性水流缓缓流动，坡降<3‰。峰林经过长期亚热带气候的洗礼，演变为典型锥峰地貌，其高度大多只有 40 ~ 50m。谷地中有大面积的红土堆积，岩溶潭多见。

(三) 峰丛浅洼形成期

河流裂点以上的区域一般处于河流的中游，这一带情况比较复杂，现在河谷比降一般为4‰~10‰，属于正常的河流纵剖面特征。峰丛浅洼的上游为峰林谷地和峰林洼地。峰丛浅洼底部比较平坦，有红土堆积，是这里喀斯特地貌发育期的主要特征。其下游受后期河流下切的影响，垂直循环增强形成筒状深洼，河流比降也迅速增加到10%左右。

(四) 宽谷期

新近纪末—第四纪初期，是地壳短期的稳定时期，形成了宽谷。云贵高原及其东部斜坡宽缓背斜上均有宽谷分布，但这里的宽谷更为复杂，有两种特征：一种与上述宽缓背斜区宽谷相同，规模较小，宽谷中仅能容得下一个洼地。宽谷深入峰丛浅洼区域，像宽缓背斜区那样，形成地域狭窄的宽谷。另一种与上述镶嵌于宽缓背斜区域的宽谷完全不同，它发育在红水河支流的宽谷平原上，这些宽谷大多发育在红水河北岸的支流上，从东部的打狗河起，向西一直分布到普定地区，在红水河以南地区这种现象要少一些。这些宽谷一般沿河谷分布，在平塘与紫云之间有大片几乎相连的宽谷地貌。红水河北岸这些支流水量大，在第四纪初期，形成了几千米至几十千米宽而平坦的河谷平原，宽谷期的基准面处于相对稳定状态，属于正常的河流纵剖面阶段。在该宽广的河谷平原上，河谷比降很小，在后来地壳上升的情况下，也有形成峰林及剥蚀平原的条件。这种特点已被后期下切继承和发展，但也有部分地区得到保存。例如，在普定三岔河南岸，海拔1200m处，有宽度0.5~1km的平台，镶嵌在山盆期地面内，这个宽谷平台目前已发育成相对高度为30~50m的浑圆丘陵（俞锦标等，1990），这证明在这个宽谷平原上曾有锥峰状地貌的分布。

(五) 峰丛深洼形成期

更新世地壳加速抬升，导致河流空前强烈下切。所形成的地貌大体有两种情况：一种情况与前述云贵高原东部斜坡区域的情况相似，在广阔的高原面上，众多背斜区域的特点一样，在峰丛浅洼区域的宽谷中，形成了深洼地下河系统。另一种情况是在广阔的河谷平原上，随着河流强烈下切，开始发育峰林，并迅速向峰丛方向演变，形成了峰丛深洼地下河系统。这些峰丛深洼地下河主要分布于红水河支流溯源侵蚀裂点以下地区，地下河纵剖面成为反均衡剖面，切割深度一般为300~500m，比降一般达10‰~35‰。洼地呈筒状，底部没有沉积物分布。相邻洼地高程大多不在一个等位面上，向下游方向迅速降低，塑造了极其典型的峰从深洼地貌景观。地下河发育，但其规模没有背斜区域大，地下河的长度也较小。峰丛深洼地下河系统是喀斯特地貌中发育阶段最高的一种地貌，也是世界上唯一的一种峰丛深洼地下河系统。这也是快速上升区域喀斯特地貌的一大特点。

二、快速上升区域峰林和峰丛形成的时代

（一）快速上升区域喀斯特地貌的演变有以下几种观点

按照戴维斯侵蚀轮回学说理论，一些中国学者认为喀斯特地貌演变的方向是峰丛→峰林→平原。《中国岩溶研究》认为在裂点以上地区，喀斯特地貌发育是以垂直渗流为主，演化方向是古溶原→溶盆→溶洼；裂点以下，以水平溶蚀为主的区域演化方向是溶洼→溶盆→溶原（中国科学院地质研究所岩溶研究组，1979）。高道德等（1986）认为黔南岩溶发育模式为溶原阶段→溶丘谷地阶段→峰林谷地阶段→峰丛深洼阶段。俞锦标等（1990）在贵州普定研究得出，喀斯特地貌发育的过程是准平原→峰林盆地→峰丛洼地→宽谷→峡谷（表 3-1）。可见喀斯特地貌的演变主要有两种认识：一种是峰丛→峰林→平原，另一种是准平原→峰林→峰丛。本书对桂林盆地和云贵高原东部斜坡区域的论证表明，在地壳上升的条件下，喀斯特地貌的演化方式是准平原→峰林→峰丛，而且峰丛就是从准平原、峰林在继续上升的条件下形成的。所以峰丛是一个组合形态，本身就已包括了准平原→峰林→峰丛的演变过程。由此可见，在桂林盆地或云贵高原东部广泛分布的峰丛地貌，是从峰林演变而来的。只有在地壳下降的条件下，才会有峰丛→峰林→平原的演变过程。

表 3-1　贵州普定地文期及其地貌特征

<table>
<tr><th colspan="2">地文期</th><th>时代</th><th>海拔（m）</th><th>岩溶形态特征</th><th>备注</th></tr>
<tr><td colspan="2">大娄山期</td><td>C_1—E</td><td>1600～1800</td><td>岩溶丘陵（多有覆盖物）及新发育的落水洞和漏斗</td><td>已发展至岩溶准平原阶段，目前抬升很高，均为分水岭高地，三岔河北为 1800m，三岔河南为 1600m，亦为峰顶面</td></tr>
<tr><td rowspan="2">山盆期</td><td>第一亚期</td><td>N_1</td><td>1400</td><td>呈盆地状的峰林洼地、峰林盆地</td><td>壮年晚期阶段，组成分水岭地面，是贵州高原和本处的主要岩溶景观</td></tr>
<tr><td>第二亚期</td><td>N_2</td><td>1250～1390</td><td>嵌在第一亚期地面之内，为峰林、峰丛洼地等</td><td>高度略低于第一亚期地面，且嵌入其中，是一个向心水系的盆状地面，岩溶景观与第一亚期相同</td></tr>
</table>

续表

地文期			时代	海拔（m）	岩溶形态特征	备注
乌江期	宽谷亚期		Q_1	1200	分布在三岔河两岸，宽0.5km，为浑圆状丘陵，其内少漏斗，有新发展的落水洞	主要分布在三岔河两岸和支流波玉河一带，宽度较小，目前宽谷期地面已发育有浑圆矮小的岩溶丘陵，高度仅为30～50m，个体亦小
	峡谷亚期	T_4	Q_2^1	1180	阶地面已呈丘陵状起伏，不规则，只分布在软弱地层之内	主要分布在软弱的地层中，如三岔街、马场和补堆一带，原为阶地，现因沟谷发育切割呈陇岗状起伏
		Ts	Q_2^2	1150	同上，稍低	同上，但高度较低，分布范围较广
		T_2	Qs	1100	范围较狭的阶地，有基座阶地和侵蚀阶地，相应有水平溶洞和悬挂泉	分布狭窄，仅在现代河谷两侧，呈零星分布，高度亦小，在补堆一带为基座阶地，波玉河左岸在此阶地面上发育有小型漏斗
		T_1	Q_4^1	1080	堆积阶地，表面有现代河漫滩物覆盖	呈山溪性阶地分布，不连续，为堆积阶地，主要为全新世早期地层，也有目前特大洪水的堆积物覆盖
		河流	现代	1060	峡谷地形，有地下河汇入，两壁陡峭	河床坡降大小不一，受岩性影响，两岸有泉和地下河汇入，少量地下河呈悬挂式

资料来源：俞锦标等，1990

（二）关于峰林、峰丛形成的时代

本书研究了均衡上升区和快速上升区的喀斯特地貌形成过程，对峰林和峰丛的发育顺序有了明确的认识，为它们的年龄确定提供了便利。这两个区域主要的地貌形态是峰丛，它们发育的基础大多是宽缓背斜。峰林分布面积很小，发育在不同地区的峰林形成时代可能也不同。但在宽缓背斜区域准平原上发育的峰林，其形成时代是相同的。地苏地下河流域里的雅龙乡，在820m的高处，洼地的垭口上，即峰林谷地中，残存褐煤层的湖相沉积，是在峰林形成以后的地壳运动的间歇期形成的，其时间为中新世—上新世。所以，峰林形成时代应属中新世。

俞锦标等（1990）在普定研究的结果，认为在渐新世末、中新世初受喜马拉雅隆起影响，大娄山期地貌受到破坏，之后形成第二个喀斯特发育时期，即山盆期第一亚期，巨大的洼地彼此相连，形成盆地。在分水岭地带，这一级地貌多发育成峰林盆地和峰林谷地。上新世，喀斯特在原山盆期地貌的基础上向下加深发展，成为山盆期第二亚期，有些地区的峰林发展成峰丛，该研究指出峰林形成于山盆期第一亚期，即中新世，峰丛形成于山盆期第二亚期——上新世（表 3-1）。

普定新近纪喀斯特地貌的发育规律，与兴义、南盘江区域的发育特点相似：在准平原之后，发育为峰林平原，且发育有一系列的盆地，即为“山盆期”，都有峰林分布，显示中新世时期是峰林发育的全盛时期。在峰林盆地之后，发育为峰丛谷地和洼地。苗岭南坡的喀斯特地貌的发育规律也与此相似。

《黔南岩溶研究》认为新近纪的山盆期地貌由溶丘谷地、峰林谷地、峰丛浅洼等组成，这些内容分属于微切区和浅切区两个时期。根据地质构造运动的特点分析，这些地貌面形成于喜马拉雅二期运动和翁哨运动之间，期间包含中新世和上新世两个时期（表 3-2）。笔者将微切区定位于中新世，而浅切区定位于上新世。微切区，相当于我们所说的峰林区，浅切区相当于我们所说的峰丛浅洼区。

表 3-2　黔南岩溶发育史简表

<table>
<tr><th colspan="3">地质时代</th><th>构造运动</th><th colspan="2">造貌期</th><th colspan="2">岩溶期</th><th>岩溶发育特征</th></tr>
<tr><td rowspan="4">第四纪</td><td colspan="2">全新世</td><td rowspan="3"></td><td rowspan="4">乌江期</td><td rowspan="3">峡谷亚期</td><td rowspan="4">乌江岩溶期</td><td rowspan="3">峡谷岩溶亚期</td><td rowspan="3">岩溶发育处于早期阶段。在区域水系裂点带以下及深切河谷两岸一带，以强烈垂向岩溶作用改造山盆岩溶期，乌江岩溶期宽谷岩溶亚期岩溶地貌，区域裂点带以上，岩溶作用以横向为主改造山盆岩溶期、乌江岩溶期宽谷岩溶亚期岩溶地貌</td></tr>
<tr><td rowspan="3">更新世</td><td>晚更新世</td></tr>
<tr><td>中更新世</td></tr>
<tr><td>早更新世</td><td>乌罗运动</td><td>宽谷亚期</td><td>宽谷岩溶亚期</td><td>岩溶发育，但多未达溶原阶段。经后期改造，岩溶地貌多呈峰丛深洼、溶丘谷地、洼地组合形态</td></tr>
<tr><td rowspan="2">新近纪</td><td colspan="2">上新世</td><td rowspan="2">翁哨运动</td><td colspan="2" rowspan="2">山盆期</td><td colspan="2" rowspan="5">山盆岩溶期</td><td rowspan="2">岩溶发育成熟度高，可能已达溶原阶段。经后期岩溶作用改造，岩溶地貌多呈溶丘谷地、峰林谷地、峰丛浅洼等组合形态存在</td></tr>
<tr><td colspan="2">中新世</td></tr>
<tr><td rowspan="3">古近纪</td><td colspan="2">渐新世</td><td rowspan="3">喜马拉雅运动</td><td colspan="2" rowspan="3">大娄山期</td><td rowspan="3">造貌作用以剥蚀夷平为主，并在山间盆地中堆积了近源红色砾岩岩系。古气候干热，岩溶作用不发育</td></tr>
<tr><td colspan="2">始新世</td></tr>
<tr><td colspan="2">古新世</td></tr>
</table>

资料来源：高道德等，1986

综上所述，现代喀斯特峰林地貌发育始于中新世时期，是在古近纪准平原的基础上发展起来的。无论在广西或贵州高原都分布着峰林地貌，可见当时在这些地方都存在着峰林形成的环境条件，都是在水平循环为主的水动力条件下，反证当时这些地区地势比较平坦，河流的纵剖面比降较小。中新世以后地壳上升运动强度开始加大，形成了峰丛浅洼地貌。有所不同的是，在目前云贵高原东部斜坡地带的宽缓背斜上发育的喀斯特地貌，峰林和峰丛形成了叠置的地貌，并以峰丛形态出现；而在贵州高原上既有峰丛浅洼，又有峰丛深洼，两者是分列的，由于新近纪总体上升量不大，所以在河流上游峰林既呈单独发展的状态，又与峰丛浅洼组合成复合体。这种特点，反映了喀斯特地貌发展过程的特点，即现代喀斯特地貌发育起源于峰林，当溯源侵蚀没有到达河流上游时，在分水岭附近留下了峰林的遗迹；在裂点以下的峰林区域受地壳继续上升的影响，水平溶蚀作用转化为垂直作用，形成峰丛洼地，但总的上升强度不是很大，因此成为峰丛浅洼。上述观点认为峰林主要发育于山盆期第一亚期，所以有理由认为山盆期第一亚期是峰林发育期，也是峰林发展的极盛时期。而山盆期第二亚期是峰丛发育期，可以说明当时云贵高原及其东部斜坡区，在喜马拉雅一期运动时地势低平，是广阔的准平原，之后地壳开始轻微上升，形成了峰林地貌，喜马拉雅二期运动构造活动加强，使峰林地貌大规模演变为峰丛地貌，所以上新世奠定了现在峰丛浅洼地貌分布的基础。

三、热基亚热带喀斯特地貌发育与演变

宽谷的形成终结了峰丛浅洼形成的阶段，使喀斯特地貌史翻开了新的一页。喜马拉雅三期运动的强烈展开，云贵高原上升到2000m左右，使高原面上的气候由热带转变为亚热带，地理环境产生了非常显著的变化，也改变了峰林和峰丛形态演变的方向。地壳强烈上升，导致河流强烈下切，形成了非常特殊的峰丛深洼地貌体系。

关于广西和贵州喀斯特地貌的特点存在着一些不同的观点。徐霞客“始于罗平，尽于道州”的观点，说明广西和贵州的喀斯特地貌形态基本上具有共同性。我国大多数涉及贵州喀斯特地貌的论文和专著，都是以峰林和峰丛称之，这也说明两地喀斯特地貌特点的相似性。陈述彭于1954年将贵州与广西的喀斯特地貌类型分别称为斗淋、石林和圆肖高峰（陈述彭，1954），显示两地喀斯特地貌有明显的不同。一些国外学者，在20世纪50年代考察中国的喀斯特之后，将桂林或广西的喀斯特地貌称为塔状喀斯特，把贵州的喀斯特称为锥状喀斯特，这是从感官的认知把两地的特点进行了区分，就是说两地喀斯特地貌存在差异性。任美锷等（1979）从成因上指出贵州的峰林是残留峰林，贵州平坝、安龙、兴义、兴仁、贞丰和云南东部的个旧、师宗、罗平等地的峰林相似。熊康宁（1990）以动

力作用为区别，讨论两地喀斯特地貌发育的差异性，发现两地既有相似性又有差异性，说明了广西和云贵高原上喀斯特地貌的特殊性。这些特殊性究竟有哪些突出之处，本书试作如下分析。

（1）广西和贵州的碳酸盐岩的岩性有很大差异

广西碳酸盐岩以石炭系和二叠系为主，岩性比较纯。贵州碳酸盐岩分布有三种情况：第一种与桂林相似，发育在较纯的碳酸盐岩地层；第二种是纯的三叠系白云质灰岩，质地均匀，分布在安顺、清镇和贵阳一带的云贵高原上；第三种大部分属前两者的过渡类型，在云贵高原面上有较大范围分布。

这三种岩性上发育的喀斯特地貌有很大区别，本书选择岩石成分中的CaO含量和比溶蚀度数据进行对比。纯的碳酸盐岩主要有亮晶生物碎屑灰岩、泥晶生物碎屑灰岩和生物碎屑泥晶灰岩等，它们的CaO含量平均为53%～55%，比溶蚀度达95%～97%；白云质灰岩的CaO含量为27%～30%，比溶蚀度为50%～57%；两者的CaO含量和比溶蚀度相差近二分之一。据俞锦标和章海生（1988）研究，纯灰岩的溶蚀量为5763.4 $m^3/(km^2 \cdot a)$，白云岩的溶蚀量为3650 $m^3/(km^2 \cdot a)$。这表明即使在同一地点、同一气候条件下，岩性不同地貌形态也会有所差异。在热带气候条件下，纯的碳酸盐岩在强烈的水平溶蚀作用下形成陡坡峰林。白云质灰岩CaO含量和比溶蚀度降低了近一半，只相当于亚热带条件下的溶蚀强度，所以从形成开始，其水平溶蚀作用强度就不大。当平原上升的时候，侵蚀作用的形态显著，呈缓坡丘陵的形态；随着第四纪地面上升，山坡的坡度有所加大。白云质灰岩的质地均匀，颗粒较粗，风化作用强烈，其机械风化作用的程度比纯的碳酸盐岩大2.05倍（俞锦标和章海生，1988）。显然白云岩的抗风化的能力较弱，峰体表面都有白云沙覆盖。这种状态下，坡面将呈均匀降低的形式，形成直型坡。直型坡的侵蚀强度比较陡坡强烈得多，无论阳坡或阴坡，岩层倾角的差异，都有相同的坡成为圆锥状形态（图3-13），山坡没有明显的凸形坡和凹形坡的特点，实际上这是侵蚀地貌一种显著的特征。这些就是纯灰岩和白云岩基础上喀斯特地貌形成的差别，由于黔南地区的岩性大多属于纯与不纯之间的过渡类型，即岩性不太纯，故喀斯特地貌形态介于纯灰岩与白云质灰岩之间的过渡形态，所以在云贵高原东部多锥状喀斯特地貌形态。纯的碳酸盐岩地层和纯的白云岩地层硬度均很大，富脆性，裂隙构造的特点呈棋盘格状。杨明德等（1998）研究了三叠系永宁镇组（T_1yn）上的水文网结构（图3-14）后，认为侵蚀沟的形态或为菱形状。贵州典型的白云岩地貌的垂直投影呈圆形，显然与棋盘格状结构有关。杨明德等（1998）认为侵蚀沟的形态是“对生沟”，即一对相向生长的沟头最终交汇于垭口从而包割出一个圆形的锥体；而在三叠系的砂页岩中侵蚀沟为“互生沟”。在泥质灰岩地区可能以菱形状构造为主，多金字塔形地貌。“泥晶灰岩中发育金字塔形峰林”（俞锦标和章海生，1988），在普定与兴义地区都有典型的地貌存在。

图 3-13　贵州安龙地区白云质灰岩形成的锥状峰林

资料来源：中国地质科学研究院水文地质工程地质研究所，1976

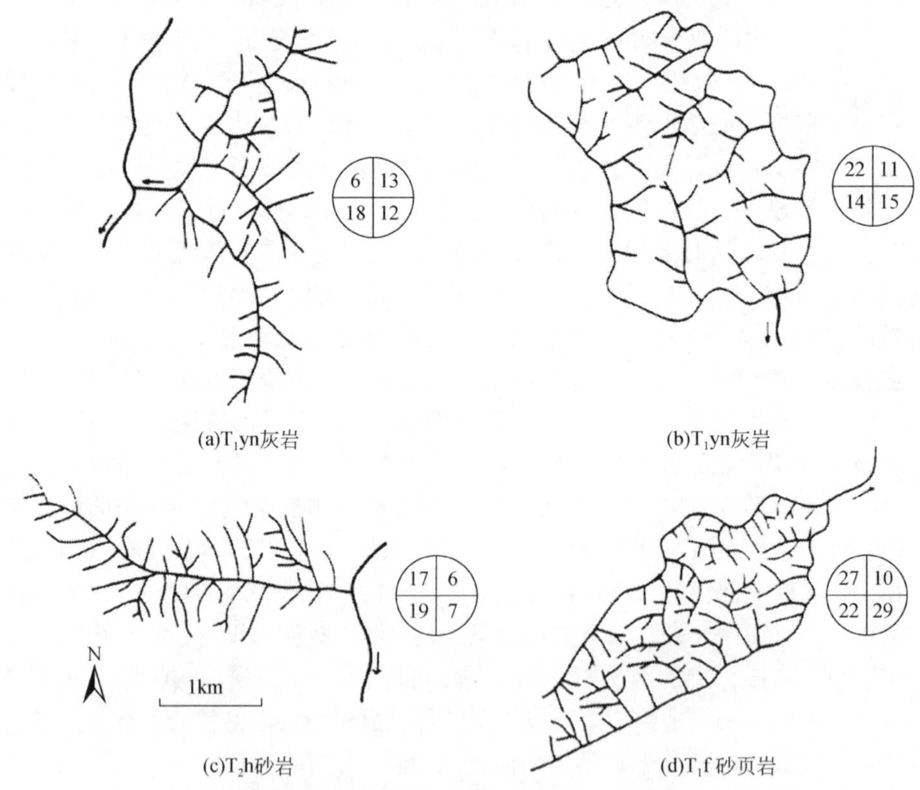

图 3-14　无洼地锥状喀斯特区与常态地貌区水流向量场结构差异

资料来源：杨明德等，1998

纯的碳酸盐岩与白云岩中的地下溶蚀差别较大，在纯的碳酸盐岩地区地下河非常发育；而纯的白云岩地区，地下河一般不发育。

（2）气候变化因素

上面研究了纯的白云岩中形成的圆锥状地貌，是贵州碳酸盐岩中溶蚀强度最小的一种，这种喀斯特地貌形态的变化不大。但在纯的和比较纯的碳酸盐岩中，发育的喀斯特地貌，随着气候的变化，其形态则发生较大的变异。因 CaO 含量的差异，溶蚀强度各不相同，所以在纯的灰岩区大都发育成峰林，随着 CaO 含量逐渐减少，渐显锥状地貌的特征。但是不论碳酸盐岩的纯度如何，贵州喀斯特地貌的坡度普遍比广西为缓，两地喀斯特地貌的图片一对比就非常清楚。在桂林，峰林的坡度一般在60°以上，贵州普定地区锥体坡度多稳定在35°～48°，很少超过60°，以40°～43°占优势，顺倾向坡与逆倾向坡的坡度无多大变化（俞锦标和章海生，1988）。熊康宁（1990）在水城地区测定坡度为45°～47°，称它为锥状峰林。

其原因，一般认为与气候演变有关。在新近纪喀斯特地貌形成之初，贵州处于热带气候条件之下。到了更新世，受构造上升的影响，地表气候由热带气候转变为亚热带气候，溶蚀强度降低，喀斯特地貌发育的方向被改变，形态也发生了变化，峰林的坡度变缓，任美锷称它为“残留峰林”（任美锷和刘振中，1983）。图 3-15 为贵州安顺地区山盆期地面上的残留峰林。

图 3-15　贵州安顺地区山盆期地面上的残留峰林

资料来源：中国地质科学研究院水文地质工程地质研究所，1976

更新世，高原处于亚热带气候条件下，溶蚀作用的强度更低了，由于侵蚀地貌的地带性特点不强，白云质灰岩的地貌发育继续沿着原有的方向发展，保持着圆锥形的特点。更新世构造运动的强度较大，在下切作用下，山地的剥蚀速度跟不上地壳上升的速度，所以山体的高度有所增加，相应的山体的坡度也有所增加，呈现出现在喀斯特地貌分布的特点。但是由于白云质灰岩的风化作用强度是纯的碳酸盐岩的两倍，剖面发育呈平缓下降的状态变化。锥峰坡度大多数为40°~48°，接近于侵蚀强度最大的临界值，所以剖面侵蚀的速度较桂林陡立的峰林大，因此贵州锥状峰林的高度较桂林的峰林低，坡度更缓。

在碳酸盐岩岩性较纯的地方，如在兴义万峰林地区的盆地之中，由中三叠统垄头组灰岩组成，峰林分布密度大，与桂林类似。实际上，可以看到其坡度较桂林峰林缓。只有溶蚀作用显著的地貌，才能充分反映气候变化的特点。例如，万峰林区域，有两个特点可以认为它是在热带气候条件下形成的：一是峰林的密度大，这符合纯的碳酸盐岩刚性的特点，断层、节理等密度大，在水平溶蚀条件下形成互不相连的峰林形态；二是坡度较陡，这是水平溶蚀作用强烈的表现，表明是在热带气候条件下发育的。第四纪地势迅速抬高，进入亚热带气候条件下，溶蚀强度迅速降低，尤其是水平溶蚀的强度降低，溶蚀平原、脚洞等形成条件逐渐丧失，崩塌等作用也不再存在，侵蚀作用的特征更加显著。峰林的坡形虽然仍较陡峭，但与桂林峰林相比，很明显从陡峭向变缓方向发展。

桂林和贵州的峰林分布特点也不同，桂林的峰林分布在流域的中、下游，现在还在水平溶蚀的条件下继续发展，是年轻的峰林；而贵州的峰林大多分布在高原面上和分水岭地区，主要形成于山盆期，是古老的化石峰林，处于剥蚀、退化阶段，即两地峰林的发展方向有异。

根据上述分析，本书认为广西和云贵高原上的喀斯特地貌在基础岩性、地貌形态、发育阶段、发育方向和气候演变方面都不完全一样，应该分别命名，不宜无条件沿用峰林与峰丛等名词。贵州的喀斯特地貌的名称不多，中国科学院地质研究所岩溶研究组（1979）曾以“丘峰”为名。但相比之下，锥状喀斯特名词也已成为黔南通用的名词，似乎选用“锥峰”（锥状峰林）和“锥丛”（锥状峰丛）作为云贵高原东部地区的基本喀斯特地貌术语较好。

四、双峰丛系统

在热带喀斯特地区，从新近纪至今，喀斯特地貌发育的历史是准平原向峰林和峰丛发展的历史，也反映了地壳上升是强度逐渐加强的过程，这是总的规律，而且可以认为峰丛是喀斯特地貌发展的最高阶段。同时，由于地壳上升强度的不同，河流动力过程的差异，峰林、峰丛在不同地域分布的特点也有很大的不同，具有区域的特征。

地壳快速上升的地区，在强烈的河流溯源侵蚀配合下，地貌切割度最大，发育了峰丛深洼地下河系统，下切深度达数百米之巨。这个地区的地貌发育过程与桂林盆地、均衡上升区域基本一致，但由于快速上升区地貌水动力过程与上述两个区域完全不同，高差大，河流纵剖面比降加大，有强烈的河流溯源侵蚀的特点，裂点上、下河流的动力过程不同，裂点以上基本保留着原来的河流纵剖面比降，因此也保留着原来的峰丛浅洼的地貌特征，成为化石地貌；而裂点以下河流纵剖面比降加大，进入一个新的发育阶段，形成新的地貌。因此一条河流上有几个裂点，就表明它经历了几个发展阶段。从河流上游向下游留下了几种不同发育阶段和不同时代的喀斯特地貌类型，呈准平原→峰林→峰丛浅洼→峰丛深洼排列，显示地貌过程在上游比较稳定。由于基准面不稳定，河流下游加速下切，显示从上游向下游的地貌过程也加速发展。这种河流地貌过程与基准面稳定区域河流的地貌过程不同，在基准面稳定的地区，河流的中、下游地壳运动相对稳定，所以地貌的变化也相对缓慢。而流域的上游由于地壳上升强度较大，河流纵剖面比降也相应增大，显示河流上游的地貌过程远远大于中、下游地区，正好与基准面不稳定地区相反。上述两地的地貌过程相反，因此形成的地貌类型排列顺序与地壳快速上升的地区也相反，杨明德（1985）称为“双向系统”。其实这只是问题的一个方面，即地貌形态分布形式的问题；它的另一方面与喀斯特地貌的发展方向是一致的，都是准平原（或剥蚀平原）→峰林→峰丛浅洼→峰丛深洼。这才是本质，这是地壳上升条件下的喀斯特地貌发展的规律。

快速上升区域，是河流下切最为强烈的地区。在整个新近纪漫长的时间内形成了三个地貌类型，即准平原（或剥蚀平原）→峰林→峰丛浅洼。当峰丛浅洼形成之后，宽谷平原诞生，第一个峰丛发展阶段告一段落。如果地壳没有进一步上升，这里只有一个峰丛循环。问题在于更新世地壳又一次更加强烈地上升，在宽谷平原丘陵（或峰林）地貌的基础上，下切达500m以上，形成了峰丛深洼系统。这样在一条河流上出现了两个峰丛的动力过程阶段，从而形成了两个峰丛系统，即峰丛浅洼和峰丛深洼。本书称它为双峰丛系统，其形成有一定的条件，不是在任何地方、任何时期都能出现。首先其仅仅发育于快速间歇上升的条件下，要有强烈下切的水动力条件，为河流的溯源侵蚀提供条件。其次还要有峰丛发展的空间条件，在峰丛浅洼阶段，河谷下游是宽阔的峰林剥蚀平原，这是峰丛深洼系统发育立地的基础。如果没有这个广阔的河谷平原条件，双峰丛系统将没有发育立地的条件。再次强烈的下切形成了反平衡剖面的特点，流水强烈下切形成了峰丛深洼地貌。

在云贵高原东部斜坡区域或宽缓背斜区域，也是基准面不稳定的区域，不具有双峰丛系统的特点，因为它具有均衡上升的特点，没有开阔的喀斯特平原的条件，喀斯特地貌只能在继承前期峰丛浅洼地貌的基础上发展，虽然发展过程和快速上升区域一样，但由于地貌叠置性发育，地貌发育从准平原开始向峰林、峰丛方向发展，且三者一体，呈继承性、叠置性方向发育。所以，其总的地貌特征是单一的峰丛地貌和地下河系统。在宽谷期虽然也发育成宽谷，但宽谷很窄，与贵州红水河大支流的宽阔的河谷平原不可相比，所以没有独立的新的峰丛发育的空间条件。在更新世，宽谷中也发育了深切的洼地和其下复杂的地下河系统，也就是说只有峰丛深洼的下半部分与云贵高原东部的双峰丛深洼循环系统相对应，由于两者都在宽谷中发育，所以它与上述峰丛深洼是同期异相。

在基准面稳定区域，如桂林盆地区域，峰丛分布在河流的上游，周围山地不管以多大速度上升，峰丛分布的位置不会变，峰丛发展的方向不会变，只能越变越深。其下游的峰林地貌可以在比降增大的情况下，进入峰丛的行列，但在地壳上升的条件下，峰丛不会变成其他地貌形态，地壳运动间歇期也只是暂时变缓了侵蚀溶蚀下切的速度，这时河流下游的平原得到了发展。由于基准面稳定，其后的地壳上升，在平原区域也是稳定的，没有强烈下切的特点。在桂林盆地中，宽谷期发育的地貌特点与河流下游的平原发展结合在一起，所以宽谷的特点就不明显；不是没有两个峰林期发育的特点，而是两个发育期基本上重合在一起，所以只能看到有一个峰丛系统。这两个峰丛系统发育的时间有巨大的差异，第一个峰丛浅洼系统从中新世开始到宽谷形成，经历了整个新近纪，从中新世起至上新世末，跨越的时间达 2000 万年之久。而第二个峰丛深洼循环系统开始于中更新世，至今不足 100 万年，仅及峰丛浅洼发育时间的 1/20。可见地壳运动的上升强度与喀斯特地貌的发育速度成正比关系。地壳运动上升强度越大，喀斯特地貌发育的速度也越快。

第四节　热带边缘喀斯特地貌

热带边缘喀斯特地貌位于云南高原南部，云南省的最南端，与老挝、缅甸接壤，处于横断山脉的南段，地势从东向西、从南向北逐渐增高；河谷深切，从西北流向东南，在两个河谷之间，准平原的形态保持较好，从西北向东南倾斜。本区属热带雨林和热带季雨林气候，有著名的西双版纳热带雨林自然保护区。本区处于北回归线之南，海拔大都在 1500m 以下，年平均温度达 18 ~22℃，年平均降水量为 1200 ~2400mm，年溶蚀强度达 76% ~85%，达到热带喀斯特地貌发育的标准。本区从南向北随着地形高度逐渐增高，北部和西部地区过渡为亚热带气候。

区域内碳酸盐岩地层分布较少，在西双版纳地区主要有两大片，其中在勐腊县中部，有 500km^2；景洪北部的澜沧江边，有 450km^2。据云南省地理研究所梁多俊和郭瑞祥（1990）研究，西双版纳地区喀斯特组成岩层属于石炭系、二叠系和三叠系，岩性较纯。地貌总特点是山间盆地分布较多，底部高程为 500～800m。

按照华南新生代地貌发育规律，深切河谷发育时代为更新世，因此西双版纳地区的两级剥蚀面应该都发育在更新世之前。其中，第一级剥蚀面上有古近纪地层，现在位于 1800m 高度，说明是在古近纪以后上升的。第二级剥蚀面广泛分布，高度为 1000～1300m。与第一级剥蚀面相差 500～800m。这个剥蚀面上的红色风化壳厚度达 10～15m，有的地方厚达数十米，说明当时富铝氧化的红壤化过程很强，按照地貌形成系列推论，有可能是在新近纪形成的，在长期处于准平原的条件下才有可能。

西双版纳地区喀斯特地貌有裸露型和覆盖型两种，裸露型分布于海拔 1000m 以上；裸露型喀斯特地貌在两级剥蚀面上的形态很不相同，在第一级剥蚀面上以低缓丘峰向溶丘演化，在海拔 1000～1300m 的第二级剥蚀面上，发育溶洼与峰丛（峰林），但形态与桂林的峰丛有异，呈溶丘状，高 100～200m，溶丘之间是椭圆形洼地，还伴有一些溶洞、地下河、天生桥等喀斯特景观。据梁多俊和郭瑞祥（1990）测试：在大勐龙热带雨林中测得森林凋落物达 11.61t/(h · hm^2)，比温带植物凋落物高 2～5 倍；在 100～200cm 深的土层中，CO_2 含量比温带的要高 2～5倍。如此高的溶蚀强度和土壤 CO_2 的含量，其纬度又比桂林还低，又处于热带雨林的条件下，为什么峰林和峰丛的特征与现在的热带气候条件下的桂林不同？这与西南季风的发展有关。西南季风是随着喜马拉雅山的隆起而发展起来的，喜马拉雅山隆起得越高，西南季风的强度也越大，这里的降水量也逐渐增多。在西南季风没有形成之前，这里距离海洋较远，降水量较少。所以从中新世以来，这个区域的降水量是逐渐增加的。西南季风的另一个特点是降水期比东亚季风区域晚，从 5 月下旬开始，到 10 月中旬才结束，表现为秋雨绵绵。10 月到次年 5 月为干季，表现为高温少雨。这种气候特点下，这里喀斯特地貌的发育有着与东部地区不同的特点。由于新近纪时期的降水量较更新世少，所以这里的峰林并不典型。峰丛洼地的特点也不如云贵高原东部那样发育。很多正地形具有常态地貌的特点，第二级剥蚀面上有厚层的风化壳分布，溶丘表面有石芽分布，高度不大，仅为 1.5～4m。喀斯特地貌的负地形以盲谷、溶槽和大洼地居多。上述特点说明，在第一级剥蚀面上以低缓的溶丘为主，而第二级剥蚀面上发育溶洼与峰丛（峰林），显示第二级剥蚀面时期的气候条件比第一级剥蚀面时期更为湿润一些。即使在第二级剥蚀面时期的气候条件也没有东部同时期那样潮湿。在海拔 600～1000m 之下是现代侵蚀溶蚀作用的地方，大河强烈深切，呈“V”形峡谷，是干燥的峡谷。

第五节　热基暖温带喀斯特地貌

热基暖温带喀斯特地貌大体位于东经110°以西地区，处于上述热带边缘喀斯特地貌区域的北部、热基亚热带喀斯特地貌区域的西部和亚热带喀斯特地貌带的西南部，分布在云南省的北部、西部和四川省的西南部，气候学上称为亚热带气候区。昆明位于本区的东部，具有四季如春的美誉。这个区域的年平均降水量达800～1000mm，降水规律与上述热带边缘喀斯特区域相似，都属于西南季风区域，海拔大都在1500m以上，昆明市在1800m左右；年平均温度为14～16℃，夏季温度不高，冬季比较温暖，从本书溶蚀强度研究中，发现这一带夏半年的溶蚀强度较低，为26%～40%，处于暖温带夏半年溶蚀强度值的上限，但年溶蚀强度较高，为40%～60%，属于亚热带喀斯特地貌发育的范围之内，是“冬暖夏凉”之地，由于降水主要在夏半年，所以现在地表地貌被暖温带的气候条件改造，以常态山地特征居多。这一点与热基亚热带区域有所不同，那里夏半年的溶蚀强度达40%～70%，夏半年溶蚀强度与年溶蚀强度都处于亚热带的数值之内。虽然现在气候学家认为这两个区域均属亚热带气候，但本区由于夏半年溶蚀强度已属暖温带气候，尤其是在楚雄以西以北地区，年溶蚀强度已降低到暖温带的范围之内，所以称它为热基暖温带喀斯特地貌比较合适。这一点与气候学的称呼不完全一致。

这个区域的东部是珠江的源头，与长江和澜沧江的分水岭地区；北部是长江峡谷；西部是澜沧江峡谷。但珠江的源头，现代溯源侵蚀尚未到达，是古老准平原保存最好的地区，尤以弥勒和南盘江分水岭地区最为典型（图3-16）。地面起伏和缓，其上分布着缓浅的喀斯特洼地、漏斗和落水洞，并有残存的喀斯特湖和准平原被剥蚀后出露的石林，偶有50m左右的丘陵。这些准平原在新近纪末抬升之前，属热带气候，在昆明附近发育有很厚的铁质砖红壤型古风化壳；在金平老岭和大围山2300m的夷平面上，丽江玉龙山3000m的高度上都残留有古近纪的热带植物。

在昆明以东地区，海拔1800m左右的剥蚀面上，分布有喀斯特丘陵、洼地，高度一般在50m左右，喀斯特丘陵之间是宽阔的河谷平原或盆地。

本区最大的亮点是石林。石林在我国西南地区分布较广。石林主要发育在新生代厚层风化壳之下，在水平分布的纯的碳酸盐岩区域，且有良好水分条件的地区。热带气候下溶蚀作用强烈，是石林发育的最佳气候条件。昆明附近的石林是在热带气候条件下发育，亚热带和暖温带气候条件下出土①，具有世界上最优的形成环境和最适宜的出露条件。因此我国的石林成为世界之最。

① 出土意为这种形态在地下已经形成，后来其上土层被侵蚀后显露出来。

图 3-16　云南罗平地区高原期岩溶剥蚀面

资料来源：中国地质科学院水文地质工程地质研究所，1976

地壳抬升，但溯源侵蚀尚未到达，更新世地面间歇性上升加剧，剥蚀作用加强，沉睡在地下的石林逐渐阶段性出露，如阿诗玛成像景观的年代约为 40 万年前，大石林形成年代约在 15 万年前。现有的石林年代最老的达 80 万年左右，还有一些地方的石林尚未出土（陈安泽等，2011）。石林切割很破碎，应该有利于溶蚀侵蚀的作用。但另外由于石林的坡度较陡，有效受雨面积很小，因此降低了侵蚀溶蚀的作用，且岩性坚硬，抗风化能力较大。现在气候条件，特别是夏半年的气候条件只相当于暖温带的水平，溶蚀强度为26% ~40%，这对石林的保存是很有利的。另外风化、侵蚀强度虽达60%左右，但在昆明石林地区气温日较差和年较差相对较小，因此温度差异形成的热力机械风化作用也相对较小。这也是石林地区保持景观美丽的条件之一。尽管世界上石林分布的地方很多，从热带到温带都有，但发育条件和保持条件最好、景观最美丽的就数云南石林。

并不是热带、亚热带地区，在准平原形成时期都有形成石林的条件，现在良好的石林分布区域，都在纯的碳酸盐岩地区，岩层厚度较大，产状水平，还具有很好的保水条件，为溶蚀的发展创造了有利的条件，平坦的剥蚀面或缓浅的盆地是比较理想的条件。

上述石林的年代最老为 80 万年左右，也就是说在中更新世出世。这和地壳强烈上升有关，准平原在上升作用下，侵蚀作用加强，地表风化壳被剥蚀，地下的溶蚀残余——石林出露地表。石林的发展时期（暴露于地面的时期）在地表风化层剥蚀过程中，只要地面坡度变化不大，就能保持石林的发展。如果地面坡度变化较快，地表侵蚀作用强烈，沟谷得以形成和发展，对于个体非常瘦弱的石林来说，是一个破坏性因素，石林开始进入死亡的时期。准平原在上升的条件下，也就是峰林开始形成的时期，石林与峰林同时成长，但当地面坡度加大，沟谷形成，地面被切割，峰林雏形初现，石林却开始进入死亡时期；一旦峰林成形，石林就基本消失，所以石林与峰林同步而生，而在峰林发展过程中死亡。

第四章　中国热带喀斯特地貌发育特点

在华南，热带喀斯特地貌分布地区较广，西起青藏高原，经过横断山脉，向东沿着北回归线，一直延伸到广东。在横断山脉以西，现在主要是高山雪原；其东珠江贯穿东西，华南丰富多彩的喀斯特地貌主要分布在珠江中、上游的红水河流域。

第一节　华南喀斯特地貌分布的研究概况

按照戴维斯侵蚀轮回学说的观点，我国喀斯特地貌的发育都是峰丛→峰林→平原的发展顺序。《中国岩溶研究》提出了西江流域岩溶演化图式（图4-1），并建立了西江流域滇东至桂东地貌剖面图（图4-2），指出：岩溶形态演化的动力是水动力条件，演化的方向受新构造运动支配。在地壳上升运动强烈地区，早期的剥蚀面（即古溶原）被抬升到一定高度后，进入以垂直渗流作用为主的阶段，古溶原解体，其演化方向是古溶原→溶盆→溶洼。裂点区域以下的河流中、下游地区，演化方向为溶洼→溶盆→溶原。在裂点以上的喀斯特地貌的发育过程与戴维斯侵蚀轮回学说的观点正好相反，而裂点以下的喀斯特地貌演变过程与戴维斯侵蚀轮回学说的观点一致。

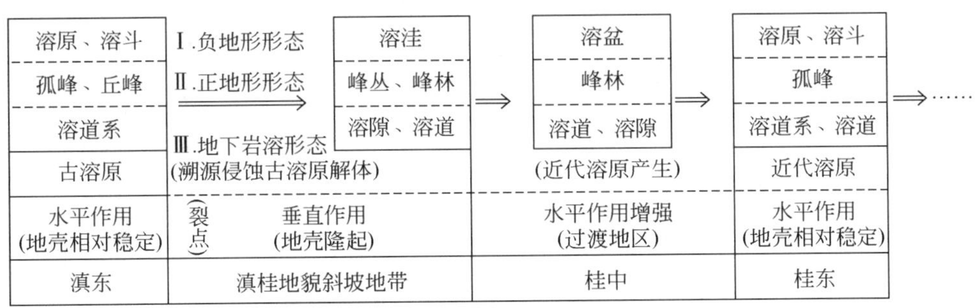

图4-1　西江流域岩溶演化图式

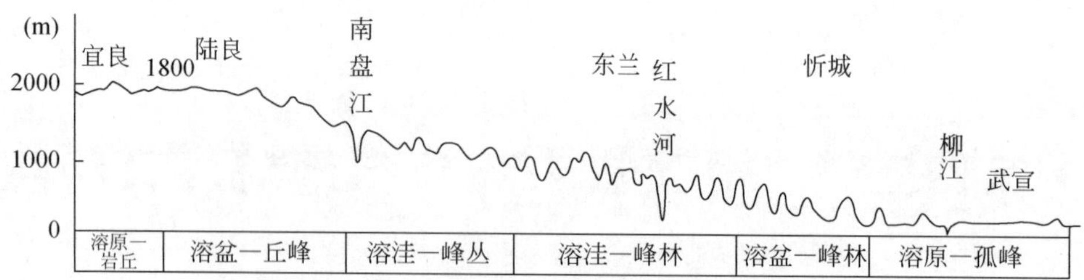

图 4-2　西江流域滇东至桂东地貌剖面图

资料来源：中国科学院地质研究所岩溶研究组，1979

朱学稳（1991b）认为峰林地形与河流发育的水文地理特征相对应（图 4-3），即峰丛洼地地形大面积发育于河谷深切、地下水位深埋的云贵高原斜坡区。而峰林平原地形分布于流域内的“两极”，即区域大的分水岭地段和河流下游区。由此可见，地下水位埋藏深度具有指导峰丛洼地或平原发育方向的功能，而这一机制又与新构造运动的升降性质及其活动幅度和速率联系在一起。

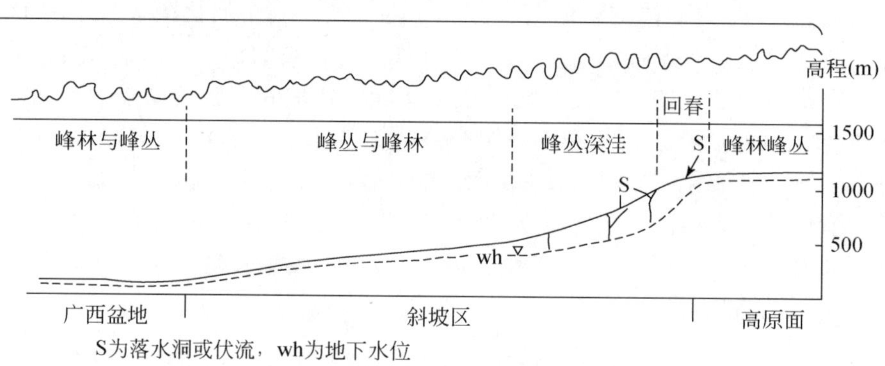

图 4-3　广西盆地至贵州高原的河流坡降与峰林地形的关系

资料来源：朱学稳，1991b

《黔南岩溶研究》（高道德等，1986）一书，从控制岩溶发育的岩性、地质构造和水文网因素出发，提出了黔南岩溶发育模式：溶原阶段→溶丘谷地阶段→峰林谷地阶段→峰丛深洼阶段的发展模式。有趣的是该书主要作者张世从在《中国岩溶》1984 年第 2 期上发表了《黔南岩溶发展规律的探讨》一文，发育模式与上述书中的提法完全相反，是戴维斯的观点，即峰丛向峰林、溶原阶段发展。看来在该书的写作过程中，作者改变了主意。

潭明（1993）认为世界上最为典型的云南石林喀斯特指示流域上游高原断盆覆盖型风化剥蚀为主的环境过程动力；世界上最为典型的贵州锥状喀斯特指示流域中游山原斜坡裸露型流水侵蚀为主的环境过程动力；而世界上最为典型的广西

塔状喀斯特指示流域下游平原低地堆积型溶蚀崩塌环境过程动力。

王世杰等（2015）认为这三地（广西盆地、云贵高原东部和滇东高原）岩性和大地构造条件差异不大，气候是这三地喀斯特地貌形态差异的主要原因：昆明准静止锋以西的滇东高原为干湿季交替的西南风气候区，降水量较低，以常态山为主；以东的贵州高原和广西丘陵平原为东亚季风气候区，降水量大，溶丘地貌以锥峰和塔峰为主，其中广西丘陵平原降水量大于贵州高原，前者溶丘地貌以塔峰为主，后者以锥峰为主。

纵观以上论述，各位学者都是从不同的喀斯特地貌发育过程讨论红水河流域喀斯特地貌的分布与演变。

第二节　红水河流域喀斯特地貌演变的特点

任何一种喀斯特地貌的形成与演变，均是构造与构造运动的特点、气候因素和流水作用等多种因素综合作用的结果。喀斯特地貌的形成与演变首先取决于构造运动的特点和强度，不同构造运动强度形成不同的地貌形态，其强度使地形的高度和气候特点发生变化，决定了喀斯特地貌的气候发育过程，也影响着河流的发育与演变，溯源侵蚀的特点作用于形成特殊的地貌形态和演化过程。众多的因素作用下形成了复杂的喀斯特地貌，为了深入研究，下面将分别讨论各种因素在红水河流域喀斯特地貌形成中的作用和特点。

（一）构造与构造运动对喀斯特地貌形成的作用

现代热带喀斯特地貌主要起源于新近纪，随着青藏高原的间歇升起，其东的阶梯状地貌逐步形成发展，这个变化过程可以分为两个阶段：新近纪是缓慢发展阶段，青藏高原的上升强度大约为0.04cm/a；第四纪为快速上升阶段，青藏高原的上升强度达0.1cm/a。随着青藏高原的隆起，高原以东地区的地形也呈阶梯状上升。虽然高度没有青藏高原那么大，但同步呈现由慢转快的变化特点。在这种条件下，华南热带气候区域，新近纪喀斯特地貌处于缓慢发展阶段，峰林平原、峰丛浅洼依次形成发育；在第四纪为快速上升阶段，发育为峰丛深洼。所以，现在峰丛洼地遍布华南各地，从粤北山区一直到云贵高原，都可见到其踪影。这表明华南地区，从新近纪以来，地壳的上升，在喀斯特地区经历了由水平循环转变到垂直循环的阶段，这是华南喀斯特地貌形成的主要特点，所以依构造地貌的观点，现代华南喀斯特地貌主要处于峰丛洼地的发育阶段。

在地壳上升强度不大的第三阶梯上，平原处于临时侵蚀基准附近，地壳相对上升和下降，形成了地貌发展方向的变异。这是一个非常重要的条件，当地壳轻微上升时，地貌为剥蚀平原，喀斯特地貌发育的方向与上述桂林盆地中喀斯特地貌发育的方向一致；而地壳相对轻微下降的地方，以堆积平原为主，桂东喀斯特平原为典型的代表；零星的残丘分布在广阔的堆积平原之上，人们才明白这是埋藏的喀斯特平原，所以在桂东地区具有峰林向平原发展的模式。事实上，这种情况产生在广西东部、广东等地。因此在河流的下游，凡是在地壳上升的条件下，不管强度有多大，喀斯特地貌的发育过程都是：平原→峰林→峰丛；只有在地壳相对下降的区域，喀斯特地貌的发育过程才有可能是：峰林→平原。在河流的下游地区，喀斯特地貌出现两种发育方向，这给研究喀斯特地貌演变提供了正向发展和反向发展的实例。在红水河中上游当前喀斯特地貌总的发展方向处于上升发展之中，主要地貌类型为峰丛。

（二）气候变化对喀斯特地貌形成和发展的影响

气候变化的原因多种多样，对于中国东部地区来说，主要原因之一与青藏高原的上升有关。喀斯特地貌对气候变化极为敏感，在热带喀斯特地区，随着青藏高原的强烈上升，气候发生了相应的变化，从东向西由热带向亚热带、温带和寒带气候变化，喀斯特地貌的发育过程也相应地随着变化。这使华南热带喀斯特地貌有两个概念：一是沿北回归线分布的喀斯特地貌，统称为热带喀斯特地貌，以新近纪的峰林和峰丛为代表，第四纪由于青藏高原的强烈上升，温度随着地形高度的变化而相应下降，因此喀斯特地貌处于不同程度的退化发育阶段，形成热基喀斯特地貌系列。二是现代热带喀斯特地貌，以现代峰林和峰丛继续发育为特点，仅限于广东和广西等地。

现在华南西部，年平均温度和降水量与相应的气候地带——亚热带、温带等具有相似的特点，溶蚀强度的分布规律也基本一样。所以非地带性的标准与地带性的标准一样，但这里的喀斯特地貌的形成和发展规律，与亚热带和温带等地带性特点有非常大的差异。其原因在于中国东部喀斯特地貌形成、发育在不同的气候带条件下，喀斯特地貌形成的起始气候条件不同，因而有热带、亚热带喀斯特地貌和温带喀斯特地貌的差别。但在南岭和苗岭以南地区，新近纪为热带气候，发育热带喀斯特峰林、峰丛地貌；当青藏高原间歇性地隆起，尤其是更新世强烈隆起，热带喀斯特地区发生了强烈的高度分化，出现了非地带性发育规律，使华南热带喀斯特区域，东西部的气候条件产生强烈的差异，出现非地带性的亚热带和温带等气候特征。但这里的喀斯特地貌是在热带峰林、峰丛基础上发展起来的，尤其是更新世气候条件的强烈变化，原有的峰林、峰丛因发育的条件变化，也改变了发展的方向，产生了热基亚热带喀斯特、热基温带喀斯特等非地带性规律。这就是和我国东部地带性的亚热带、温带喀斯特地貌形成与发展规律，以及喀斯特地貌形态的不同。随着温度的降低，其从东向西的气候特征由热带、亚热带、温带以至发展到雪域高原，溶蚀强度也依次降低，特别是水平溶蚀强度的降低，机械风化作用的增强，使原有的峰丛与峰林地貌的坡度逐渐变缓、高度降低，从而使地貌形态的演化进程发生变化。以峰林而论，从云贵高原以东的广西塔状峰林到贵州演变为锥状峰林。峰林的高度，在广西可达200m左右，贵州东部高的可达100多米，一般达60～70m，到昆明附近不及50m，芒康的较低，这就是新近纪的峰林地貌在后来的气候变化中发育变化的特点。虽然有些地方的气候条件已演变为类似亚热带或温带，其现代溶蚀强度指标也与亚热带或温带完全相同，但这一带喀斯特地貌并没有沿着亚热带或温带喀斯特地貌的模式发展，原因在于这些变化过程是在初始形成的热带地貌的条件下进行的，由于前期地貌对后来演变的深刻影响，虽然同样受到亚热带和温带气候的影响，其喀斯特地貌发育过程与典型的亚热带和温带喀斯特地貌的演变过程有很大的区别，所以把它称为热基喀斯特地貌。

随着青藏高原的隆起，我国东部的季风和云南高原的西南季风也随之加强，所以从新近纪以来华南的湿润度有所增加，但现在降水量从东向西逐渐减少的特点也同时存在。这种特点导致青藏高原以东非地带性地貌特点的形成，所以这里的气候变化，主要是温度的变化导致喀斯特地貌发育特征的改变。如果说在构造上升的条件下，红水河流域都进入峰丛的发展阶段，但在气候因素的作用下，红水河流域的喀斯特地貌分化为两个类型，在广西为峰丛，保留着热带喀斯特地貌的本色；在云贵高原东部则为锥丛，古热带气候演变为亚热带气候，峰丛蜕变为锥丛。

（三）河流溯源侵蚀对喀斯特地貌发育的影响

第四纪时期，青藏高原强烈上升，地面倾斜度增加，导致珠江干流红水河的形成，陈文俊（1988）认为红水河形成于中更新世早期，其形成促使了珠江流域的形成，并开始了强烈的溯源侵蚀。现在溯源侵蚀的前锋到达云贵高原的东部边缘，红水河的中游。陈文俊的观点指出第四纪强烈的溯源侵蚀和峰丛深洼的形成，但红水河形成可能还要早一些，从苗岭南坡发育的红水河支流上，裂点不止一个，在峰丛深洼上游的浅洼区域也有，因此笔者认为红水河在上新世已经形成。红水河上游地壳上升量较大，但河流切割强度较小，下切深度不大，而且越往上游切割深度越小。这种特点与地形特点不一致。地形特点是从东往西地形逐渐升高，但河流切割深度却是中游最大。由于河流切割程度的不同，河流上、下游的地貌发育特点也迥然不同。上述在气候的作用下形成了两个类型，即峰丛和锥丛。第四纪河流强烈溯源侵蚀作用和河流上、下游水动力作用的差异下，地貌又发生了新的特点，这使华南喀斯特地貌形成了更复杂的系统。强烈溯源侵蚀河段，是河流下切深度最大的地方，也是地下河埋藏最深的地方，从而形成了举世无双的峰丛深洼地下河系统。红水河流域的下游为深洼地下河系统和峰丛浅洼地下河系统，它的上游为锥丛浅洼和锥峰谷地。如果将下游地貌延伸到平原，上游包括准平原在内，那么从下游向上游，整个红水河流域喀斯特地貌分布系统为：剥蚀平原→峰林盆地→峰林谷地→峰丛洼地→峰丛深洼←锥峰浅洼←锥峰谷地←准平原残余，这个系统就是在构造的基础上，气候和河流作用等综合作用下喀斯特地貌的分布规律。

第三节　从我国热带喀斯特地貌发育看戴维斯侵蚀轮回学说

戴维斯侵蚀轮回学说已有130年左右的历史，引入中国也已近一个世纪，但与中国喀斯特地貌研究相结合，形成中国喀斯特地貌循环的观点，建立起峰丛向峰林再向平原的发展学说，始于20世纪50年代，因为此时我国系统的喀斯特研究和建设才开始，峰林、峰丛等名词也是在这个时候建立的。时至今日，大规模的建设积累了十分丰富的经验。由于对戴维斯侵蚀轮回学说的理解越来越深刻，笔者对其中两个问题发表如下看法。

一是喀斯特地貌发展阶段，戴维斯侵蚀轮回学说中有三个阶段，转化成中国喀斯特地貌系统为峰丛、峰林和平原，发展方向为峰丛→峰林→平原。杨怀仁（1981）指出，戴维斯的侵蚀轮回学说，含有一次上升、长期稳定的错误。事实上，地壳运动是有阶段性的，地壳上升过程中，并不是一次上升，从桂林盆地喀斯特地貌发育过程的典型分析中可以发现，在地壳上升的条件下，经历了准平原→峰林→峰丛三个发展阶段，具有三种喀斯特地貌形态，其中峰丛是集三个发展阶段的大成，峰丛的结构就告诉我们，是平原→峰林→峰丛的演变过程。这一点在戴维斯侵蚀轮回学说中是缺失的，因而形成只有结果（峰丛）没有过程（峰林向峰丛演变）的错误，将整个上升阶段看作峰丛发展阶段，在此基础上形成的喀斯特地貌循环公式为峰丛→峰林→平原。这个公式实际上是地壳下降条件下的地貌发育公式，所以喀斯特地貌循环公式是不完整的喀斯特地貌发育公式。因此根据这个公式讨论的是将来的地貌演变过程，与当前的地貌发展过程和新近纪以来的喀斯特地貌发展过程毫无关系。

二是喀斯特地貌发育过程，按照戴维斯侵蚀轮回学说，把地貌的发育过程和相对年龄称为青年期→壮年期→老年期，认为峰丛是青年期的特征，峰林是壮年期的特征，平原是老年期的特征。把地貌的发育过程定为青年期→壮年期→老年期，很显然，这同样存在忽视上升时期喀斯特地貌发育的阶段，因此把峰丛认为属青年期的特征是不合理的，按照地壳上升期间，喀斯特地貌发育的规律，峰林才是青年期的特征；实际上，峰丛应该是壮年期的特征，也是上升时期的最高阶段，还是地壳下降过程的开端。把峰丛作为青年期的代表，这也可以证明喀斯特地貌相对年龄的公式不符合地貌发育的事实。同样，喀斯特地貌循环公式中的峰林是地壳下降过程中的产物，是由峰丛蜕变而来的也是不符合实际的。本书在上面的讨论中，以及一些学者关于喀斯特平原、峰林和峰丛的演变特点，进行了较多的阐释，证明峰林是地壳轻微上升的条件下形成的，形成在峰丛之前。以桂林地区的峰林为例，处于地壳轻微上升的地区，其峰林的特点是矗立在剥蚀平原之上；如果说在地壳下降的条件下，峰丛蜕变为峰林，最现实的情况是深达数十米甚至数百米洼地被充填，剩下矗立地面的峰林，这种情况，峰林之间不是剥蚀平原，而是堆积平原。这就是两种峰林的特征。其实，还可以设想多种峰丛蜕变为峰林的理由，但不管怎样，它们的特点是不会相同的。任何地貌类型都有形成、成长和死亡的过程，因此确定某一地貌类型，不管它的特点怎样，笼统地将某种地貌确定为某个发育期是不可取的。

笔者认为，从中新世以来，喀斯特地貌的发育，历经了准平原→峰林→峰丛阶段，现在是处于发展的最高阶段——峰丛深洼阶段。这些观点孰是孰非的关键在于，现在的地壳运动处于什么状态，这是检验谁是谁非的唯一标准。整个新生代地壳处于上升状态，还是稳定或下降状态？如果地壳处于上升状态，那么喀斯特地貌的发育过程应该是：准平原→峰林→峰丛。如果地壳处于稳定或下降状态，那喀斯特地貌的发育过程应该是：峰丛→峰林→准平原。

现代地壳运动的实际情况是与青藏高原上升息息相关，从新生代青藏高原开始上升以来，一直到现在没有停止过，而且其上升强度在不断加强。只要印度板块继续向北推进，喜马拉雅山、珠穆朗玛峰就会继续升高，那么青藏高原及其东部的各级地形阶梯还会受其影响继续上升。喀斯特地貌的发育模式将沿峰丛发育的方向继续发展，进而向更高一级的峰丛深洼或深洼地下河阶段发展，使喀斯特峰丛的发育处于巅峰状态，这使得喀斯特地区的生态环境、生产条件将进一步恶化。在目前的条件下，青藏高原上升过程尚未终结，我国绝大多数喀斯特地区还看不到这种上升模式及其发展过程的终结。只有局部地区，如广西东部及广东，以及下龙湾等那些下降的地区，可以看到峰林向孤峰平原发展的迹象。中国大多数地区的喀斯特地貌，在这种地壳不断上升运动的背景下，要论证现在喀斯特地貌是由峰丛向峰林再向平原发展方向是脱离现实的，是一种空谈。人们只记住青年向壮年再向老年发展的规律，弄不清现在喀斯特地貌发育的环境，这就是问题所在。

依据戴维斯侵蚀轮回学说提出的喀斯特地貌的循环论，在喀斯特地貌初创阶段，用来作为喀斯特地貌的相对年龄，对喀斯特地貌研究起过一定作用，随着研究的深入，这种简单的公式，已不能圆满地解释各种喀斯特地貌的形成和发展问题，根据现在研究结果，每种喀斯特地貌类型不是一成不变的，都有独特的发展过程和演变规律，都有形成、发展和死亡的过程，因此把某种喀斯特地貌定为属于一定的青年、壮年和老年特征是不科学的，随着时代的发展，研究的深入，已有多种比较正确的绝对年龄测量方法，这种相对年龄的表示方法已不能适应表达喀斯特地貌的演变过程。

根据以上论述，本书认为从新近纪以来我国喀斯特地貌发育的特点是：第一，现在的喀斯特地貌从新生代发展以来，至今已经演化到了发育的最高阶段——峰丛阶段。历经准平原、峰林和峰丛深洼方向发展，仅仅处于戴维斯侵蚀轮回学说的第一阶段，地壳上升阶段，至今尚未结束。第二，在这个上升过程中地壳运动是间歇性的，而且上升强度在逐渐增强，所以地貌的发展强度是逐渐增加的过程，在起始时期强度较小，形成峰林；后来地壳运动的强度加大，形成峰丛。这样，热带喀斯特地貌区域，在地壳间歇上升的条件下，喀斯特地貌的发展方向为喀斯特平原→峰林→峰丛，这与新近纪以来地壳上升的特点相符合。

第四节　喀斯特地貌发育已接近顶峰

在新生代，特别是第四纪时期，喜马拉雅山以巨大的速度上升，造成没有足够厚的山根以支持山体上升所需要的均衡力量。据两次测量结果，珠穆朗玛峰和喜马拉雅山脊地带的地壳厚度只有55km，而按照理论计算（以7000m高度的地形负荷计算），珠穆朗玛峰之下的地壳应有85km厚，两者相差30km，喜马拉雅山脉显然处于严重的重力补偿过剩状态。按照均衡理论，喜马拉雅山应该大幅度下降（中国科学院青藏高原综合科学考察队，1983）。这种形势意味着地壳运动处于大转变的前夜，一旦上升运动转变为稳定，那将会出现大幅度下降的形势，从而带动周围地区大幅度的下降，这时将是我国喀斯特地貌进入稳定或下降的发展时期。在这种形势下，流域内的地形高差将逐渐减小，河流比降也逐渐向和缓方向发展，水动力作用及其造貌过程也将发生相应的变化。

喀斯特地貌的发育是以水为动力的。本书强调流域是喀斯特地貌的生存系统，在地壳上升过程中是如此，在地壳稳定或下降过程中也应该如此。地壳的升降，首先导致基准面的变化，这是喀斯特地区最为活跃的因素。基准面的变化引起流域内水动力条件的变化，地貌的变化将按照河流纵剖面比降和水动力条件的变化而变化。喀斯特地貌的演变不会越过这些条件创造什么新的地貌来。

云贵高原及黔南地区在高高的山地下部、深深的河谷地区，当地壳长期稳定时，首先要把300～500m深的峰丛深洼夷为平地。朱德浩（1985）认为即使地壳运动能在一较长的时间内保持稳定，外营力作用也难以或无法将整个峰丛区夷平。本书认为地貌的上升发展与下降演变都是在构造运动的前提条件下进行的。外营力只是在内营力的基础上活动。地块下降，沉积物充填，不失为一种可能使峰丛向峰林、残丘剥蚀平原过渡的方式。但不管哪些方式，在贵州高原区域，当下面峰丛深洼的水位上升的时候，对它上层的峰丛浅洼地貌的影响可能很小，因为峰丛深洼地区比降太大，水位上升一点，影响的距离不大。直到剥蚀或堆积作用到达峰丛浅洼地貌边缘时，才有可能开始峰丛浅洼地区的改造工作。这种情况的演化方式是峰丛深洼向峰丛浅洼、峰林、剥蚀平原方向演化。

峰丛向峰林、残丘平原演化的例子，有可能在桂林、桂东、广东等地首先看到。那里是基准面稳定或轻度下降区域，也是低山丘陵区域，地势高差不大。如果地形转为轻微下降，像桂林盆地内，深切的古漓江水系那样，在新近纪形成，至第四纪初切割深度比现在第一级阶地低 50～60m，之后在第四纪时期被黏土、砾石等疏松物质覆盖，形成一条宽 2～3km、厚约 50m 的带。沉积物的古地磁年龄为60 万～73 万年，沉积物的下部属早更新世，其厚度为20 多米，其上部属中更新世，厚度为40 多米。在柳州也有类似的深谷（刘金荣，2004）。

在桂林以东地区，残丘剥蚀平原被不同深度的沉积物覆盖：在贺州峰丛洼地曾被白沙统充填，白沙统是早更新世的产物；有的地区，低山顶部的洼地中有河流堆积；广东肇庆的峰林耸立在冲积层之上；下龙湾喀斯特地貌的基部下沉在海平面以下。所以本书认为地块下降、沉积物充填，这种特点是存在的，这些都说明地壳的下降带来沉积物的沉积成为下降区的特点。这是一种改变峰丛、峰林残丘剥蚀平原发展方向的可能方式。

在河流正常纵剖面区域，如桂林盆地，如果地壳下降，河道发生沉积，那么影响最大的地方是河流下游的孤峰平原地区，那里河流纵剖面比降很小，沉积范围很快从下游向中游推进，中游的峰林地貌有可能发展到峰林堆积平原。但就处于河流上游、高高在上的峰丛来说，不一定很快就受到影响。由于河流纵剖面比降较大，溯源侵蚀或溯源堆积的速度大大减小。如果说地壳长期不断下降，受峰丛堆积作用的影响，最后也会像桂林以东的贺州市那样峰丛间的洼地被第四纪初期的白沙井填没，演变为峰林，以至演变为孤峰平原。这种现象不仅在第四纪出现，在桂林附近洼地中有三叠系和白垩系等沉积物，说明这些洼地在三叠纪和白垩纪之前已经存在。因地壳下降洼地被充填的例子分布在不同的地质历史时期。这些例子说明，准平原的形成，一定是与地球表面大面积下降的条件相配合，使地表起伏变得和缓的前提下形成的，仅仅依靠剥蚀作用，把高山高原夷为准平原的可能性极小。

第五章　亚热带喀斯特地貌——发育半充分型

亚热带喀斯特地貌的南界为南岭—苗岭一线，北部界线为秦岭—淮河一线，其大致位于北纬25°～34°，年平均温度为14～18℃，年降水量为800～2000mm，主要包括长江流域和淮河流域。

亚热带喀斯特地貌的动力因素中溶蚀作用与侵蚀作用基本上处于相等的地位。正地形以缓丘和丘丛为特征；丘丛间也有众多的洼地，但主要以浅洼为特色，浅洼底部为农耕之地；地下河众多，由于溶蚀强度减小，喀斯特发育不充分，槽谷和地表水系比较发达。亚热带喀斯特地貌是发育“半充分”的喀斯特地貌系统。

根据夏半年溶蚀强度分布特征，在亚热带地区可划分为两个亚带。亚热带地区的南部，在武汉、长江一线以南地区，称为南亚热带喀斯特地貌带。该地区夏半年温度稳定在24℃左右，夏半年降水量在900mm左右，夏半年溶蚀强度为50%～55%，这些指标的分布都很稳定，梯度很小，分布比较均匀。整个区域的夏半年溶蚀强度仅及桂林溶蚀强度或热带溶蚀强度的一半。其中，南亚热带喀斯特地貌带，年溶蚀强度仍保持较高的水平，达60%～70%，高出夏半年平均溶蚀强度15～20个百分点，表明南亚热带地区，在冬半年地下溶蚀仍有较高的能量。这些特点，使南亚热带喀斯特地貌带形态比较一致，地下河也比较发育。

在武汉、长江一线以北，与秦岭—淮河之间，情况大有不同。夏半年的平均温度比长江以南骤降6℃左右，夏半年降水量减少200mm，溶蚀强度减少10个百分点，最低仅为40%，主要指标都迅速减小，向暖温带过渡，称为北亚热带喀斯特地貌带。在长江与秦岭之间很短的距离内，喀斯特形成的有关指标迅速降低，使地表地貌的特点也发生显著变化，常态地貌的特征趋于明显。其年溶蚀强度变化较大，没有夏半年溶蚀强度那么稳定。长江以北地区，向暖温带的过渡带上，年溶蚀强度与夏半年溶蚀强度一样，迅速下降，在秦岭—淮河线上与夏半年溶蚀强度线相交。这时溶蚀强度仅为40%左右，表示全年的溶蚀作用主要在夏半年进行。冬半年的溶蚀作用，在长江以北已变得很小，年溶蚀强度线如此大的变化，表明在北亚热带（过渡带）地下溶蚀强度迅速减小，地下河和洞穴的数量锐减，地下溶蚀作用的减弱，使地下溶蚀空间总体上越来越小，它吸引地表水下渗的量和速度也相应减弱，降水转为地表径流为主，导致洼地形成的条件越来越差。《中国岩溶研究》认为亚热带的北界成为洼地形成的终点。可见这条中国南北气候界线的重要性，其也成了亚热带和温带喀斯特地貌的分界线。所以在新生代喀斯特地貌发育的时期里，凡是有喀斯特洼地分布的地区，可以认为是某个时期亚热带气候带曾到达这个地区。

在亚热带喀斯特地貌带的西部，受青藏高原上升的影响，形成了一个亚热基温带和亚热基寒温带喀斯特地貌带等非地带性地貌带。由于受四川盆地下降的影响，亚热基温带喀斯特地貌带比较窄，所以这里亚热带喀斯特地貌带几乎直接与亚热基寒温带喀斯特地貌带相接。

亚热带区域，仅及桂林的 50% 左右的溶蚀强度表明，溶蚀强度的降低，已充分反映在地貌的形态特征上。所以很多学者把亚热带喀斯特的特点称为侵蚀溶蚀性喀斯特。在侵蚀作用和溶蚀作用的总量中，溶蚀作用的量已明显减少，不再占有优势，溶蚀强度与侵蚀强度处于相等的状态，所以称为发育半充分型。这种情况下，对地下喀斯特地貌和地上喀斯特地貌的发育过程将会产生很大的影响，亚热带喀斯特地貌发育的动力过程的变化，形成了与热带喀斯特地貌迥然有别的亚热带喀斯特地貌形态。

第一节　亚热带喀斯特地貌形成的古气候因素

在中生代白垩纪漫长的地质时期中，我国华中地区，即现在的亚热带喀斯特地貌区，受副热带高压控制，属炎热干燥的气候，气温远比今日高。古特提斯热带海水的表面温度约达 42℃，比现今高 17℃多。热带与极地之间温度梯度平缓，造成行星风系的虚弱。赤道地区的特提斯海，有助于全世界暖化，在阿拉斯加和格陵兰发现的植物化石，都说明白垩纪相当温暖。气温上升的原因，是大量火山爆发，产生大量的 CO_2 进入大气之中。在我国北纬 20°~40°，白垩纪时期是沙漠分布区（江新胜和李玉文，1996；江新胜和潘忠习，2005）。

古近纪，我国是一个强烈的准平原化时期，地势平坦；温度也比现在高得多，属行星风系，当时亚热带的北部界线到达北纬 35°附近，亚热带大致介于北纬25°~35°，包括华中、青海和南疆等地。现在的亚热带喀斯特区域，当时都处在这种炎热干燥的气候条件下，亚热带气候具有高气压的特点，盛行西风，夏季信风带占据，天气稳定，高温而少雨，属于稀树草原植物区系（周廷儒，1960）；地势平坦，湖泊众多。各种沉积物大都呈红色或红棕色，并夹有盐层、钙和石膏层，如衡阳系砂岩和东湖系砂岩中都含有石膏。贵州西部盘县的石脑组中，发现脊椎动物、复足类和植物孢粉等古生物生活在比现在热得多的环境中，哺乳动物是生活在灌木草丛中的马、雷兽、鼷鹿等，复足类有旱地陆栖肺螺类。从孢粉中发现在古近纪下部地层中有近于岩盐地层中的孢粉，从整个环境分析，古近纪是热而偏干燥的环境。这种气候条件非常不利于喀斯特的发育。

新近纪，亚热带喀斯特地貌区域干旱气候向亚热带常绿林气候转化，施秉翁哨沉积层中夹有褐煤，表明当时植物茂盛，气候温和，降水量充沛，应属湿热气候条件。气候变得湿润，喀斯特作用开始变强。由于这种喀斯特化作用，是在亚热带气候条件下进行的，所以形成了另一种有别于华南的峰林地貌的新类型。第四纪时期，华中属于常绿阔叶林地带，白沙井中的铁盘和网纹红土都显示这个地带的湿热特征。中更新世起有寒潮进入，冬季变得寒冷一些。

林钧枢等（1993）参考 L. Jakucs 的研究成果，通过瑶琳洞的各种气候因素的研究，对我国华东中部地区新生代溶蚀营力强度（图 5-1）绘制了一个示意图。总体来说，新生代亚热带喀斯特地貌的形成过程中，初期气候条件是干旱气候，对喀斯特形成是很不利的；之后在新近纪随着季风的逐渐加强，气候向湿润方向发展，且一直比较稳定，属于亚热带气候，相应地也形成了别具风格的亚热带喀斯特地貌；第四纪时期温度有所降低，冷、暖变化有所加大，但基本保持着温暖、湿润的亚热带气候和亚热带的地貌发育特征。

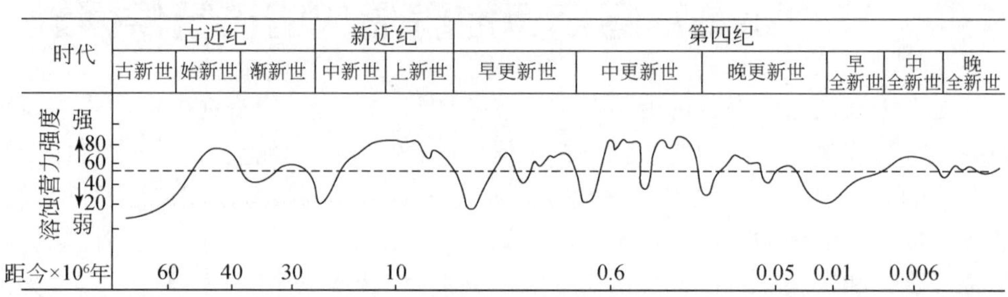

图 5-1　华东中部新生代溶蚀营力强度变化示意图

参考 L. Jakucs 的相对溶蚀营力强度百分标准

资料来源：林钧枢等，1993

第二节　热带、亚热带喀斯特地区发育强度的差异

关于热带与亚热带的喀斯特地貌，不同学者有不同的认识。有的认为具有明显的差异，各有形成和发展的过程，具有地带性的差异；有的认为都属于峰林地貌类型。为了深入研究它们之间的异同，本书应用热带与亚热带喀斯特发育的特点进行了对比研究。

桂林附近的来宾地区是热带峰林分布区域，表层喀斯特发育深度达 150m 左右，这里洞穴众多，包括充填和没有充填的洞穴，其线岩溶率的特点见表 5-1。

表 5-1　来宾地区溶洞的线岩溶率

深度（m）	0 ~ 30	30 ~ 100	100 ~ 150
线岩溶率（%）	51.9	10.3	0.34

资料来源：陈伟海和张之淦，1999

根据周宁和刘波（2009）研究，鄂西南亚热带喀斯特地区地表层喀斯特发育强度特征是：垂直方向上，根据 175 个钻孔岩心资料，将其岩溶发育程度划分为发育（岩心上多见有溶孔、溶穴，沿裂隙多出现缝状溶蚀现象，或见有小溶洞）、弱发育（岩心上无溶孔、溶穴，仅少部分裂隙有溶蚀现象）和不发育（岩心上有裂隙发育，但无溶蚀现象）三级。这个分级说明了恩施地区和来宾地区溶蚀强度的差别。不同碳酸盐岩分布区、构造部位和地貌部位表层岩溶带深度统计情况，列于表 5-2 ~ 表 5-4 中。

表 5-2　不同碳酸盐岩分布区表层岩溶带发育深度统计表

分区名称	地层代号	钻孔数量（个）	表层岩溶带深度（m）	平均深度（m）
纯碳酸盐岩区	T_1	112	4.5 ~ 36.54	21.5
	P_1	18	5.11 ~ 43.0	22.3
	C_{1+2}	1	23.6	23.6
不纯碳酸盐岩区	T_2b	28	0.6 ~ 21.1	10.8
	P_2	16	9.8 ~ 27.4	17.08

资料来源：周宁和刘波，2009

表 5-3　不同构造部位表层岩溶带深度统计表

钻孔编号	地层代号	所处构造部位	表层岩溶带深度（m）
ZK16	T_1	断层带侧缘	16.7
ZK17	T_1	断层带侧缘	12.4
ZK18	T_1	断层带上	29.7

资料来源：周宁和刘波，2009

表 5-4　不同地貌部位表层亚热带发育深度统计表

	地貌部位	钻孔数量（个）	深度区间值（m）	平均深度（m）
正地形	山顶、山脊地带	23	5.7 ~ 23.2	11.75
	陡坡地带	42	6.8 ~ 31.3	14.23

续表

	地貌部位	钻孔数量（个）	深度区间值（m）	平均深度（m）
负地形	槽谷洼地中	24	14.7～56.54	30.67
其他地形	缓坡地带	26	7.2～38.90	18.02
	槽谷洼地边侧斜坡地带	30	4.6～33.5	18.63

资料来源：周宁和刘波，2009

以上两个地区的特点有所不同，来宾地区是峰林分布区域，而鄂西南地区主要属坟丘状的特点。从上述热带、亚热带喀斯特地区表层喀斯特溶蚀情况的对比中，可以看到热带喀斯特峰林地区地表以下30m内的线喀斯特率为51.9%，发育总深度达150m。而亚热带喀斯特地区，喀斯特发育深度仅为30m左右。以上的数字且不说洞穴的规模，就裂隙发育的深度仅及热带喀斯特地区深度的1/5。其他不同条件的地貌或岩性地区，平均发育深度不到20m。以山顶地区为最小，表层带发育深度仅为11m左右。热带和亚热带两个喀斯特气候带上表层溶蚀如此显著的差异，显示亚热带喀斯特地区的地表裂隙开放程度远不及热带喀斯特地区。这些特点都是夏半年溶蚀强度的实际表现。这些数据说明在亚热带喀斯特地区，溶蚀作用为地表水渗漏提供的条件较差，渗漏的速度较慢，渗漏量较小，洼地中潴水时间较长，少数洼地积水达一个月以上。因此导致喀斯特洼地发育深度不大，在亚热带喀斯特地区的各级剥蚀面上都有槽谷分布。这种地貌类型在热带深洼地下河系区域是没有的，槽谷的存在表示有不少降水通过槽谷排泄，所以实际作用于亚热带喀斯特地貌发育的水量远低于热带喀斯特地貌的50%。

《中国喀斯特地带性因素初探》（陈治平，1985）一文中提出了不同气候带的深部喀斯特率的看法，实际上，其是指线喀斯特率。华南热带喀斯特区域喀斯特率一般在14%以上，而华中亚热带喀斯特区域喀斯特率一般为6%左右，也仅及华南的一半或更小。现在再增加江西锦江流域和袁水流域的资料，这里属于基准面稳定的区域，也相当于峰林分布区域，其地下水位较浅，应该是线喀斯特率比较高的地方。

锦江流域岩溶强发育带以上的线喀斯特率，覆盖岩溶区的线喀斯特率大于裸露区（表5-5），以河谷地带为最大。

表5-5　锦江流域线喀斯特率发育特征值统计表　　（单位:%）

	上游区	中游区	下游区
裸露区域	1.67	1.40	2.81
覆盖区域	5.83～9.33	5.24～14.49	7.08～10.89
平均	6.17	7.5	8.33（加权平均数）

袁水流域洼地深 10 ~ 20m，岩溶丘陵（应该相当于峰丛一类，属丛丘系列）-洼地组合主要分布在分水岭地带。

不同地层的线喀斯特率的差异很明显，以上石炭系壶天群、二叠系长兴阶灰岩岩溶最发育，石炭系壶天群线喀斯特率为 6. 13% ~ 36. 24%，二叠系长兴阶为 8. 94% ~ 11. 52%，三叠系茅口阶为 6. 1%，三叠系和乌拉尔统居末，为 5. 87% ~ 5. 98%，其中断裂和覆盖岩溶区线喀斯特率处于最高数。这些数据与过去笔者提及的数据基本一致，相当于热带线喀斯特率的一半，这与上面所说的表层喀斯特率的数值也基本一致。

在热带喀斯特地区，深部喀斯特率很高，它吸引地表水快速向地下河转移，高温造成了强烈的溶蚀作用，向下渗漏的裂隙迅速扩大，将大量的地面物质经过竖井和地下河排出。地表和地下的强烈配合，形成了举世无双的深洼-地下河系系统。但在亚热带区域，地表和地下溶蚀强度仅为热带区域的一半，虽然长江、清江和鄂西南地区强烈下切，但地下河的发育速度减缓。尽管有些地方的地质岩性条件与热带喀斯特地区类似，但所形成的地下河没有能力吸引洼地水流通畅地进入地下河，洼地中的水流不能很快排出，反而因水流滞留，洼地底部沉积了厚度不等的疏松沉积，成为农耕之地，这个特点反过来又使地表流慢慢向下渗漏。章海生等（1987）认为覆盖岩溶地区土层承受降水后要滞留一部分水量，其大部分要耗于蒸发，故降水丧失了较大水量，由于土层调节作用，地下径流过程也较裸露区缓和，成为慢速裂隙水流。所以在亚热带地区，宽谷中的洼地虽然也有很深的地下河系统，但由于地表喀斯特发育强度较低，使地表水向下渗漏不畅。地下溶蚀强度不大，地下河发育也不太通畅，不能吸引地表水很快转入地下，因此水流进入洼地以后，呈慢速向下渗漏，这就成了浅洼地下河系统。这是地壳强烈上升的第四纪时期，热带喀斯特地貌发育和亚热带喀斯特地貌发育的区别所在。

第三节　从名词使用看亚热带喀斯特地貌的特征

亚热带喀斯特地貌的研究程度远不如热带喀斯特地貌区域深入，但喀斯特地貌使用的名词众多，1979 年《中国岩溶研究》提出了岩丘和丘峰的概念，从现代气候学的特点出发，认为云贵高原东部与广西的喀斯特地貌不同，而与华中的气候条件相似，故将华中和云贵高原东部的喀斯特地貌都称为丘峰。但有的学者把喀斯特丘陵称为峰丘（如林钧枢），和丘峰字面上颠倒了一下，这容易混淆。另外，也有称丘丛、丘岗的。在亚热带区域喀斯特丘陵主要分布在江、浙、皖和湘东一带。笔者（1985）将这些坟丘状的丘陵称为“缓丘”。当地的学者也使用缓丘这个名词（周宣森，1986），中国百万分之一地貌图中也采用这个名词，一般把坡度为15°～25°的丘陵称为缓坡丘陵，即缓丘。张耀光（1990）对坡度较陡的岩峰称为类峰林。对于相当于峰丛类型的地貌没有适当的名称，一般仍沿用峰丛这个名词。吴应科等（1990）认为峰丛形态在山原、山地均可出现，但在发育条件与发育特征上与南方的峰丛有一定的区别，故亦可称为类峰丛。有的使用了峰林的名词后面加一个说明，以说明与峰林的区别，如峰林（顶部浑圆）。猫跳河和乌江下游是学者研究较多的地方，邹成杰和戴景春（1962）认为猫跳河上游以喀斯特洼地为主，局部出现峰林，下游以峰林为主。王炳生等（1962）在研究乌江下游喀斯特地貌时认为本区都属灰岩丘陵，在1000m的夷平面上也有部分峰林（圆锥形）地貌，相对高度约为100m，以塔状峰林为主。夏凯生等（2010）在《乌江下游岩溶地貌形态特征初探——以重庆武隆及其邻近地区为例》一文中使用溶丘、峰丛的名称。沈继方等（1996）除了使用峰丛名称之外，还使用了溶丘、丘丛、丘陵、丘峰等名称，但没有使用峰林一词。景才瑞等（1981）将那些峰林状的孤峰和坟丘状的残丘以岩溶丘陵称之。可见这里缺乏典型的峰林形态。总之，亚热带喀斯特地貌还没有统一的分类系统。峰林在热带喀斯特区域是公认的不可替代的名词。在亚热带喀斯特区域，喀斯特地貌名词的多样化，表明峰林一词在亚热带喀斯特区域已不具充分的代表性，大家在寻找更合适的名称。在观感上，亚热带喀斯特地貌的形态和热带峰林的形象就很不一样，尽管湖南山水也很美，但国内外游客都蜂拥地去桂林，甚至其科学研究程度也远比广西和贵州差。这就是华南和华中喀斯特地貌的区别，以及桂林峰林的魅力。由于亚热带喀斯特地貌还没有统一的分类系统，因此在现在科学研究的基础上，统一亚热带喀斯特地貌的名称是十分重要的。

现在亚热带喀斯特使用的喀斯特地貌名词已不少了，不宜重新设立新的名词，可在已经使用过的名词中择其使用较多者，本书建议使用下列系列名称作为亚热带喀斯特地貌的基本名称。

1）平原：包括喀斯特剥蚀平原和喀斯特堆积平原。

2）缓丘：作为丘陵类的喀斯特地貌名词。与热带喀斯特峰林相对应，可细分为缓丘谷地、缓丘平原等。

3）丘丛：适用于正地形比较低矮的与洼地伴生的、类似热带喀斯特地区的峰丛浅洼的组合形态。与热带喀斯特峰丛相对应，可细分丘丛浅洼、丘丛盲谷、丘丛谷地等。

第四节　亚热带喀斯特地貌的分布特点

亚热带喀斯特地貌可分为三个亚区，其中包括两个地带性亚区：①南亚热带地貌带，主要属长江流域；②北亚热带地貌带，主要分布在淮河流域。还有一个非地带性亚区，分布在青藏高原东部边缘。

吴应科等（1990）将长江流域的喀斯特地貌分为三个区域：①大体在宜昌—吉首一线以东地区，为低山、丘陵、剥蚀平原和覆盖平原区域；其属于基准面稳定或轻微下降型，河流的纵剖面是上凹型的正常纵剖面；碳酸盐岩地层以古生界灰岩、白云质灰岩、泥质灰岩等为主，质地不太纯，分布零星。②宜昌—吉首—线之西为山原喀斯特地貌区。③康定以西区域属青藏高原。所以属于亚热带喀斯特地貌者，仅为东部低山平原区和中部的山原区。

（1）东部低山平原区的喀斯特地貌

在浙江西部一带，喀斯特正地形以丘陵为主。丘陵可分为三类，林钧枢等（1993）在瑶琳洞的研究报告中，以低峰丘、中峰丘和高峰丘称之。其总的特点是呈圆丘状，或称馒头状。其区别主要是相对高度，低峰丘的比高为 20 ~ 50m；中峰丘的比高为 60 ~ 100m；高峰丘的比高为 100 ~ 200m。周宣森（1986）称为缓丘和高缓丘，他是按照中国百万分之一地貌图图例确定的，因为该图例将丘陵分为两级，缓丘的比高为小于 100m，高缓丘的比高为 100 ~ 200m。

由于亚热带区域溶蚀强度仅为 50%，再加以岩性不太纯，尽管在浙江西部地区降水量偏多，但在热带区域强烈水平溶蚀下形成的陡峭边坡，在这里被弱化或不再出现。流水侵蚀作用的特点变得明显起来，地貌的形成过程显然按照流水地貌的形成规律发展，地貌的坡度整体比较平缓，随着地壳上升高度的增加，坡度由缓向稍陡的方向发展。随着丘陵相对高度的增加，丘陵的坡度也相应增大。据林钧枢等（1993）研究，低丘峰（缓丘）常呈孤丘或馒头状，中峰丘（也相当于缓丘）的坡度较缓，一般为 15° ~ 20°，高峰丘（高缓丘）的顶部坡度为 15°左右，呈缓丘状，缓丘之间有蝶形和椭圆形的平底漏斗分布，其中有红色黏土沉积，垭口上有磨圆的砾石层。丘坡较陡，可达 30° ~ 40°。

喀斯特低山由不纯碳酸盐岩组成，山地特征和常态山地的特点相似，在较纯的碳酸盐岩组成的山地，峰顶呈缓丘状，成为这一带新生代最古老的喀斯特地貌。这种特点的低山、丘陵不仅仅是浙江的特色，其分布很广，在苏北、皖南、皖北大体都是这样。

在江西的袁水流域和锦江流域喀斯特低山、丘陵和平原地貌区，这种河流纵剖面的上游是丘丛洼地地貌，相对高度仅为 50 ~ 100m。正地形大都是基座低矮的浑圆型或锥型，丘丛间洼地一般长为 100 ~ 400m，宽为 50 ~ 150m，深为 10 ~ 20m，底部平坦，有第四纪疏松沉积物覆盖，地表和地下溶蚀强度减小，地下河不能吸引全部降水，部分水流从地面排入河流，所以在丘丛地区有溶槽、溶沟等发育。这和热带峰丛有很大区别。地下河的源头是分水岭区域，由于受第四纪地壳上升的影响，有洼地的形成，底部发育落水洞，地下河都不是很长，如袁水流域，有地下河 27 条，一般长为 800 ~ 1500m，最长也不过 3700m。盲谷较多，有时一条河上多次出露，当上游比降由陡转缓时地下河出露，也有在洼地下游潜入地下者，亦有地下河底板属不透水层者。中游地区分布着缓丘地貌，顶部浑圆。有些地方有冲积层覆盖，厚度一般在 20m 之内。下游为准平原，有残丘或孤峰耸立其上。准平原埋藏深度不等，有的地方深度在 150m 之内。

上述地区和桂林的情况有很多相似之处，都是低山丘陵区域，河流属上凹的纵剖面特征，降水量达 1600mm 以上。但锦江流域和袁水流域的岩性不纯，不是层厚、质纯的碳酸盐岩，加之溶蚀强度降低等因素，河流的上游不是典型的峰丛洼地，而是高度低矮的丘丛洼地。降水除了从洼地排泄之外，还有一部分经溶槽、溶沟排出，且洼地的深度也很小，仅为 10 ~ 20m，底部平坦，有第四纪沉积物分布。有些峰丛洼地中有早第四纪沉积，显示在第四纪前形成的峰丛洼地或丘丛洼地在第四纪初曾下降，后来又迅速上升。在丘陵地区的喀斯特地貌一般以缓丘等为主。由于溶蚀强度低，尽管降水量很丰富，但没有像热带喀斯特地貌那样，切割成很多像峰林那样的个体。丘陵往往呈连续分布特点，也有成层的洞穴和不少地下河分布，地下河的长度都不大。

（2）中部的山原喀斯特地貌区

宜昌—吉首一线以西受喜马拉雅运动的影响，成为我国地形的第二阶梯和海拔为 1000 ~ 2000m 的中等山地区域，包括黔北、湘西北、鄂西和川南等地，是我国南方喀斯特地貌研究最早的地方之一，始于地文期研究。1925 年叶良辅和谢家荣著文《扬子江流域巫山以下之地质构造及地文史》。1927 年谢家荣、刘季辰就认为存在鄂西期、山原期与三峡期地貌。1935 年巴尔博认为南津关一带的山原期夷平面向宜昌方面延伸时，高于东湖组的基底层，但又低于东湖组的顶层，应当和宜昌一带最高阶地上堆积的红土砾石层相当。这最高级阶地的基座上的剥蚀面应晚于鄂西期，属秦岭期和中新世，而山原期更晚，属上新世。贵州杨怀仁提出的大娄山期、山盆期和乌江期的地文期概念，与鄂西期、山原期和三峡期相对应。

区内广泛出露寒武系，奥陶系，中、下石炭统，二叠系和中、下三叠统地层，多为次纯至较纯连续及间夹层型，碳酸盐岩呈连片分布的特点。在卫星图像上，湖南黔中等地没有广西那样清晰的喀斯特地貌图像，有的地方呈现网纹状图像，显示宽谷系统比较发育，峰顶呈圆锥状，高度比较低矮；在鄂西南恩施、利川一带具有清晰卫星图像，显示这一带岩性比较纯，喀斯特地貌发育较好。

川南、兴文是喀斯特地貌比较发育的地区，海拔为 1500m 左右，有两级剥蚀面，最高一级剥蚀面称为大坪上亚期剥蚀面，相当于山盆期的佐扎亚期，发育残丘，高度仅几十米；海拔为800～1000m的剥蚀面称为青杠坡亚期剥蚀面，相当于山盆期的平桥亚期，发育丘峰漏斗，在地层平坦的部位出现石林。之后是更新世的深切期，形成漏斗状或竖井状的深洼地，直径一般为100～150m。这个区域有两大特点：一是石林发育，一般高为5～10m，其中、下部都发育有竖直的溶槽，一般深为1m左右，宽为1～1.5m，成为兴文石林的主要特征。二是深陷漏斗发育，实际上是崩塌的天坑。例如，小岩湾天坑长轴为505m，深为176m（杨世燊和刘世青，1985）。

山原喀斯特地貌总的特点是：最高的山顶剥蚀面称为鄂西期。这里地貌发育的过程，不同学者有不同的观点。

王俊生（1982）认为印支运动影响下，秭归、利川等向斜盆地堆积了三叠系至白垩系的湖相沉积，而背斜遭受隆起剥蚀，形成了第一级剥蚀面；在燕山运动中向斜湖盆回升成陆，而恩施等地又形成断陷湖盆，沉积了巨厚的东湖系，形成了第二级剥蚀面。他指出：最高一级剥蚀面，高程为1900～2000m，保存有200m左右的残山，定型于侏罗纪末；分布于外围的第二级剥蚀面分布高程为1700～1900m，以峰丛盲谷（槽谷）、洼地群为主，定型于新近纪。这两级剥蚀面由于挽近期差异隆起，使得同级剥蚀面展现在不同的高程上。

沈继方等（1996）认为鄂西南地貌有六个发育期，从古到今依次为鄂西期、台原期、山原期、山盆期、云盆期和清江期。前四个阶段由剥蚀面组成，都有洼地分布。

鄂西期由两个剥蚀面组成，形成于白垩纪至古近纪；最高一级剥蚀面的海拔为1800～2000m，主要以残丘、溶丘组成；高度不大，在100m之内。这个剥蚀面上还有丘丛洼地分布，洼地中沉积有砾石层。

第二级剥蚀面的海拔为1400～1600m，正地形为丘丛地貌。其间发育有大型喀斯特洼地（盆地），中有残丘、孤峰。有1～2m厚的黄褐色黏土层，其中夹有砾石，风化严重。

第三级剥蚀面称为山原期，海拔为1000～1300m。其具浑圆状丘峰、溶丘地貌，丘顶较开阔；洼地呈浅切状，丘洼比高为100m以下；喀斯特湖较多，规模也较大。湖泊分布有三种情况：一是分布在大型喀斯特洼地的底部，堆积有较厚的黏土层，漏斗或落水洞被堵塞而集水成湖；二是岩层产状平缓的大型洼地的底部，有相对隔水层顶托，常年积水成湖；三是直接与地下含水层或地下河有联系，这种喀斯特湖在高级剥蚀面上也有少量分布。

在湖南西部，岩性与黔北基本相同，喀斯特地貌的特点也类似，但这里的上升强度比较小。黄培华（1962）将最高一级剥蚀面称为矮山寨剥蚀面，以喀斯特残丘地貌为特点，残丘高度仅为 50 ~ 60m。石堤溪期相当于山原期，分布高度为 500m 左右，以残丘和蝶形洼地为主。360m 剥蚀面以宽广的谷地和盆地为主，干谷众多，漏斗和洼地较少；石芽发育较好，与宽谷期相当。澧水期从这里下切，与三峡期相当。

第四级剥蚀面称为盆地期，也有称山原期的王家坪亚期、峡谷期的宽谷亚期，以宽平的喀斯特槽谷为特征。一般是宽浅的谷地，槽谷比高仅为 20 ~ 30m。这与热带地区的宽谷相当。

景才瑞等（1981）认为鄂西南有五个地貌面，分为三个发育型，从分水岭到河谷依次为岩溶丘陵洼地型、岩溶槽谷型和岩溶峡谷型。他把 1700 ~ 2000m、1300 ~ 1600m 和 800 ~ 900m 三个剥蚀面都归为一个类型，原因是这里地貌形态都类似，属于峰林状的孤峰和坟丘状（图 5-2）的残丘，统称岩溶丘陵。

图 5-2　鄂西南喀斯特丘陵——坟丘状喀斯特地貌

资料来源：车用太和鱼金子，1985

在三峡地区，沈玉昌（1965）认为 2000m 的鄂西期夷平面上分布残丘；周家姥亚期属残丘和构造剥蚀平台，相对高度为 40 ~ 50m，碟形溶蚀洼地为本期特征；王家坪亚期有宽广的干谷和洼地，落水洞相当发育。

湖南北部的洛塔，是一个断陷盆地。发育有三级台面：最高的是梯子崖岩溶台面，以溶丘谷地为特点；中间的是八仙洞山岩溶台面，以丘峰洼地为主，洼地中残留有新近系砾岩露头；最低的是亚不寺岩溶台面，缓丘洼地为其特点。

乌江下游的地貌稍有不同。鄂西期的特点与前述相似，为残丘准平原，山原期主要为岩溶高丘地貌，在其边缘发育有亚峰丛类型。接着为盆地期剥蚀面，也就是宽谷期或槽谷期。盆地期后发育亚峰丛峡谷组合。

上面介绍了山原区域的几个例子，它们具有一些共同特点，从顶部向下到宽谷期之间，不管有几个喀斯特地貌发育期，各期的地貌形态均有差异，但其共同的相似性也很显著。第一级剥蚀面上喀斯特地貌的特征都是丘陵、缓丘、高丘、残丘和坟丘状丘陵等，尽管名词不同，但实际上都是一种地貌，只是表达不同而已。这个特点与前述浙江的喀斯特地貌一样，都是丘陵，说明亚热带喀斯特地貌发育的起始条件相同，在发育初期阶段，亚热带喀斯特与热带喀斯特气候带已有分异。第二级剥蚀面上喀斯特地貌发育的强度稍大于第三级剥蚀面。由此得出山原地区喀斯特地貌的发育模式为：溶丘→丘丛洼地→圆顶丘丛浅洼→宽谷→清江深切期。

第五节　山原区喀斯特地貌发育时代的讨论

本章第四节叙述了几个地点的喀斯特地貌发育的情况和不同的观点，它们都处于我国地形的第二阶梯面上，但地貌形成的时代与特点各家认识也有很大的差异。

热带与亚热带喀斯特地貌区域，由于水动力条件的差异，形成了不同的地貌形态。但地貌发育的阶段有共同性，两个区域都有宽谷形成阶段，宽谷之下为深切谷地，表明地壳升降的规律及地貌发育的节奏是一致的。在形成的时间方面，宽谷及其下的峡谷期都认为是更新世初及以后形成的。但对于宽谷以上的地貌发育认识很不相同。由于缺乏化石与相关沉积物等证据，因此时间越老，各学者的认识差异就越多一些。在热带喀斯特地区，现代喀斯特地貌主要是中新世开始形成的。而在亚热带的山原地区喀斯特地貌形成时间分歧较大，有的学者认为海拔为1700（或1800）~2000m的鄂西期最高一级剥蚀面是侏罗纪形成的；海拔为1300~1600m的第二级剥蚀面形成于白垩纪、上白垩纪至古近纪初。在洛塔的最高台面，梯子崖台面被认为形成于古近纪前。这种观点显然存在着问题，其没有注意到地质历史上气候变化的特点。本书前面已讨论过，现在的亚热带区域，在白垩纪和古近纪是荒漠或稀树草原，气候干燥，是喀斯特不发育的时期。喀斯特的发育需要一定的降水量，很少的降水量是不可能发育喀斯特地貌的，更不可能形成类似丘丛洼地形态。显然，白垩纪和古近纪发育丘丛喀斯特地貌，与古气候研究的结论不相符合。鄂西南从白垩纪以来漫长的时间里，也经过多次构造运动，古剥蚀面已有多次变形。只有古近纪的剥蚀期对过去的变形进行了最后夷平，才能使地势保持比较低平的准平原状态。本书根据古气候的演变，认为这些丘丛洼地应该开始形成于转变为湿润气候的新近纪。

夏凯生等（2010）根据最新的年代学资料，提出了一个新的喀斯特地貌发育的年代表，特别是鄂西期的年代大大更新。他们根据王东（2009）所做的侏罗系砂岩的磷灰石裂变径迹 T–t 热史模拟，可知乌江下游地区在 20 ~ 65Ma 是一个剥蚀期，即鄂西期的形成期，是地壳活动相对宁静的阶段。剥蚀面从古新世开始，完成于渐新世末，形成了孤峰剥蚀准平原地貌。这个意见符合亚热带白垩纪和古近纪气候与构造运动的特征，也可以和华南热带喀斯特地貌的发育阶段相互对照。本书根据以上研究成果，制成鄂西南地区喀斯特地貌发育阶段对照表（表 5-6），将最高一级（1700 ~ 2000m）剥蚀面定为鄂西期。如果这个意见成立，那么剩下的 1400 ~ 1600m 和 1000 ~ 1300m 的两级剥蚀面，成了山原期的两个亚期的地貌面，那时古近纪的干燥气候刚结束，就迎来了亚热带气候，喀斯特地貌得到发育。按照剥蚀面形成时间的先后，1400 ~ 1600m 的第二级剥蚀面形成于中新世，分布着丘丛洼地地貌，丘洼比为 100 ~ 200m，间有大型谷地和盆地，这和黔南地区山盆期的地貌特点有些相似。第三级剥蚀面，高度为 1000 ~ 1300m，按次序应该形成于上新世，分布着丘丛洼地组合，丘丛顶部呈浑圆状，峰洼比高小于 100m，一般为 60 ~ 100m。很显然，第二级剥蚀面上喀斯特地貌发育的强度似乎稍大于第三级剥蚀面。第四级剥蚀面相当于宽谷期，形成于第四纪初期，其后的三峡期是中更新世开始形成。

表 5-6　鄂西南地区喀斯特发育阶段对照表

地文期	鄂西南	三峡地区	洛塔	乌江下游	建议地貌年代
鄂西期	一级台面 1800 ~ 2000m	1500m	梯子崖台面>1300m	1700 ~ 2000m	古近纪
山原期	二级台面 1400 ~ 1600m	1000m	八洞仙山台面 1160 ~ 1300m	裂点以上 1200 ~ 1300m	中新世
山原期	三级台面 1000 ~ 1300m	800m	亚不寺台面	裂点以下	上新世
宽谷期	四级台面 800 ~ 950m				更新世初
三峡期	五级台面 600 ~ 700m	三峡期	洛塔河期	乌江期	中更新世–现代

第六节　亚热带喀斯特地貌的特点和形成的动力过程

从山原期多个典型地点分析，亚热带喀斯特地貌发育具有一致性。流域的上游是古准平原面，在之后的下切过程中，由于气候变得湿润，准平原上垂直循环加强，形成了丘丛浅洼、槽谷等地貌类型。在河谷的中、上游，下切强度较大的地方，分布着丘丛洼地，丘洼比达 100 ~ 200m；中游发育有残丘孤峰和盆地等；下游为深切峡谷。

各级台面上的喀斯特地貌形态类似，第二级台面与第三级台面上都应该是峰丛类的丘丛洼地。各层间地貌虽有差别，但基本上差不多。景才瑞等（1981）认为三个台面上都是坟丘状丘陵。邹成杰和戴景春（1962）认为，在黔湘鄂地区为大娄山期或鄂西期及山盆期或山原期，其上的喀斯特景观大体相似，为坟丘状丘陵。正地形为丘峰或溶丘，负地形为溶洼或溶盆，代表了亚热带的喀斯特，它们均属不同期但同形的产物。沈继方等（1996）大体都称之为丛状喀斯特地貌。这一点和热带喀斯特地区很不一样，在热带喀斯特地区每个喀斯特发育阶段都有特有的形态，而在亚热带地区不同时期发育的地貌形态却近乎一致。地貌特点是峰顶浑圆，呈坟丘状特点，与云贵高原的锥形喀斯特地貌和广西的陡直塔状喀斯特地貌显然不同，为什么有如此的差异？原因何在？

亚热带喀斯特区域东部属华南准地台，西部属扬子地块。地层分布比较复杂，但作为喀斯特地貌发育的核心区域，如川、鄂、湘、黔地区，属次纯至较纯连续及间夹层型，由古生界、三叠系灰岩、白云岩及泥灰岩等组成，与云贵高原的岩性特点比较相似，与以纯碳酸盐岩分布的广西有很大的区别。所以从地质条件方面看，亚热带喀斯特地貌发育的基础与云贵高原东部相似。

亚热带喀斯特地貌产生的气候条件与广西不同。广西的喀斯特地貌是在热带气候条件下生成和发展的。云贵高原东部的喀斯特地貌产生于热带气候条件下，坡度较陡，更新世是在亚热带的气候条件下发展的，由于溶蚀强度降低了一半，机械风化作用显著增强，改变了地貌发育的条件，陡坡向直型坡方向发展，演变成锥状喀斯特地貌。而现在的亚热带喀斯特地貌区，一开始就在亚热带气候条件下生存，由于水平溶蚀强度减弱，缺乏陡坡形成的动力因素，因此形成圆顶、坡缓的缓丘状地貌形态，这就是亚热带溶蚀强度只有热带溶蚀强度一半的结果。按照喀斯特地貌坡度减缓的规律，溶蚀强度的降低，使大大小小裂隙的溶蚀宽度和深度变小，裂隙吸收的水量减少，这会产生两种效果：一是山坡的坡面径流量增加，流水侵蚀作用增强，使山坡坡度发生平行后退、坡度降低；二是溶蚀强度大的热带地区，水平溶蚀强度大，山体的坡脚容易陡立化，而亚热带地区溶蚀强度降低了一半，水平溶蚀作用大大减弱，陡立化的过程减缓，陡立化的作用较弱，使地貌坡度降低，岩性不纯也使山坡进一步变缓。

从水动力条件来说，朱学稳（1985）认为降水量高不一定溶蚀量就大，还与溶蚀强度降低有关，裂隙的渗漏能力降低，渗漏数量减少，反而会造成峰洼高差幅度减小、地表地形起伏减缓的后果。例如，桂林夏半年降水量为1700mm，绝大多数热带喀斯特地区的夏半年降水量为1200～1300mm，在峰丛区域这些降水大都能转化为地下水；亚热带地区地下溶蚀强度降低了一半，也就是说只能吸收600～650mm的降水量，而恩施地区夏半年降水量达1100mm左右，这里多出的约500mm的降水量，只能从地面流走。一般来说，武汉以南的亚热带地区夏半年降水量为850～900mm，在亚热带地区由于溶蚀强度减少了一半，地下河只能吸收600～650mm的降水量，多余的降水量，主要是多雨季节的降水量，只能从地表流走，这种现象与热带喀斯特地区有很大的区别，那里的峰丛洼地基本上能吸收全部降水。在亚热带地区情况有所不同，地下河排水能力减小，使多余的降水参加到地表地貌的形成过程中。所以不是降水量愈多溶蚀量就愈大，溶蚀量的大小取决于当地的溶蚀强度。坡面径流量增加，使地面坡度下降，形成缓坡。不仅如此，下渗的速度减缓，洼地潴水时间延迟。这种情况下洼地的下切速度受到限制，因此具有浅洼的特征。洼地潴水时间延迟，造成了洼地底部平坦和沉积物的堆积。这就是浅洼形成的动力条件和特点。

第七节　亚热带喀斯特地貌的形成过程

亚热带喀斯特地貌有一个总的特点是顶部浑圆，或以中国式语言称为坟丘状，无论是丘陵或山地，大体都是如此，显然有别于热带和热基亚热带喀斯特地貌。它的形成原因是什么？总的来说是气候的原因，在亚热带气候条件下形成了亚热带的喀斯特地貌，具体分析，有以下几种因素。

作为地表喀斯特地貌形成的指标，亚热带夏半年的溶蚀强度只及热带的二分之一，在溶蚀平原的条件下，由于水平溶蚀的强度至少降低了一半，因此在同一时间单元里的山麓溶蚀面和脚洞的形成就远不如热带地区。所以热带峰林的陡坡机制在亚热带地区就大为减弱，使峰体坡度减缓；溶蚀强度的降低，山体的切割密度减小，峰体的底部直径增加，也会使地面坡度减缓。杨明德（1985）发现残留峰林的分布状况有一定的规律，以毕节—织金—贵阳—凯里一线为界，其北缺乏典型成片的峰林类地貌，如黔北大面积分布中、下寒武系白云岩及中、下三叠系白云质灰岩，即使地层水平，也少见峰林，是比较典型的丘峰（是亚热带典型地貌形态）。真正连片的残留峰林基本上分布于该线之南，残留峰林形成于热带气候条件下，而黔北是亚热带气候，并不具备发育峰林地貌的气候条件。热基亚热带地区是在峰林基础上发展成直线坡的，首先要改造峰林的陡坡，才能成为直线坡，所以这个坡还是比较陡的。而亚热带地区，当丘陵从准平原上成长起来时，因水平溶蚀作用较弱，侵蚀作用较强，原始地形的坡度就比较缓，从而成为凸形坡。亚热带地区东部的喀斯特丘陵都是低矮的凸形坡可以证明，它的坡度一般都小于45°，是侵蚀强度最大的坡段。热带、亚热带地区有三种斜坡，热带是垂直坡，热基亚热带为倾角较大的直线坡，亚热带为凸形坡。研究发现三种坡的侵蚀强度为：垂直坡<直线坡<凸形坡（许炯心，1996）。

凸形坡上的侵蚀量是直线坡的五倍，当然比垂直坡上的侵蚀强度更大。由于这个原因，亚热带正地形的高度和剖面侵蚀就会迅速降低，这种剖面变化规律与垂直坡和直线坡的演化完全不同。溶蚀强度的降低，使溶蚀特征在正地形中退居次要位置；而侵蚀强度的增加，使常态地貌的特征在增加，所以不同的坡形，反映了喀斯特地貌形成规律的不同。热带喀斯特地貌地区，在平原地区，由于流水强烈的水平溶蚀作用，形成陡直的坡度。在亚热带地区，这种地貌的形成因素不存在了。在热带地区，河流的中游和上游的地貌是在垂直坡的条件下发展的，因此都保持着坡度较陡的特征；流水作用特点的不同，保持着不同的喀斯特地貌类型的特色。但在亚热带就不同，溶蚀强度，尤其是水平溶蚀强度的降低，使溶蚀特征消退；坡面侵蚀作用的加强，模糊了各种喀斯特地貌特点的差异，这就是侵蚀作用因素增长的结果。凸形坡的形成还与植被有关。在热带喀斯特地貌地区，溶蚀强度大、侵蚀强度大、切割密度大、坡度陡，且岩性纯，溶蚀残余少，因此植物的立地条件很差，所以虽是植物生存茂盛的季雨林地区，仍因此成为荒山，古称“石山”，这是群众语言，相传已久，并载于《徐霞客游记》中。而亚热带喀斯特地貌地区不同，溶蚀强度小、切割密度小、坡度缓，岩性不太纯，侵蚀溶蚀残渣多，因此植物的立地条件优越，生长茂盛，所以在东部丘陵区域植物覆盖率达97%之多。植物根系发育，对山体表层岩层的破碎起着很大的作用，有利于剖面和顶部的加速降低。

由于以上原因，我国亚热带地区喀斯特地貌显得低矮而坡缓。

根据热带、热基亚热带和亚热带喀斯特地貌特点和形成的分析，这三个地区的喀斯特地貌不仅形态不同，其成因也不同，是三个独立的气候地貌系统。峰林（塔状喀斯特）是广西所特有，桂林盆地的喀斯特峰林地貌是其突出的典型；锥状喀斯特是贵州的特点；而缓丘状喀斯特是亚热带地区的代表，以上构成了三个区域性的地貌系统。这个分布特征在《中国岩溶概论》一书中早已得到阐明，即该书认为热带岩溶以峰林为特色，黔南以残留峰林为主，亚热带则以丘陵洼地为主要特征。溶蚀特征的喀斯特正地貌主要分布在热带，而亚热带喀斯特地貌是一种过渡性地貌，是溶蚀特征的地貌向常态侵蚀地貌转变的中间环节，在温带地下喀斯特还比较发育，而地表喀斯特地貌的特征不太显著。由此可见，喀斯特地貌的地带性特点是溶蚀作用和侵蚀作用相互消长的结果。控制地带性成因的因素主要是温度，它是碳酸盐岩溶蚀的能源，它形成了区域性的溶蚀地貌特征。控制喀斯特地貌发育强度的因素则主要是降水量。这两者结合，才构成地带性的喀斯特地貌。

第八节　北亚热带喀斯特地貌的发育

长江以北至秦岭—淮河线之间为北亚热带喀斯特地貌区，是亚热带向暖温带的过渡带。在这个带上，年平均温度为 14 ~ 16℃，年平均降水量为 800 ~

1200mm，夏半年的溶蚀强度，从50%加速下降，最低达40%左右。

这个区域的东部，构造上处于扬子地块与华北地块过渡带上；西部处于扬子地块和秦岭褶皱带的过渡区域。

鄂西喀斯特比较发育，向东一直延伸到京山附近，是此带喀斯特地貌比较集中的地方，以丘丛洼地地貌为主，喀斯特山地结构的特点比较明显。

鄂西北碳酸盐岩分布很少，再往北是秦岭褶皱系，以晚古生界变质碳酸盐岩为主，碳酸盐岩的分布面积较小。陕西柞水年平均温度为14.2℃，年降水量为742mm，海拔为1000m以上的石瓮镇附近，有面积为35km^{2}的喀斯特发育区，已发现溶洞118个，达每平方千米3个，该处有多处盲谷地貌，在秦岭山中常态山地之中，还有几个锥状山峰。虽处于北亚热带的北部边缘，但这些地貌仍显示出亚热带的地貌组合特征，为是陕西省的一个旅游胜地。

第九节　亚热基寒温带喀斯特区域

这是围绕青藏高原东部边缘分布的非地带性的喀斯特地貌带，北起秦岭、横断山脉，转向拉萨河谷，止于拉萨西部，400mm等降水量线纵贯本带南北。

在亚热带西部向青藏高原过渡，应该有个与暖温带相应的地带，由于其间有一个四川盆地，地势很低，温度比较高，所以亚热基暖温带就显得比较狭小，在小比例尺的图上很难表示，直接以陡峭的坡度进入亚热基寒温带地区。

寒温带中碳酸盐岩分布比较零星，但有的地貌形态很特殊。

在横断山脉的怒江、澜沧江、金沙江元江，都有干旱河谷，称为平坝子或干热坝子，没有死冬，河水与地下水丰富。在古近纪早期，干热气候形成的红层沉积，组成了准平原面的地质特征。新近纪产生了一系列的沉积盆地。新近纪末到更新世初，横断山脉和它的东部地区相似，普遍发育有宽谷（中国科学院青藏高原综合科学考察队，1992）。这是新近纪与第四纪之间的标准地貌形态。之后河谷就发生强烈的下切。

新近纪时期，在宽阔的准平原面上，以及在九寨沟和黄龙沟地区发育有锥状峰林，新近纪以来地壳强烈上升，锥状峰林被寒冻风化作用改造成为塔状和尖塔状的峰体。在横断山脉芒康地区的峰林状地貌，其山峰的顶部多已呈浑圆状，山坡也不是很陡峭，高度低矮（车用太和金鱼子，1985）。第四纪河流强烈下切，形成深切峡谷，在四川西部河谷中，有寒温带特有的灰华坝发育。最典型的地区为九寨沟和黄龙沟，其主要形成于海拔为2000~3000m的森林区域。森林线内处于温带气候条件，年降水量在600~800mm，夏半年溶蚀强度在12%以下，是地表喀斯特地貌弱发育的地区。

第十节 峰丛洼地和大熊猫的分布与发展

新生代地壳上升运动，促使喀斯特地貌形成和演变，导致自然环境剧烈变化，也对动物和植物的生存与演化产生了很大的影响。这里讨论喀斯特地貌的发育和演变对大熊猫的生存与变迁的影响。

石山是华南热带喀斯特地貌区域的一个特殊的名称，是指基本上没有植被覆盖的喀斯特山区。该山区缺少土壤，所以农业发展水平极差，在扶贫开发的活动中，这里是重中之重。造成山区贫困的原因很多，有自然的原因、历史的原因、人口增长的原因、政策的原因。各个地区有各自的特点，不能一概而论。就云贵高原而论，自然的原因可能是第一位的，人口的发展，山区治理政策的失误，加剧了矛盾。明确这一点，非常重要，对喀斯特山区治理方针的确定也具有十分重要的意义。

石山这个名称，是广西、贵州南部和云南东部地区群众常用的名词，这个名称不是现在才有的，在明朝末年的《徐霞客游记》中就有记载，当时人口远没有现在那么多。山区大多数地区都处于自然状态，说明石山的形成，自然因素的成分较多。

碳酸盐岩地层，特别是很纯的碳酸盐岩地层，由于抗风化作用强度很大，成土作用能力较差，因此地表土层很薄。抗侵蚀强度大，往往表现为坡度较陡。这是碳酸盐岩分布地区总的特点，但在不同的气候带中表现也不同。例如，在华南以南的赤道雨林地区，喀斯特地区植被相当丰富。在华南以北，我国亚热带喀斯特地区，植被覆盖度也相当高，在江浙一带达97%左右。在黔北、湘、鄂地区植被覆盖度也相当高，即说明在华南的南北邻近的喀斯特地区，植被都相当茂盛，唯有其间的华南地区植被覆盖度很低，岩石裸露，从卫星照片上一览无余。从气候条件来说，都是湿润多雨区域。为什么产生如此大的差异，我们只能从喀斯特地貌发育的强度、碳酸盐岩的纯度、喀斯特地区环境变化等多方面寻找原因。

现在的热带喀斯特地貌，在新近纪初期已开始发育，是不是随着喀斯特地貌的发育就有石山的形成，看来不大可能。例如，大熊猫祖先的化石在新近纪于陆丰和元谋地区就有所见；接着大熊猫开始大发展，广泛分布于华南和华中地区，其化石分布地点有广西柳城与柳州、贵州毕节、湖南保靖、重庆巫山、湖北建始和陕西洋县等地。中更新世是大熊猫-剑齿象动物群大发展的时期，是第四纪最为湿热的时期，应该是植物茂盛、食物丰富的时期。晚更新世大熊猫-剑齿象动物群开始进入衰落阶段。至今，大熊猫已非常稀少，同时代发展的剑齿象已杳无踪迹。

新近纪以来，大熊猫迅速地发展，到晚更新世又很快地衰落，原因是多方面的。一般都认为与气候有关，气候变化导致很多动植物的死亡消失，天气变冷是大熊猫生存的灾难。第四纪因冰期的产生发展，地球上的气候确实发生了很大的变化，但是从大熊猫的生活习性来说，似乎影响不是太大。因为中更新世前期是中国最大的一次冰期，之后的间冰期，也是第四纪最炎热的时期。但中更新世也是我国南方大熊猫很活跃的时期。由此看来，中更新世时在我国热带和亚热带区域，地势并不高，冰期的影响也不是那么深刻。

从大熊猫发展过程来分析，它从云南西部起家，迅速得到发展，据现有化石分布的资料，向南到达缅甸，向北到达北京附近。从化石分布的特点来看，热带喀斯特地区化石的数量分布较少；而在热带喀斯特区域的北部和亚热带喀斯特地区，即现在的亚热带气候地区，大熊猫化石分布较多，如在中更新世和晚更新世，地苏地下河地区还有它们的踪迹；再往南，目前发现大熊猫化石的地点不多，其主要分布在以北地区。这种现象表示大熊猫似乎并不太喜欢热带气候的生活环境，而更适宜于亚热带的气候。现存的大熊猫居住地，都分布在现在亚热带气候带的北部边缘，处于温带气候的山区。它的生活受四种因素限制，一是地形要比较平坦；二是有丰富的食物，大熊猫生活的必需品是竹子和水源；三是生存的气候条件为年平均温度在 15 ~25℃，年降水量为 1000mm 左右；四是不受人类活动的影响，现在大熊猫活动的下限大致在海拔 1400m 左右，其下是人类耕作区域。这是当前大熊猫与人类活动的平衡点，还好，在这平衡点以上尚有足够的食物供应。这就是大熊猫被迫的生存条件，从整个大熊猫发展史来看，这并不是大熊猫生活的最适宜条件。大熊猫-剑齿象动物群中很多成员都早已灭绝，唯有大熊猫在严酷的地貌和气候变化，以及人类活动区域扩张中，尚能偏安于一隅，足以说明大熊猫具有较强的适应环境的能力。中国科学院动物研究所魏辅文等在熊猫粪便中提取 DNA 证实，野生熊猫的遗传多样性在濒危食肉动物中居于中上等水平，是一个保持较高遗传多样性的健康种群，具有复壮乃至长期续存的演化潜力。这表明大熊猫具有比人们预想的还要好的生存能力（黄万波和魏光飚，2015）。

大熊猫生存的气候条件大家研究很多，但是另一个条件没有得到大家很好的关注，就是喀斯特地貌的发育对大熊猫生活条件的影响。自然条件的变化是非常缓慢的，在漫长的演变过程中，有的生物可以逐渐适应这些变化，但当它的基本生存条件变得恶劣时，就成为不可抗拒的因素，进而成为某些生物衰落的重要原因之一。

大熊猫起源与发展大都在喀斯特区域，因此它的演变史也与喀斯特地貌的发育史息息相关，它们几乎呈同步发展，都起源自古近纪，准平原的形成时期，给大熊猫的活动，创造了条件。到新近纪，喜马拉雅上升运动中，华南西部地区开始隆起，喀斯特地貌由准平原向峰林、峰丛浅洼发展，这时地壳上升运动的强度还不大，地势比较低平，第二地形阶梯尚未形成，虽然已演化到峰丛浅洼阶段，但地势的相对高差不大。有地表河或岩溶潭的分布，使喜欢喝水的大熊猫有优质的喀斯特矿泉水。厚层的风化壳具有良好的植物立地条件，丰富的竹林，保证了大熊猫食物的供给。总的地势起伏平缓，水、食丰富，这些条件有利于大熊猫的发展，于是大熊猫从诞生地出发走向华南、华中，向南出国到达缅甸，向北到达北京附近，没有任何地貌的障碍。这种美景一直延续到中更新世，大熊猫生存和发展到了极盛时期。

从中更新世起，青藏高原以平均大于新近纪 20 倍的速率强烈上升，第二地形阶梯形成，云贵高原是第二地形阶梯中上升强度最大的地方，其喀斯特地貌向深部发展，遍布峰从洼地，洼地深度达几十米到几百米，地下河埋深达数百米之巨；在华中亚热带喀斯特区域，虽然主要以峰丛浅洼为主，但地下河下切也很深；造成地形崎岖，地下河发育，地表缺水。由于热带、亚热带地区季风气候的发展，降水量丰沛，分布比较均匀，才免于形成荒漠的下场。非碳酸盐岩地区，形成了高山深谷，大熊猫的活动和生活条件受到严重破坏，使大熊猫的生存也越来越困难。这种恶劣的地貌条件分布很广，从广西的西部，云南的中、东部，贵州和四川盆地的南部与东部，湖南、湖北的西部，喀斯特地貌的连续分布，给大熊猫生活和活动造成了障碍。

这个地貌障碍在华南和华中稍有不同，主要是由于碳酸盐岩性纯度因素造成的。在广西的碳酸盐岩比较纯，易溶物达 90% 以上，溶蚀的残余物质很少，缺乏土壤生存的条件；由于地壳的上升，逐渐遭受剥蚀，尤其是到了中更新世以后，地壳强烈上升，强烈的侵蚀作用下，地表土层的形成和保存的条件均很差，所以在广西碳酸盐岩山区，植物的生存基础很差，形成光秃的山地，这就是石山名称的由来。可见石山的形成应该自地壳强烈上升的中更新世开始形成的。这种条件显然对大熊猫生存十分不利，导致华南热带喀斯特峰丛深洼地区的大熊猫逐渐向周围比较平坦的地方迁徙。

在亚热带区域，这个南北向分布峰丛洼地地貌成为大熊猫生活和活动的屏障，将大熊猫的生活区分成两个区域。一是东部地区，从南向北都是平原和低山丘陵，很适宜大熊猫的活动和生活。在季风条件下，夏季南北温差较小，植被发育良好，植被覆盖面积大，到处都有竹子生存，尤其是秦岭—淮河以南更为丰富。有丰富的食物，方便的水源；气候的变化，平缓的地形利于南北迁移；这些应该都是大熊猫生活的优越条件。二是喀斯特峰丛屏障之西，即云南、贵州的西部，地势逐渐增高，尤其是横断山脉的形成，使这里高山深谷，不利于大熊猫生存；只有北部的四川盆地，周围的低山区域有适宜大熊猫生活的场所，以及秦岭的南坡地势也比较平坦，适宜大熊猫的生活和活动。

中更新世中期以后，大熊猫的生存环境迅速恶化。大熊猫不得不为自己的生存，寻找安身之处。这是大熊猫家族大发展以来，遇到的最大困境。虽然在晚更新世有末次冰期的发生，温度比较低，反映北方气候的披毛犀和猛犸象分布到山东东南部的新泰与胶南等地（赵建，1991），但没有越过秦岭—淮河线。高高的秦岭阻止了寒流向南的侵袭，在喀斯特地貌屏障的西部地区和北部山区，大熊猫躲进了山区避难处，这种避难处不仅保护了大熊猫，也保护了一些植物，如“橘生淮南则为橘，橘生淮北则为枳”，在目前淮河以北、秦岭南坡的一些地区还生存着甜美的橘子。这说明这些避难处的温度还是比较高的，保持着大熊猫生存的重要条件。在人类历史记载中，这个喀斯特地貌屏障的东西部都有大熊猫分布的记录，直到1850年前后，在湖南、湖北西部，四川东部，以及秦岭南部还有大熊猫的踪影（林之光，2017）。现在大熊猫的生存地远较100多年前的分布范围小，仅仅限于四川盆地西部和秦岭南坡，这是长期以来地貌条件演变的结果。

近代，人类活动空前发展，大熊猫的生存条件越来越差，峰丛洼地区域以东的平原丘陵地区似乎更适宜大熊猫的生存，但事实上东部地区由于后来人类农耕的发展，成为大熊猫发展的障碍，对大熊猫的生存是很不利的条件。而四川西部山区和秦岭南坡虽然气候条件较差，但人员稀少，又有一定的食物保障，所以至今有少数大熊猫得以保存下来。现在大熊猫的分布是自然与人类活动平衡的结果。

根据气候与大熊猫的关系，研究大熊猫发展的条件，能否在现代大熊猫活动区的下面，人类让出一些空间，让大熊猫逐步向下迁徙，以改善大熊猫的生存环境。

第六章　温带喀斯特地貌——弱发育型

温带喀斯特地貌形成条件变化很大，有湿润的、半湿润的和干燥的等多种类型，因此溶蚀强度也有很大差别，但总的是变弱或变得很弱，即使在湿润的温带喀斯特地区，溶蚀强度也很弱，溶蚀作用退居次要地位，侵蚀作用占了首位。所以正地形以常态地貌特点为主，常态地貌中基本没有洼地，地下河罕见，只有一些裂隙性廊道分布。

温带喀斯特地貌分布十分广阔，东部分布在秦岭—淮河线以北地区，西部分布在祁连山—昆仑山以北地区，直至我国北部边界。除了大兴安岭北部，以及天山、阿尔泰山的高寒山区喀斯特之外，广大地区都属于温带喀斯特地貌范畴。其面积之大超过热带和亚热带喀斯特区域的总和。温带喀斯特分为两个亚带：暖温带喀斯特亚带和寒温带喀斯特亚带。中国温带喀斯特地貌还有一个特点，即东部为半湿润喀斯特地貌带，西部为干旱喀斯特地貌带。

第一节　新生代温带古气候的变迁

古近纪时，温带喀斯特地区属于阔叶林地带，包括东北、华北、内蒙古和北疆等处，气旋活动强烈，降水量多，植物生长茂盛。此时温带南界在东部比秦岭—淮河线偏北一些，约为北纬36°。由于受高温的特提斯海的影响中、西部温带南界向北推移，在新疆向北推移到北纬45°的准噶尔盆地（周廷儒，1960）。因此现在的大片暖温带地区的南部，古近纪时就处于稀树草原和荒漠气候下。总的来说，古近纪时期华北气候波动于暖温带和亚热带之间。

自从喜马拉雅运动之后，特提斯海消失，青藏高原隆起，我国东北、欧亚大陆合成一体，大陆性气候加强，产生了季风环流，代替了古近纪的行星风系的环流形式，在温带内部气候发生了分异：西部地区大陆度增加，气候变得干燥；青藏高原的隆起，向北下沉气流的作用使新疆南部更加干燥；东北地区气候转凉，发育森林草原，吸收了海上来的湿气，森林生长茂密；分布于华北和东北的古老的暖温带阔叶林地区为森林草原所替代。

新近纪华北显然退化到森林草原气候，向干的方向发展，但温度比现在高一些，也有一些学者认为处于亚热带气候环境下（钱学溥，1984；李凤华，1990）。

山东山旺系中有亚热带植物品种，温带植物也有所增加。草原上有南方的动物群，如剑齿象、爪兽等。翁金桃等（1995）认为北京西山地区在上新世中期是亚热带湿热气候，因此上新世是本区岩溶发育比较强烈的时期，上新世末，我国经历了又一次剥蚀作用，以宽谷的形式出现。

根据动物化石、植物孢子花粉分析发现，华北地区第四纪初的气候要比现在暖一些，具有冬季寒冷的半干燥的气候特点；第四纪中期，华北地区又向更寒冷和干燥方向发展，属温带疏林草原和夏绿林地带；第四纪晚期，华北地区转变为寒冷的干草原气候。从第四纪以来，华北地区喀斯特发育强度越来越弱，东北地区的气候变得比较寒冷。综观整个新生代我国温带地区的气候由温热逐渐向温凉方向变化，由湿润向半干燥方向发展。在新近纪具有温度较高，降水量较多的特点。到第四纪气候变得温凉，成为喀斯特欠发育的地区。

现代暖温带区域，夏半年温度达 22.5℃左右，夏季溶蚀强度仅为 25% 左右，年溶蚀强度为 20% 左右。在寒温带喀斯特地区，溶蚀强度诸因素中，除了降水量与华北差不多外，其他因素变得很不稳定，溶蚀强度迅速降低，特别是年溶蚀强度直趋 0% 。温带地区碳酸盐岩地层主要分布在华北地块上，构成了暖温带喀斯特地貌发育区，其北的大兴安岭褶皱带上几乎没有碳酸盐岩的分布，所以在寒温带区域只有零星喀斯特地貌分布。

第二节　暖温带喀斯特地貌

一、华北山西高原喀斯特地貌

华北山西高原是温带地区碳酸盐岩分布较多的地区，我国地文期研究最早的地区之一，1907 年维里士（R. Willis）提出华北山地有四个地文期。至今，研究工作一直没有中断过，也是研究深度最好的地区之一。钱学溥（1984）对本地区的喀斯特深有研究，他的成果见表 6-1。

从北台期以来的各级剥蚀面上都或多或少地保存着古老的喀斯特地貌遗迹，它们为华北地区的气候演变提供了可靠的证据。

北台期喀斯特形态保存很少，山西吕梁山北部，海拔为 2785m 的荷叶坪，保存较好的北台期喀斯特剥蚀面，在寒武系石灰岩上，保存面积为 0.28km^2，在平坦的地面上分布有数个直径为 5～15m、深为 1m 左右的蝶形溶蚀小洼地，个别小洼地现在还有积水，上覆厚 1m 左右的棕色亚黏土（钱学溥，1984）。这里的洼地很小，只能称漏斗，这种漏斗是剥蚀面形成之后，在地壳上升条件下形成的，由于气候条件也不利于洼地的发育，所以规模很小，深度很浅，仅1m左右。

表6-1 山西高原的地文期

地质时代	距今年龄（万年）	古气候	剥蚀面及其地形	绝对高程 相对高程 （m）	堆积物
全新世 Q_4	1	寒冷、温暖、温凉。半干燥（冰后期）	（一级阶地）板桥期		砂卵石层，厚<30m
晚更新世 Q_3	18	寒冷温凉相间（冰期与间冰期）	（二级阶地）清水期	2～15	新黄土及砾石层，厚<40m
中更新世 Q_2	73	寒冷温暖相间（冰期与间冰期）	（三级阶地）湟水期	20～60	老黄土及砾石层，厚<40m
早更新世 Q_1	240	寒冷温暖相同（冰期与间冰期）	（四级阶地）汾河期	70～90 500～650	红褐色泥砾，厚<5m
上新世 N_2	900	温暖。前期略干燥，后期湿润（温带偏暖）	（低山宽谷）唐县期	100～150 850～1350	褐红色黏土，下部夹砾石层，厚>20m
中新世 N_1	2500	温凉。前期湿润，后期较干旱（温带偏凉）	（丘陵洼地）太行期	1600～1700	浅黄棕色泥岩为主，夹淤泥质亚黏土，厚35m
渐新世 E_3	3000	湿热（亚热带）			
始新世 E_2	5800	干热（亚热带）	（平原浅碟）北台期	2200～3058	无

资料来源：钱学溥，1984

渐新世末期，在太行山区发育有太行期剥蚀面，在太行山的中段，平顺凤子岭主峰的北面和东面残留有四块喀斯特剥蚀面，剥蚀面高度为1570～1610m，总面积达6.3km^2（图6-1）。在其中赵城台面上有七个完全封闭的洼地和落水洞，洼地中心有一二亩①乃至二三十亩的耕地。洼地中有中新统沉积，最大厚度达35m，下伏于中奥陶统石灰岩之上。台面上残留比高为10～40m的石灰岩低丘（钱学溥，1984）。

在太行山南段阳城的析城山岩溶剥蚀面，长为4km，东西宽为3.5km，面积为10km^2，边缘由比高为100～200m的10多个石灰岩山丘围绕。山丘之间是一个完全封闭的盆地，最低海拔为1690m。盆地内，有次一级洼地近20个，底部有大大小小的漏斗和落水洞369处。盆地中心残留有半胶结、红褐色的砾岩，厚为40m左右（图6-2）。上述两个地区的剥蚀面都有中新统沉积，在中新统地层

① 1亩≈666.67m^2。

沉积形成以前的太行期岩溶剥蚀面，应该是亚热带岩溶地貌（钱学溥，1984）。

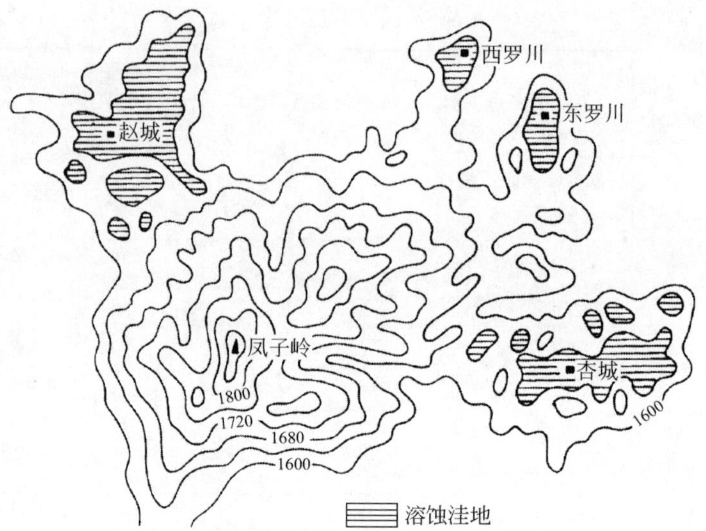

图 6-1　华北山地渐新世溶蚀洼地（山西平顺凤子岭）

资料来源：钱学溥，1984

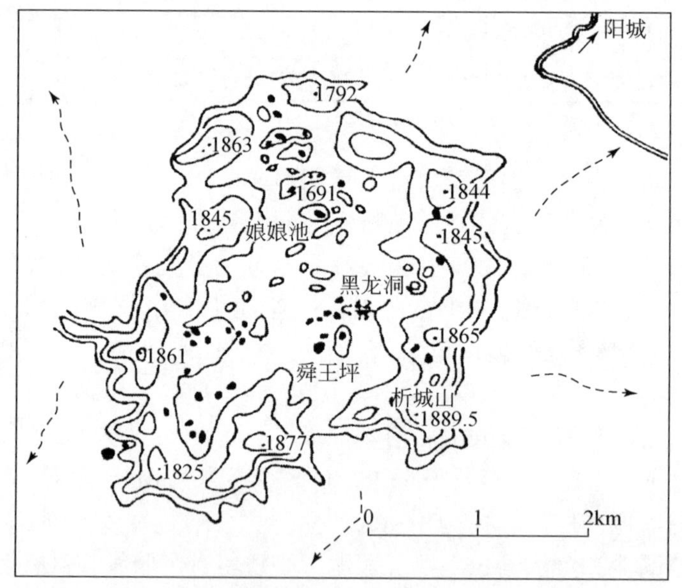

图 6-2　山西阳城析城山北台期喀斯特夷平面

资料来源：钱学溥，1984

上述特点表明，当渐新世剥蚀面形成时，其上有低丘或缓丘分布，随后地壳上升，剥蚀面上发育有浅而平坦的洼地，后有中新世沉积，这种特征与亚热带的缓丘洼地类似，但也有区别，在这些台面周围至今没有见过有规模的地下排水通道的报道，可能当时仅仅属于裂隙通道的性质。在亚热带区域的洼地，大都有继承性发育的特点，而凤子岭那样的洼地，中新世沉积之后，周围沟谷下切很深，洼地却没有继续下切发育的特点。这显示当时山西虽然温度较高，准平原形成之后，气候比较湿润，从洼地等发育的特点分析，具有亚热带的特征，但只相当于北亚热带喀斯特地貌北部边缘的特点。

到上新世，形成了唐县期剥蚀面，其分布范围很广，从燕山山麓的 50m、太行山麓的 100m 向山地内部以宽谷形式穿插，可达 1300 ~ 1400m，个别地区可达 1500m。在云水洞附近的剥蚀面上有残留缓丘状峰体，这个时期，形成的洞穴保存较多。在太行山南段，河南省境内海拔为 1100 ~ 1200m 有众多的溶洞发育，均位于中奥陶统灰岩中，与当地海拔 1100 ~ 1400m 的唐县期剥蚀面相当，形成于上新世（翁金桃等，1991）。在太行山东麓早更新世红土砾石层下埋藏的山麓面为唐县期地面，其上发育了众多的溶槽、溶蚀裂隙和石芽。

唐县期后，华北高原强烈上升，产生了四种喀斯特地貌现象：一是在碳酸盐岩区域河流发生强烈的渗漏，在宽缓的地质构造区域形成广阔的地下集水系统，成为大泉的腹地。

二是河流发生强烈下切，沿河谷形成了六个溶洞层，其海拔分别为 10 ~ 30m、80 ~ 100m、130 ~ 150m、220 ~ 240m、350 ~ 400m 和 500 ~ 540m。除去后两层属唐县期外，其余四层均可与阶地面对比。

三是北京附近，唐县期剥蚀面上升量较大，达 300m 以上。其区域降水量比华北地区高一点，因此河流水量稍大，河流下切稍深，在河流谷坡上或河谷中深切形成了一些北方很难见到的类似于南方喀斯特地貌式的秀丽风光。例如，北京南面的拒马河，穿过碳酸盐岩区域，碳酸盐岩比较纯，产状平缓，是有利于喀斯特发育的条件，河流深切，两岸山坡陡峭，特别在河流的凹岸，山坡陡立，气势雄伟。在河流两岸的岸坡上被支谷横切形成山脊，支谷比降都在 30‰以上。由于溶蚀强度很小，没有洼地形成。支谷之间也没有通过裂隙的溶蚀建立起水力联系，因此支谷之间的山脊很完整，没有独立的峰林和峰丛形态，只有峰林的侧面表象。就这样也倾倒了北方的百姓，拒马河已开辟为风景区。

四是在北京北面的龙庆峡，更具类峰林的特色。这里有一条不大的河，是一条季节性河流，垂直深切百米以上，在这河流的出山口处，在支流汇合的地方，流水强烈切割，在河边和谷口，留下了几座类似于锥状峰林的景象。现在修筑了一个水坝，山水相映，成了华北秀丽的山水画卷。

不管拒马河，还是龙庆峡，这种美丽的风光仅仅限于局部河谷中，离开了河流，到了谷坡的上部，又是另一番景象，即常态山地的景色。

不过这些美景只限于华北个别河流两岸的谷坡上，这些锥体是流水侵蚀作用形成的。基本上没有洞穴，没有脚洞，没有溶痕和碳酸钙沉积，也就是说没有热带峰林的特征。

还有一些地方，从唐县期剥蚀面上下切，形成狭窄陡峭的嶂谷。

综上所述，本区喀斯特地貌有几个特点：①洼地的分布仅限于中新世时间的太行期，之后基本上不见踪影；②从太行期至唐县期，喀斯特地貌以洞穴为特色，正地形已转为常态特征；③唐县期至今，以谷地下切为主。

二、山东的喀斯特地貌

在鲁中南地区，古近系地层中普遍含有石膏、石盐、芒硝的蒸发岩系，表明气候具有干热的特点。山东南部喀斯特地貌是从新近纪开始发育，属低山丘陵区，以单面山为特点，坡度较缓，顶部圆缓。这里上升强度没有山西高原强。一般认为鲁中南山区有三级剥蚀面，但其形成时代不同学者有不同的看法。陈吉余（1959）认为鲁中期相当于山西的北台期，剥蚀面海拔为 300 ~ 1000m，临城期相当于唐县期剥蚀面。

鲁中期剥蚀面上有淄博仰天槽喀斯特洼地地貌，由寒武纪灰岩组成，海拔为 800m，有溶蚀洼地，周围孤山相对高度为 34 ~ 77m，还有相应的洞穴。平州顶海拔 500m，为中奥陶纪灰岩组成的夷平面，地貌特点与仰天槽类似（黄春海等，1985）。上述两个地点的高度不同，分属于 700 ~ 800m 和 500 ~ 600m 两个剥蚀面（中国科学院地质研究所岩溶研究组，1979）。

赵建（1990）认为鲁中期为峰顶面，海拔为 900 ~ 1000m，没有确切的年龄依据，认为属中新世。

袁道先（1993b）认为仰天槽、皇姑顶、平州顶和唐家寨等山顶洼地，都属于同一个时期，是一个强烈的剥蚀期形成的，形态都呈浅碟形。赵建（1990）认为，地表呈现的是一种亚热带溶丘-洼地特征；根据平州顶剖面下部的火成岩脉的同位素测定，其年龄为 1.385×10^7a，属于中新世末期；推测该剥蚀面发育的上限在中新世末，称仰—平期剥蚀面，其高度从东南部的 700 ~ 800m 向西北部降至 500 ~ 600m。剥蚀面与洼地的形成条件是完全不同的：剥蚀面形成于地面平坦的条件下，以水平侵蚀作用为主；而洼地形成于水动力以垂直作用为主的情况下，所以两者不可能同时形成。根据赵建的观点，既然峰顶面时代不能明确确定，那么中新世晚期应是洼地的形成时代。

临城期剥蚀面与唐县期相当，海拔高度在200m以下，属丘陵平原，临城期剥蚀面分布在淄河以西，西邻华北大平原。淄河以东是宽谷丘陵。其形成的时代认识不一：黄春海等（1985）认为，在鲁中南山地的山麓带或山间洼地大多被埋藏在地表以下，地表发现一些溶洞和残丘等；邹县卧牛山为中奥陶系灰岩组成，其上有剥蚀残丘，海拔仅为65～73.7m；各残丘之间为溶蚀洼地，已被上新统洪积黏土所覆盖。赵建（1990）认为，山地内部与该级剥蚀面相应的是宽谷及相对高度150m的低矮山岭，临城期发育的地层以八漏河组为代表；它是在泰—鲁山地北部的山前地带，含三趾马化石的湖相沉积，临城期剥蚀面形成于这个地层基础之上，并有中更新世及后期的红色土覆盖，其形成时代属上新世到更新世早期。袁道先（1993b）认为，临城期属于第四纪。第四纪鲁中南地区已转为暖温带气候，受冰期和间冰期的影响，鲁中南的气候有很大的波动。在山东早中更新世黄土层中所含的鸵鸟蛋、鹿类化石以及代表干旱环境的植物孢粉表明干燥寒冷的草原环境，忻源、青州等地出土的剑齿虎、水牛、肿骨鹿等化石又反映出中更新世气候有湿热的变化，但新泰乌珠台、胶南县等地出土的披毛犀、猛犸象则反映出晚更新世较寒冷的气候演变（毛家衢，1987）。

从淄河流域地貌来看，淄河流域是不对称的。淄河大体由西南流向东北。河东为低山丘陵地貌，最大高度达800m左右，河谷下切，水系脉络清晰。而河西丘陵高度不及200m，属丘陵平原区域，平原区域高度不及100m。河流短促，比降平缓。从这些特点分析可以看到，以淄河为界，河东是一个上升区域，河西为地壳下降区域，很显然，这是受到华北地堑下降的牵引而导致下降。这就出现了淄河两岸地貌发育过程的差异。在河东地壳上升区域，具多层地貌分布的特点。从上向下为鲁中期剥蚀面、低山-浅洼期、宽谷期、临城期等几个阶段。而在河西，这几个阶段多分布于一个平面上，地面也有洼地分布，有的洼地已被土层覆盖，有的洼地尚暴露于地面，残留于平原上，被上新世红色沉积物覆盖。这说明洼地形成于中新世或延续至上新世早期，之后河西地壳开始下降，沉积了上新世红色覆盖层。从此河东与河西地貌发育分道扬镳。由于上述河西地区的洼地中有上新世和第四纪早期的洪积物，赵建（1990）认为这个剥蚀面形成于上新世和第四纪早期。也由于这里广泛分布有第四纪沉积物及化石，袁道先（1993b）认为这个剥蚀面形成于第四纪。第四纪气候条件与新近纪不同，总体趋于变冷。溶蚀强度的降低，必然导致侵蚀强度的增强，所以鲁中南地区，在第四纪时期以强烈的侵蚀为主，河谷强烈的下切不仅把河谷两侧的喀斯特地貌一扫干净，在碳酸盐岩分布的河床里，也失去了形成洼地的条件，只保留着渗漏的特征。

从上面的叙述中可以看到，淄河河西的丘陵平原地区存在着中新世、上新世和第四纪不同时期的地貌、沉积物及化石，引起学者们对这个丘陵平原形成时代的不同理解。其实，这个丘陵平原并不是一个剥蚀面，而是一个沉积面。这个沉积面从中新世洼地形成之后地壳就开始下降，形成了不同时期的沉积物的堆积。因此似乎不能称为临城期剥蚀面。只有在淄河以东地区处于上升状态，才能称为剥蚀期。这个剥蚀期形成的时间为第四纪，所以河东形成于第四纪的剥蚀期可以称为临城期剥蚀面。而河西是一个沉积面，并不是一个剥蚀面，而且形成的时间比较长，至少从上新世就开始了。所以河东和河西属于不同的形成过程，河西可以称为临城期沉积面。

三、旅大滨海喀斯特

这里位于西风带内，干旱的气流深深影响这里的气候，虽处海边，却大大削弱了海洋性气候，年降水量为 700～800mm。区内主要分布低山、丘陵。金州附近，除了石英岩组成的山峰较高外，如大和尚山高度为 633.4m，大部分为碳酸盐岩组成的低山、丘陵，高度为 100～300m（杨文才，1982）。沿海区内有三级夷平面，高度分别为 100～120m、70～90m 和 40～60m，是一个比较稳定的地块。大和尚山前有一些隐伏的岩溶洼地，上覆有 50 余米的赤色黏土含砾石层，类似的地层与贵州山盆期中的堆积物相当（杨文才，1982）。这种洼地可能是我国分布最北的洼地了。

本区受第四纪新构造运动和海平面变化的双重影响，洞穴的分布较深，洞穴的分布深度为-19～0m、-40～-20m、-60～-41m 及-120～-80m。水下 80m 处发现猛犸象臼齿及披毛犀右肱骨，属晚更新世。

四、华北大平原埋藏喀斯特

太行山与鲁中山地之间是广阔的华北大平原，是燕山运动强烈下降形成的，经钻探证实华北平原下高高突起的地方都称古潜山地貌，除了部分由新元古界非碳酸盐岩组成之外，其余均为寒武系、奥陶系灰岩。被大断裂分割成三条古潜山地貌，呈灰岩单面山特征，与鲁中南的单面山基本相似，其表层都有厚度不等的灰岩风化壳，灰岩壳内有溶洞、落水洞（黄春海等，1985）。

五、燕山山脉与沈阳之间是暖温带向寒温带过渡地带

本区年降水量为 400～1000mm，降水量较大的地方主要分布于沈阳至鸭绿江之间的山地，年降水量达 600～1000mm，年平均温度为 6～10℃。夏半年溶蚀强

度为25%左右，年溶蚀强度仅为15%～20%。

本区的北界相对于华北地块的北界，碳酸盐岩分布较多，但纯的较少，多数为夹层、互层和间层。山区有三级剥蚀面，如太子河流域剥蚀面的高度依次为850～900m、550m和460m，其上有一些天生桥和溶洞等喀斯特形态。在吉林省磐石县大、小三个顶子山的峰顶，被切割成诸多个小山峰，其相对高度为5～20m，基部相连，形似喀斯特峰丛状态，但没有洼地。一般碳酸盐岩山地与普通非碳酸盐岩山地形态相似（李凤华，1990）。

整个区域内洞穴和地下河发育较弱。虽然温度低，溶蚀强度小，但只要有水，就会有溶洞和地下裂隙通道。当河流有较大的流量时，那里的洞穴和地下裂隙通道比较发育。本区域洞穴和地下裂隙通道的分布主要集中于浑江和太子河流域，发育在复向斜的中部。例如，在通化至浑江的浑江两岸，河水面附近露出水面的岩洞，洞口一般高2m、宽5m左右，密集处几十米就可见到一个。太子河流域碳酸盐岩面积达1535km^2，仅1959年文物普查，就发现了近千个溶洞。在太子河流域，分水岭区域是喀斯特发育很弱的地区；近河谷带喀斯特相对发育稍强，是地表水和地下水由分散到集中的过渡带；滨河床是喀斯特相对发育较强的地区，是地表水和地下水集中的地带，有利于喀斯特发育。浑江和太子河流域，70%左右的各种地表和地下喀斯特形态，都集中在河流两侧3km的范围内，而且规模较大（李凤华，1990）。其中规模最大的是水洞，也称谢家崴子洞，是汤河的下游，洞长5800m，现已开发2800 m，排入太子河。地下河纵剖面极为平缓，比降仅为1.5‰，这种特点表明该水洞形成于河流下游的地下潜水面附近，处于气候比较温暖的时期，且有一个相当稳定的条件才能形成。从气候条件来说，在更新世时期里，只有中更新世时期有这样的气候条件。之后地壳上升，气候变冷，再没有条件发育向下的通道，上游汤河经过寒武系、奥陶系灰岩时，只能形成裂隙下渗，所以太子河在水洞形成之后继续下切，而水洞本身因溶蚀强度变得更低，没有能力继续向下发展。所以处于高位的水洞在夏季仍有很大的水量流通。太子河流域处于暖温带的北部，接近寒温带区域，地下河发育的温度条件很差，在整个第四纪时期，只有中更新世温度比较高，且时间比较长，具有较好的地下河发展的条件。所以这一带虽然降水量稍多，但地下河发育不普遍。在鞍山、辽阳一带地表以下近100m的范围内发育有众多的洞穴，洞径最大可达100cm以上，但绝大多数都在50cm以下，分布深度在地面以下50～100m（赵天石和高瑞袖，1985）。

上述几个温带喀斯特地貌区，都处于暖温带的半湿润区域，温带喀斯特地貌主要分布在这里。除此以外的其他地区为温带干旱地区，是喀斯特几乎不发育的地区。暖温带喀斯特地貌主要有如下的特点。

新生代温带气候变化剧烈，从喀斯特地貌的特点分析，在华北广大山区的分水岭山地中，都没有像热带、亚热带地区那样的喀斯特地貌，而是常态山地的特征，说明从古近纪开始华北已处于温带气候条件下。在北台期的准平原面上虽有小面积剥蚀平原的残余，其上有一些漏斗状的小洼地分布，但深度很浅，个别漏斗中有一米左右的沉积物，显然，还称不上典型的洼地。中新世时期华北形成了一些宽缓的洼地，说明华北气候较热，降水量也较多，是华北气候最热的时候。从地貌特点分析，华北也不具有亚热带典型的地貌特征，只能认为属于亚热带边缘区域的喀斯特地貌特征。

上新世，温带喀斯特地貌区域气候继续变凉，转为沟谷侵蚀为主。

根据山西泥河湾的三门期植物化石鉴定结果可知，在第四纪初期为冬季寒冷的半干燥气候，气候变得温凉，已是不争的事实。第四纪喀斯特地貌形成的指标——溶蚀强度已稳定在40%以下，即使是炎热的夏半年，华北暖温带区域绝大多数地区的溶蚀强度不足30%，年降水量远低于亚热带的情况下，第四纪华北温带地区不再有缓丘-洼地的发育条件。侵蚀强度达70%以上，尤其是第四纪时期地壳空前强烈地上升，山区河谷强烈下切，将河谷两侧的剥蚀面侵蚀殆尽，使古喀斯特地貌遗迹仅在很少地区残存。在河谷底部，由于强烈下切没有给漏斗、洼地以形成的条件和时间，因此在平坦的碳酸盐岩地层区域的河谷中，呈现强烈的渗漏特征。所以在一定的降水量条件下，可以通过裂隙渗漏完成地表径流向地下转化的过程，降水过后，喀斯特区域的一些河谷变为干谷，但当降水量超过一定量后，裂隙已没有能力吸收，大量的雨水从干谷中流失。

华北地区溶蚀强度很低，地下以溶孔和裂隙为主，地下溶蚀强度的线喀斯特率仅为2%～3%，不及亚热带喀斯特区域的一半。钻孔资料显示主要为裂隙，其次为溶洞和溶孔。但华北地区有着良好的地质条件，这里也有一些热带深洼地下河系那样的宽缓地质构造，岩性较纯，产状平缓，有很大的集水和地下水运行的空间，形成很大的地下水储存和运行系统。它与热带喀斯特地区不同的是：没有发育成为巨大的地下河系系统，由于地下喀斯特率很低，成为强径流发育和富水带，是岩溶水的集中径流带或主流带。主要地层是奥陶统灰岩层，与南方地下河相比，径流带也具明显的系统性，有主流和支流，但却没有明显的河道，而是一个由密集溶隙和少量洞穴管道所组成的溶蚀网络层状富水带。纵向水力坡度平缓，并常显示出槽谷状的地下水面特征。可见地下浅饱水带上部的溶蚀强度低（张凤岐和李博涛，1990）。地表和地下的溶蚀强度如此之低，没有能力吸收地表水流，因此就没有形成浅洼的条件，更不可能形成深洼地下河系，因此只能停留在喀斯特洼地发育的预备阶段。夏半年溶蚀强度很低，地表层的溶蚀能力低下，裂隙的开放度小，且深度不大，因此对地表水下渗的速度和量的影响很有限。地下喀斯特率很低，不可能形成有规模、排水能力强的地下河系，因此没有吸引地表水快速下渗的条件，只能是缓慢的裂隙渗漏。

第三节　寒温带喀斯特地貌

本区处于大兴安岭褶皱带上，碳酸盐岩分布很少，在黑龙江伊春北部有少量、零星分布。这里冬半年平均温度大多在0℃以下，年降水量从东部的800mm向北降至500mm，伊春年降水量为613.4mm，森林覆盖有利于雨水下渗。结冻时间为5～7个月，地表冻土特征明显，地表喀斯特不发育，但存在地下喀斯特形态，只要有水就有喀斯特现象，如在伊春地区发现有3km长的喀斯特溶洞。

在温带的西部，出现非地带性的寒温带的气候地貌带，但这一带上基本上没有碳酸盐岩分布，所以也没有喀斯特地貌的踪迹。

第四节　温带干旱地区喀斯特地貌

干旱地区主要包括东北西部、内蒙古、青海、宁夏、西藏、甘肃和新疆等地。可分为两大区域，一个是青藏高原，另一个是低山盆地区域。在低山盆地区域的北部属天山—大兴安岭褶皱带，南部属塔里木地块。这一带上，除了天山和塔里木地块上有零星的碳酸盐岩分布之外，其余地区碳酸盐岩则极少分布。干旱地区主要分布在400mm等降水量线以西的地区，大部分地区年平均降水量少于200mm，在青藏高原北部、柴达木盆地、塔里木盆地、准噶尔盆地和河西走廊都在50mm以下。稀少的降水量主要分布在夏季，且地区分布极不均匀，夏半年水热平衡率小于12%。年平均温度一般在6℃以下，塔里木盆地至哈密一带，年平均温度为10℃左右。干旱少雨，地表溶蚀作用的水不再是酸性水，而是碱性水。喀斯特发育非常微弱，仅在少数灰岩裂隙中有轻微的溶蚀痕迹，有些裂隙被方解石充填，地下溶洞极少，已不能构成渗漏和地基不稳的因素。

第七章 青藏高原喀斯特地貌

我国高山、高原喀斯特地貌分布范围非常广泛，包括东北大兴安岭北端、天山山脉、阿尔泰山及青藏高原3000m以上的山地，占我国面积的四分之一以上。除青藏高原之外，上述各个山地中的碳酸盐岩分布面积均很小，以青藏高原的碳酸盐岩地层分布较多，主要由中生代地层组成，古生代碳酸盐岩地层很少。各山地中的碳酸盐岩分布也很有规律性，由北向南地层时代逐渐变新。昆仑山区主要有早古生代大理岩与结晶灰岩；唐古拉山区及横断山区主要是三叠系及侏罗系变质灰岩；冈底斯山北部有白垩系灰岩；至藏南喜马拉雅山北麓又有侏罗系、白垩系灰岩及渐新统灰岩。岩层薄、多具夹层、岩性不纯，高度倾斜是青藏高原碳酸盐岩的特点，碳酸盐岩占高原总面积的1/5左右。

第一节 关于青藏高原喀斯特地貌的成因和演变的争议

青藏高原喀斯特地貌研究时间较晚，但由于环境的特殊性，其喀斯特地貌的特点与我国东部有很大的区别，因此引起了各方的关注，并展开了热烈的讨论。

1975年以来，崔之久发表了多篇论文，提出在古热带气候下形成喀斯特地貌，后来在冰缘作用下改造成现在的喀斯特地貌形态，为“残留峰林”说。还提出北纬33°30′附近是一条比较明显的界线；此线以南有残留连座峰林、低矮峰林、石林式石芽和溶蚀洼地等，此线以北，多表现为孤峰（崔之久，1977）。

车用太和鱼金子（1985）认为在希夏邦马峰北坡与唐古拉山地区，分布着峰丛，原来的基座部分高为20余米，直径为100余米，峰林间可见残留多半的漏斗。在横断山脉的芒康、唐古拉山的南坡、日土县的格林山口和定日附近的峰林多为矮小的山峰，顶部多已浑圆，峰林见于多处。在希夏邦马峰北坡与唐古拉山区所见的峰林是连座的，即属峰丛一类，坡度也不很陡峭，高度较为低矮。

《西藏地貌》一书中的观点是残留峰林和孤峰为主的大量岩溶化地貌，反映了暖湿的亚热带气候特点和一个比较长期稳定的构造环境，这个环境可与末次夷平面（盆地期）的广泛发育时期相对比，时代在新近纪上新世。

杨逸畴是《西藏地貌》喀斯特篇的主笔，也是首先对自己观点进行修改的作者。其于 1985 年提出异议，认为现代高原气候主要处于高寒冰缘环境下，但喀斯特还是有所发育的。高原面上的残留峰林、石柱式石芽、石墙、岩柱等，是在高原特殊气候条件下，一种非地带性的气候地貌表现。考虑高原新近纪的气候条件和夷平面的发育情况，应该会有一些喀斯特发育（杨逸畴，1985）。

王富葆于 1990 年认为，以往多数研究者认为这些石林和峰林形成于新近纪热带和亚热带气候，其实不然，它们都是现代冰缘作用下的产物，故称为冰缘喀斯特。最近在为本书提供的意见中认为，由寒冻风化（包括冰雪）作用形成的石林、峰林地貌，见于由石灰岩组成的山地上部斜坡地带至峰顶，可称为冰缘喀斯特。由冰川作用形成的洞穴及石柱等喀斯特形态，是否可称为冰川喀斯特；地表喀斯特形态在第四纪多次冰川作用下应遭冰川破坏，保存不会很多，特别是高原隆起之前的地表喀斯特形态，是否还有残存，应深入研究。

1994 年朱学稳对蚀余峰林和青藏高原喀斯特发育性质等问题提出了质疑和讨论，认为对峰林喀斯特的发育来说，气候条件的热带、非热带与否乃无关紧要，重要的是要有充沛的降水量，但在峰林喀斯特发育的其他条件方面，无论在新近纪还是在第四纪，对青藏高原区是否有过峰林喀斯特的发育历史的讨论似乎便没有实际意义了。一些文献中有关高原喀斯特发育的地带性规律及成层对比等有关问题的讨论和所得出的结论，其依据和可靠性也就同样值得怀疑了。在朱学稳的质疑之后，李德文等（1999）在《青藏高原古岩溶的存在及其与东部地区岩溶的对比》一文中认为有关那些柱状的正地貌形态，朱学稳对早期残余峰林的质疑是正确的，因为它们本质上不是气下岩溶作用的产物，而是土下岩溶作用的结果。随着青藏高原隆升幅度的加大，青藏高原寒冻风化和剥蚀作用逐渐居于主导地位，地表岩溶过程基本停止，覆盖型岩溶剥露。

西藏喀斯特研究的历史较短，国家对西藏非常重视，派出了多批科学考察队，取得了大量珍贵的资料。青藏高原喀斯特地貌的研究已初露锋芒，不仅受到国内喀斯特学者的注意，国外学者也产生了浓厚的兴趣。由于西藏特殊的地理条件和交通条件，考察只能沿着交通线进行，对广阔的高原和高高的山地尚很难到达，对西藏喀斯特地貌的了解，也仅仅是开始，肯定还有很多没有认识的地方。讨论能促进更深入地研究问题，也对今后的考察提供了研究的课题，相信西藏喀斯特地貌的真面目将逐步显现出来。青藏高原占我国面积的四分之一左右，这么大的面积就不会只有一种喀斯特地貌形态。青藏高原在古近纪以来，从海面一直上升到 5000m 以上的高原，经历了热带到寒带的气候变化，经历了复杂的发展历史，因此有各种喀斯特地貌发育的条件。虽有第四纪冰川的扫荡，今天在这个非常干旱的高原上，是否喀斯特地貌完全遭受灭顶之灾、荡然无存，这有待于对青藏高原冰川的性质、分布和发育特点深入研究，也有待于喀斯特深入考察的结果。青藏高原在新近纪时期气候比现在要湿润得多，有可能形成喀斯特地貌的条件，至少在中更新世的间冰期中，可以看到形成了规模不大的洞穴，和很多微形态。所以本书讨论的焦点是青藏高原特殊的、复杂的气候环境条件下，喀斯特地貌的形成和演变问题。青藏高原喀斯特地貌是我国一种特殊的地貌形态，也是世界喀斯特地貌中的瑰宝。

第二节　当前青藏高原喀斯特发育的特点

青藏高原现在气候的特点是：年平均温度从北向南、从西北向东南逐渐升高，由-6℃上升到18℃；降水量大多在400mm以下，由10～100mm向东部边缘上升到1000～4000mm；生态环境也由寒冷干旱、半干旱地带向温带半湿润和亚热带、热带湿润方向发展。河流强烈的溯源侵蚀已进入亚热带半湿润区域。大的地貌轮廓是：青藏高原的南部和东部是河流强烈切割的区域，中部和北部地势平坦、保持着原始准平原的特点。

从大的气候环境分析，青藏高原的极大部分属于干燥地区，这里主要特点是干燥度很高，如拉萨的相对湿度和我国干燥中心的河西走廊一样（表7-1），降水量很小，空气极为干燥。

表7-1　西藏拉萨和甘肃敦煌、民勤相对湿度对照表　　（单位:%）

地区	1月	2月	3月	4月	5月	6月	7月	8月	9月	10月	11月	12月	全年平均
拉萨	28	26	27	36	44	51	62	66	63	49	38	34	44
敦煌	52	40	34	31	33	42	45	45	45	45	51	55	43
民勤	46	40	37	32	36	43	49	52	52	49	48	49	44

由于高原上温度的日较差很大，不论冬夏，晴天通常达50～70℃（王富葆，1990），因此热力机械风化作用很强，形成了遍布高原南北的融冻石丘、石牙和岩墙等地貌形态。夏半年溶蚀强度为9%；年溶蚀强度仅为1.2%，即溶蚀强度仅及桂林的9%和1.2%，说明现代青藏高原区域的碳酸盐岩的溶蚀作用非常弱。青藏高原是我国现代喀斯特发育条件最差的地区。但只要有水的地方，就可能有溶蚀作用发生。常见有很弱的溶蚀现象，在一些裂隙里，常有溶蚀痕迹和干燥区域所特有的碳酸钙膜；在高原南部和东部地区灰岩面上常见雨痕和溶槽等溶蚀地貌（王富葆，1990）。据章典（1994）研究，在寒冷、干旱、高海拔的西藏，多种岩溶微形态分布在几乎所有石灰岩出露地区。现代气候条件下正发育的活形态中，只有一些溶盘、雨痕和梳状溶沟，分布最广的溶盘是生物成因，统计和形态学分析，并没有发现与其他地区同种形态学差异。但活形态的发育表明在这世界

屋脊上，现代仍有微弱的岩溶溶蚀作用在进行。

还有一些喀斯特泉水分布，流量很小，如康马县（多庆错西岸）、班公错畔，即使在昆仑山西段，年降水量仅数十毫米，属永久冻土区的阿其格库勒湖东南岸，也可见到多处流量为0.3～0.6m^3/s的泉水，泉水出露后形成碳酸钙沉积。可见地下溶蚀作用现在仍在进行中。据《中国岩溶学》资料，尚有定日县的新德地下河、亚东县的堆万地下河、定结县的莎尔地下河和班公错的乌江地下河等，流量都在1m^3/s左右。这些现代的裂隙性地下河的发育，表明青藏高原现在这样的气候条件下还有喀斯特过程。

第三节　青藏高原喀斯特地貌的发育史

一、古近纪青藏高原喀斯特地貌发育的特点

青藏高原有两级准平原面，高级准平原分布在海拔6500m左右，现在只是峰顶线表示；还有一级海拔为4500m的高原面，这是青藏高原最主要的高原面。辽阔的高原面大致由西北向东南倾斜，从5000m以上，下降到4000m左右，《西藏地貌》认为其形成于中新世到上新世初，上新世时高原高度在1000m左右。

古近纪，整个高原高度不大，喜马拉雅山地区还被特提斯海占据。直到渐新世海水完全退出。这时青藏高原受行星风系控制，在青藏高原以东地区，北纬25°～35°为热而偏干燥的气候条件，各种沉积物大多呈红色或红棕色，并夹有盐层、钙和石膏层，如衡阳系砂岩和东湖系砂岩中都含有石膏。贵州西部盘县的石脑组中，发现脊椎动物、复足类和植物孢粉等，表明古生物生活在比现在热得多的环境中，哺乳动物是生活在灌木草丛中的马、雷兽、鼷鹿等，复足类有旱地陆栖肺螺类；从孢粉中发现在古近纪下部地层中有近于岩盐地层中的孢粉，从整个环境分析，古近纪是热而偏干燥的环境，这种气候条件非常不利于喀斯特的发育。据白宪洲（2005）研究，青藏高原上的沱沱河盆地中，新生代环境变化划分为三个阶段：古新世—始新世为炎热湿润气候；始新世—渐新世为炎热干燥气候；中新世为温暖湿润气候。

杨逸畴（1985）认为青藏高原地区古近系沉积南北有差异，大体以狮泉河、改则、丁青一线为界，该线以南反映为气候湿热，森林茂密的含煤建造；该线以北为红色碎屑建造，更北部还含有大量薄层石膏，说明气候炎热干燥，这种情况与沱沱河盆地中始新世—渐新世炎热干燥气候和高原以东地区的气候基本相似，均是干燥气候和喀斯特地貌欠发育的时期。这时也是青藏高原准平原形成的时期。

二、新近纪青藏高原喀斯特地貌发育的特点

新近纪，青藏高原准平原开始缓慢升起，高原以东地区，气候变得湿润，地壳运动也随着青藏高原的活动发生联动效应，那时应该是一个统一的准平原系统，也缓缓隆起。在青藏高原以东地区，中新世时期，准平原轻微隆起，有广泛的喀斯特地貌形成，其主要以低矮的峰林为主。在青藏高原地区，中新世时期，气候也变得湿润，据白宪洲（2005）研究，沱沱河盆地中，中新世为温暖湿润气候。据孙瑕和伊海生（2009）研究，沱沱河盆地中，中新世地层为“五道梁组”，经历了三次由低水位变为高水位的旋回性变化，湖泊最低水位期以石膏层出现为标志，高水位期发育洪泛泥岩沉积，初步认为“五道梁组”沉积发育在一个干湿交替的气候期，湖水升降主要受气候控制，而构造升降是次要的控制因素。这说明中新世青藏高原的气候湿润度没有我国东部地区高。

李吉均等（2015）认为当时地球上的热带范围比现在大得多。这种情况一直延续到上新世早期，柴达木盆地还有大象、犀牛、长颈鹿动物群活动，这些动物群在高原面上也有发现。据孢粉资料，这时的自然环境主要是针阔叶混交林，三趾马是森林型动物。

也有学者认为新近纪青藏高原已变为亚热带气候。据林振耀和吴祥定（1987）研究，新近纪青藏高原的年平均温度为16～20℃，相当于我国东部南岭与长江之间的温度，前期比较湿润后期变得干燥。

《西藏地貌》研究认为，上新世湖相沉积中，藏南、藏北许多地方发现三趾马动物群化石，高原面的平均海拔在1000m左右，属较暖湿的亚热带气候。

我国东部热带峰林从新近纪到第四纪都有形成，但现代峰林形成主要在桂林地区，年平均温度18℃是它保持生存、发展的最低温度，其大多数都分布于海拔600m以下，如果当时青藏高原具有上述温度、降水量和高度的条件，就有可能有峰林的形成。如果处在这个高度，而年平均温度达不到18℃，只要能保持在14℃以上，就有形成亚热带气候特点的缓丘地貌。

根据上述专家的意见，到上新世早期，青藏高原是处于热带还是亚热带气候，尚有争论。但是昆明以西新近纪喀斯特地貌的特点已缺乏典型的峰林状特征，这里随着青藏高原升起西南季风逐渐加强，湿润度也逐渐提高，因此延伸到青藏高原，在新近纪是否还有峰林分布，值得怀疑。所以本书认为青藏高原的高度，在新近纪或者说上新世，似乎要大于1000m。喀斯特地貌可能以亚热带的缓丘地貌为特征。到上新世上升强度稍大，发展成为丘丛洼地。从中新世到上新世早期是青藏高原喀斯特地貌发育的最好时期。

三、上新世中期以后青藏高原喀斯特地貌的演变

由于喜马拉雅山的升起，南方的湿润气流受喜马拉雅山的影响，很难进入高原地区。资料显示，8Ma 前后有个干旱事件，三趾马动物群从森林型转为草原型。孢粉中，蒿、藜大量出现，木本植被减少（李吉均等，2015）。因此，这时青藏高原上的喀斯特地貌的发育受到抑制，到 8Ma 以后气候向干冷方向发展，表明喜马拉雅山脉已升起到相当的高度，有阻止从南向北湿气输送的能力，同时青藏高原也开始明显上升。所以上新世以来喀斯特发育的条件变差，向干燥温带气候和寒冷气候转变，喀斯特正地形生存条件基本不存在了，由于气候变得干燥，地下喀斯特地貌的形成过程也变得十分微弱。

第四纪，青葳高原强烈上升，上升到 4000m 以上。气候条件发生了翻天覆地的变化，这时雪域高原喀斯特的形成因素也发生了根本性的变化。融冻作用、冰缘作用、寒冻机械风化作用和风蚀作用等形成了一系列特殊的地貌形态；上升前形成的古老的喀斯特地貌也被它们所改造。在海拔 3000m 高度以上，凡有碳酸盐岩分布的地方，都可以看到如柱、如林的喀斯特地貌，寒冻风化作用和冰缘作用等特殊形态笼罩着整个高原，很多古老的喀斯特地貌的形态，均在它们的掩盖之下，变得难以辨认。

进入早更新世，青藏高原强烈上升，导致第四纪冰期的来临，低温和冰川是喀斯特地貌发育的两大克星。低温使喀斯特地貌遭受溶冻作用、寒冻机械风化作用、冰缘作用和风蚀作用的强烈破坏。冰川特别是流动的冰川，对喀斯特地貌具有摧毁性作用。而高原面上的大陆冰川或冰盖区域，因降雪量较少，冰川和冰盖的厚度不一定都很厚，其流动性也较小。干燥区域冰川融化的蒸发作用强烈，冰溶水较少，对喀斯特地貌的破坏作用相对要小一些。如果有些地方没有冰川和冰盖分布，那么这些地方应该在一定程度上保持有原始喀斯特地貌分布。当然这些喀斯特地貌有可能躲过冰川的破坏，但也逃不过融冻风化作用、冰缘气候的影响。但是总会保留有两种气候影响的复合痕迹，据此可以追溯过去的特点，所以了解第四纪青藏高原上各地冰川的性质和分布范围是十分重要的。

青藏高原上第四纪有 2～4 次冰期。早期的希夏邦马冰期的冰川规模小，冰川遗迹只局限于希夏邦马峰等喜马拉雅山的个别高峰附近，广大藏东南和藏北地区尚未发现有这次冰川作用的确凿遗迹。因此这次冰期对西藏喀斯特地貌的摧残作用有限。

中更新世聂拉莫冰期的形成和发展，是西藏第四纪冰川规模最大的一次。它的遗迹在喜马拉雅山北麓、念青唐古拉山东南麓、唐古拉山、昆仑山、藏东南谷

地中都可见到。

在气候干燥度很高的藏北高原，似乎只有两次冰期，规模也不大，冰川遗迹也都局限于山体的内部，很少延伸到山麓盆地和平原（中国科学院青藏高原综合科学考察队，1983）。在这些冰川没有发育的地区，如果以前这里有喀斯特地貌发育的话，毋庸置疑，那些喀斯特地貌在一定程度上得到了保护。

四、中晚更新世青藏高原大水湖时期

大冰期之后来了一个大间冰期，是第四纪中气候最温暖、湿润的时期。藏北高原上湖泊水面广阔，且多淡水，表示降水量也稍多；海拔较低的地方为亚热带气候，应该是第四纪喀斯特地貌发育较强的时期。在这些湖泊的高级阶地相当高度，常见有浪蚀的痕迹和洞穴的分布。在班戈错北部成排的峰林的半腰处有古湖泊浪蚀的痕迹，其高度比今日班戈错水面高 80 ~ 90m。根据洞穴中 $CaCO_3$ 堆积物的铀系测年，发现大多数洞穴形成于中更新世或中更新以前（王富葆，1990）。在中更新世以后，溶洞的数量也不多了。

晚更新世以来的冰期规模都较小，大体上与现代冰川的规模相似，主要以山谷冰川为主，间冰期的温度比现在要高一些。

第四节　关于青藏高原喀斯特地貌问题的讨论

青藏高原从新生代以来，天翻地覆的气候变化之后，还有没有保存古老的喀斯特形态，这是大家十分关心的问题，本节从下面几个方面进行探讨。

一、喀斯特发育和形成的气候条件

一方面，喀斯特地貌的形成与温度有关，所以在温度高的地方喀斯特地貌很发育。但另一方面，其形成又与水关系密切，只要有水就有喀斯特地貌发育，不过是形成速度、发育强度、形态大小等有差别而已，甚至在冰川区域也有喀斯特地貌形成。这里有两种情况：一种是在寒冷的气候条件下冰川和冻土区域、冰期与间冰期交替发生的喀斯特过程。在福特和威廉姆斯（2015）的《岩溶水文地质与地貌学》中有比较详细的研究。另一种是大陆漂移引起的气候变化。例如，挪威北部的极地及邻近地区，在新近纪时期属温热的湿润气候区，喀斯特很发育。第四纪冰川作用，地表岩溶形态被破坏了，但地下洞穴系统得以保存。这里有记录的洞穴有 1100 多个，最长达 11km，最深为 630m。但是原始的地貌被第

四纪冰川扫荡殆尽。现在地表发育有丰富的喀斯特微形态，有各种溶沟、溶槽和石芽等（李彬，1997）。同样在 R. Ireland（英格兰）西海岸的 Sligo 地区，朱学稳（1991b）考察过那里的残存喀斯特地貌。这里不但有锥状山丘，还有山间盆地，峰洼高差可达数十米至百米以上，这种地貌在西欧是很少见的。这里降水量较多，沿海许多地区降水量可达 3000 ~ 5000mm。这里还广泛分布着石炭系碳酸盐岩，岩性尚佳，厚度也大，具备喀斯特发育和形成的基本条件。然而这一地区却曾遭受过第四纪冰川广泛而强烈的侵蚀，早期的地形，大都已荡然无存了。而 Sligo 地区附近的那一块锥状喀斯特地形，很可能是水流间隙中的幸存者（朱学稳，1991b）。在波兰克拉科夫高原上有残留峰林分布。在罗马尼亚也保留有峰丛洼地的喀斯特地貌，这些地貌显然不是现在的气候条件下形成的。这两个地区的降水量现在都不到 700mm，显然是古喀斯特地貌的遗迹。

作为世界第三极的青藏高原，喀斯特地貌的演变比上述欧洲情况更为复杂。

二、青藏高原主要的喀斯特地貌形态

1）洞穴。喀斯特洞穴是青藏高原碳酸盐岩地区常见的地貌形态，它也有地带性分布规律。在我国东部，从南到北随着温度和降水量的降低，洞穴的密度、洞穴的长度、洞穴的大小都逐步减小，洞穴中钟乳石等也相应减少。在我国南方热带喀斯特地区“无山不洞”的美景，到亚热带地区已风光不再，北方和东北洞穴小而少，在华北，洞长几米至十几米的壁龛式的洞穴，在山区常见。洞中化学沉积物也较少，且主要分布在水流较大的河流边，有些洞穴中也没有钟乳石等形成。

在青藏高原洞穴比较常见，规模很小，一般深度仅几米到十米左右，分布在离地面不同的高度。至于它应该叫什么名字，是溶洞还是洞穴，很难说得清楚。西藏大多数洞穴中没有碳酸钙形成物，根本原因是青藏高原气候干燥，洞穴形成于水中，出露于干燥气候下，由于空气中湿度很低，洞内化学沉积物极少，即使有也呈钟乳瘤的形式，洞壁光滑，没有流痕等溶蚀痕迹，在一些洞穴中虽然没有钟乳石等化学沉积物，但在洞底的堆积物中有钟乳石等崩塌物，这就是西藏洞穴发育的特色，因此以洞穴中的钟乳石而论，那确实无法与我国东部的洞穴相比。但也不是仅仅西藏如此，在半湿润的华北洞穴中，没有钟乳石的例子也不在少数。不能轻易认为这不是溶洞，只能认为这是特殊的溶洞——西藏高寒地区特色的溶洞。

2）地下河。目前知道的西藏最长的洞穴，是阿里地区日土县多玛区多阁所见到典型的穿洞，地面高程约为 4400m，发育在上古生界厚层灰岩山峰的山腰，沿断层发育，长约百米，洞口较小，高约为4m，宽约为3m，洞内有大厅和天窗各一个，大厅高约为10m，宽为8m，天窗高为15m左右（王富葆，1990）。形成时的流水量比现在大得多。有可能是从前的地下河，经地壳上升到现在的高度。该地下河发育在孤峰的山腰上（中国科学院青藏高原综合科学考察队，1983）。如果过去这里曾发生过冰川的话，这种正地形是无法保存的，这表明青藏高原上还有第四纪冰川没有到达的地方。青藏高原上这种古地下河目前发现很少，这既有青藏高原气候问题，也有岩性条件差等原因，缺乏地下河发育的条件，以及在强烈的寒冻风化作用下古地下河保存的条件很差；也可能由于考察的活动范围有限，了解不够的原因。

3）丘丛洼地类地貌。上述地下河的存在，表明当时喀斯特地貌已经发育到丘丛的阶段，地表有洼地的形成。在索县西南的雅纳山由侏罗系灰岩及砂岩组成，这里常见峰林包围着堆积的洼地，其中残留峰林高度为20m左右；在残留峰林中有溶洞，大的溶洞出口高为5～6m，有的洞顶已坍陷，并见有天生桥8～9处（中国科学院青藏高原综合科学考察队，1983）。这一段叙述中，洼地都很浅，属丘丛浅洼地貌的特征。说常见，表示不止一处。据崔之久、郑本兴等报道，在昂章山地区也有溶蚀洼地的分布。这种地貌特征反映了特有的气候地貌形态，笔者认为属于亚热带地貌类型，它们只有在中新世和早上新世时比较湿润的热带、亚热带气候条件下才有可能形成。当然从正地形和负地形来说，与我国东部的热带、亚热带的喀斯特地貌是不能相比的。单就岩性的特点，就不可能形成我国东部的热带、亚热带那样典型的喀斯特地貌。它又经历了寒冷气候的改造，自然已面目全非了。至于负地形——洼地，很浅是由于地下河发育不充分和被后期风化物质的充填造成的。但是有一个基本规律是不变的，即丘丛与浅洼为伴，是亚热带的气候特征。在温带气候条件下就不会发育这种地貌。所以如果上面这些叙述正确的话，说明青藏高原曾经属于亚热带气候，发育过丘丛洼地的地貌。

三、岩性、构造对青藏高原喀斯特地貌发育的影响

喀斯特地貌有地带性分布的特点，典型的地带性特征分布在厚层、质纯的碳酸盐岩区域，而青藏高原上的碳酸盐岩具有岩层薄、多具夹层、岩性不纯、高度倾斜等特点，因此青藏高原喀斯特地貌不可能有很典型的地带性特征。目前青藏高原有状似峰丛或丘丛等形态，这是现代强烈的寒冻风化作用下形成的特征，不一定是峰丛和缓丘（亚热带类型）的实体的反映。要确定这是峰林或丘丛需要一些因素的配合。例如，洼地，周围有峰林或丘丛相配合，才可以确定峰丛或丘丛洼地的存在。峰丛或丘丛洼地属于热带或亚热带气候地貌类型，但这种峰丛或

丘丛洼地，由于层薄、岩性不纯，不会像我国东部亚热带地区那样，在规模很大的流域里有大量的分布。由于降水量较少，在洼地以下也不可能有发达的、系统的地下河形成，所以地表洼地的属性只是浅洼的特征。这就是青藏高原峰丛或丘丛洼地的特点，目前地表洼地已多处发现，但古地下河的踪迹却是凤毛麟角。地表除了王富葆报道的那段古地下河之外，尚无更多的例子。地下河罕见，既与碳酸盐岩的厚度有关，也与气候有关，西藏碳酸盐岩的厚度很薄，岩性不纯，这是对地下河发育非常不利的因素。中新世与上新世早期，虽然气候比较湿润，但那时距海洋遥远，降水量也距海洋越远而越少，所以当时的青藏高原上，已不如我国东部那样湿润了，也缺乏印度那样的湿润条件，至于像挪威那样的新近纪发达的地下喀斯特系统更是没有踪影。这就是青藏高原上的峰丛或丘丛洼地地貌的属性。

就我国东部地区喀斯特地貌发育的规律而言，在峰丛或丘丛洼地地貌之前必然有峰林或缓丘的发育阶段。青藏高原在新近纪初期开始上升时，上升量很小，气候温暖湿润，也有峰林或缓丘形成的条件。但无论是古峰林还是古缓丘，在以后的冰期中，强烈的寒冻风化作用下，这种地貌是否能保存原有的形态，很难预料。从理论上讲，可以有两种发育过程：一种是原始的峰林或缓丘，受后期寒冻风化作用强烈的破坏；另一种是地面上升，地表风化壳被侵蚀、剥蚀，出露坚硬的灰岩岩体，形似峰林或缓丘。这两种地貌形态怎么区分，是一个很大的难题。这比确定峰丛或丘丛洼地地貌更为困难。因为它个体单一，生存条件是几乎平坦的地面，现在很多地方都经受下切，地貌坡度增加，是否存在峰林或缓丘地貌个体的痕迹，很难辨认。再者遭遇强烈的融冻风化作用，原有的地貌形态经受了改造，因此有些个体似乎像峰林或缓丘，但必须有一定的证据才能确定峰林或缓丘地貌的存在。不论现在地表是否还存在单个峰林或缓丘地貌，但现在尚存的峰丛或丘丛洼地地貌，它是一种复合地貌，是从峰林或缓丘的基础上演变过来的。所以不能否定当时有峰林或缓丘地貌发展阶段的事实。就是说，有峰林或缓丘发展阶段的存在，但不一定有典型的峰林或缓丘形态的保存。在我国东部地区峰林或缓丘都分布在地势低平的地方，如桂林峰林的比例达 50% 左右；而上升强度稍大的地方，峰林的比例仅占 10% 以下。按照这个规律，青藏高原上原始的峰林或缓丘似乎不会太多。那么现在青藏高原上散布的似峰林或缓丘状的地形，按照崔之久更正的观点，属于“土下”发育的形态。所以对这种地形不能称之为“蚀余峰林”。因这些形态高度都不太大，且是在强烈的冻融风化作用下形成的，故称为“冻融残丘”，以便与“蚀余峰林”区别。

在我国东部地区，峰林或缓丘在各个地质时期都可以形成，且现在分布于不同的高度。但它原始的形成条件是在平原的基础上产生的，形成的地势很低。目前我国还在形成过程中的峰林在桂林地区，现在峰顶高度大多数在海拔600m以下，其上是峰丛浅洼。在浙江杭州瑶琳洞附近，缓丘的分布高度在海拔230～500m，在低平的平原区域，缓丘呈大面积分布，占浙西喀斯特总面积的57.7%，相当于纯和较纯的碳酸盐岩分布面积。林钧枢等（1993）的喀斯特高峰丘与周宣森（1986）的高缓丘，实际上是同一个类型，形似馒头状，比高为100～200m，有漏斗和洼地分布。林钧枢认为顶部是新近纪的剥蚀面。这些特点显然相当于热带喀斯特地区的峰丛浅洼特征。从上述两个例子可见，峰林（缓丘）和峰丛（丘丛）形成的原始高度并不很高。因此从新近纪青藏高原开始上升，到上新世早期，高原面升至1000m（或更高一些）的过程中，完全有条件可以形成类似峰林（缓丘）和丘丛的地貌类型。与我国东部地区喀斯特地貌发育的时间对照，峰林或缓丘应该在中新世形成，而峰丛或丘丛洼地地貌形成于上新世。我国东部各地貌阶梯是随着青藏高原上升而相应地上升，它们应该基本上属于同步发展。由中新世到上新世是峰林（缓丘）和峰丛（丘丛）形成的时期。从这个观点出发，关于青藏高原剥蚀面的形成时间应该是古近纪末。从新近纪开始处于缓慢上升阶段，即青藏高原的隆起阶段，开始喀斯特地貌的特点是峰林（缓丘），以后上升演变为峰丛（丘丛）阶段，证明青藏高原缓缓升起，并逐步加强的过程。

由于青藏高原从8Ma前起气候变得干燥，高原面上的亚热带喀斯特地貌的发育就宣告结束，这一点是与我国东部亚热带地区喀斯特地貌发育不同的地方，从此青藏高原喀斯特地貌发育进入寒冷的发育阶段。

第三篇

喀斯特洼地形成规律与应用

第八章　喀斯特洼地成因与分布规律

喀斯特洼地在我国分布很广，遍布我国热带及亚热带峰丛洼地和丘丛洼地区域。分布区地形崎岖；降水量很大，但地表严重缺水，坡面石漠化；交通出行十分困难，是喀斯特地区中人类生存条件最差的地区和经济发展最困难的地区，造成这种情况的罪魁祸首是洼地和地下河。洼地是喀斯特地区发育最活跃的地貌类型之一，它的发育情况深深地影响着人类的生产和活动。洼地越深对喀斯特地区的生态环境破坏越大，对人类活动的影响越大。喀斯特发育强烈的峰丛洼地遍布热带喀斯特地区，成为石漠化的顶尖区域。尽管热带喀斯特地区具有优越的水热条件，也无济于事。丰富的水资源隐藏地下，知之不易，取之困难。地表易旱易涝，耕作无保障。这里的居民成为最贫困的一族。因此洼地的分布和发育特征就成为划分石漠化的重要指标之一。

长久以来，认为喀斯特洼地的分布是杂乱无章的，20 世纪 50 年代初，经辩证唯物主义的学习后，普遍认识到喀斯特洼地的分布是有规律的，从而引导大家去寻找喀斯特洼地的分布规律，这是理论研究的需要，更是国家建设事业的需要，所以众多学者想尽各种办法去寻找其规律性。

20 世纪 70 年代，中华人民共和国地质部提出了喀斯特地下水的攻关计划，集全国之力、利用我国所有的科学方法和手段，进行了大量的艰苦工作，取得了很多成绩。中国科学院地理研究所地貌研究室喀斯特组，在这次攻关任务中，研究了洼地分布规律，提出了洼地分析法——预测地下水系分布的方法，应用地貌学的理论，解决了长久以来人们对洼地分布规律性的认识困惑。在此基础上，进一步研究了洼地形成的规律，从理论上初步建立了我国喀斯特地貌的形成过程及其地下河的分布规律。

第一节　洼地地貌的概况

洼地在我国喀斯特地区分布最广、类型众多，其面积大小不一，从几百平方米到以平方千米计。洼地在各个地质时期都可形成。从正地形的观点去看洼地，它不是一个独立的地貌形态，构成峰丛山地；如果从组合地貌来说，称为峰丛洼地。从负地形的观点看洼地，洼地是一个独立的地貌单元。围绕洼地周围的山体，都是洼地的组成部分，成为洼地的边坡和分水岭。所以整个峰丛洼地区域，实际上都是由洼地组成，称多边形喀斯特，这是新西兰地貌学家 P. W. Williams 首先从形态学的角度提出的观点。他将洼地周围的峰顶和垭口相连，构成洼地的分水线，这种洼地一般为六边形和五边形，形似蜂窝，在我国有蜂窝状结构之称。从发展的观点看，洼地是属于新构造运动上升强度较大地区特殊的喀斯特地貌类型，是流水垂直循环作用下形成的地貌形态。从空中俯视，首先看到的是线状结构，再深入分析，线状结构中有一系列的洼地（图 8-1）。这是峰丛洼地在航空图像上的综合反映，说明洼地是在河流的基础上发展而来，是地壳上升过程中的产物。

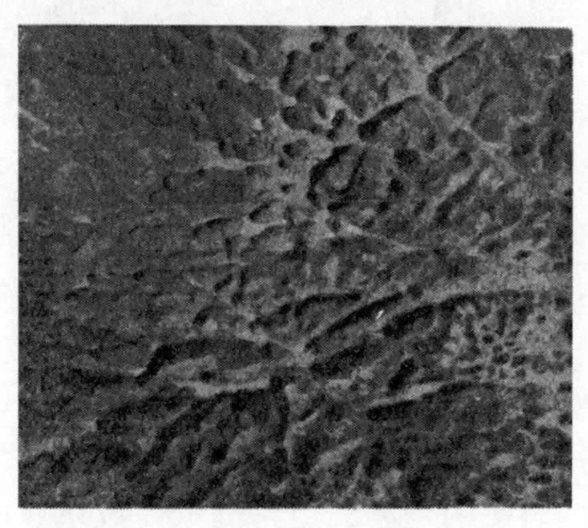

(a)航空照片

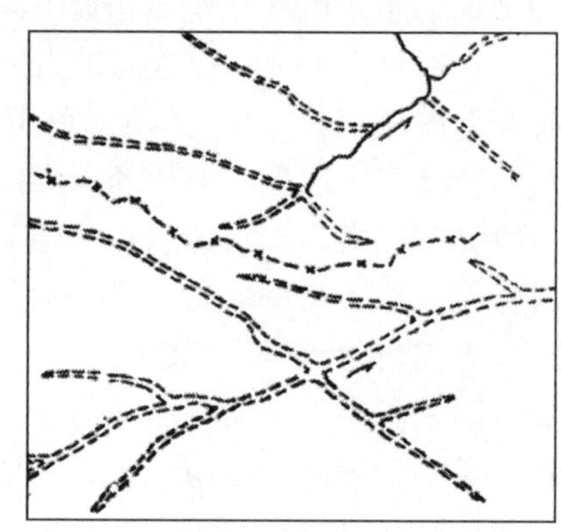

(b)地下水系

图 8-1　航空照片与喀斯特地下水系

资料来源：陈治平等，1981

典型的洼地都有封闭的特征，即使在暴雨和洪水季节，水流也不溢出洼地。洼地总是和地下河伴生在一起，离开了地下河，洼地就没有生存的条件了。

第二节　喀斯特洼地的分布规律

喀斯特洼地分布规律性与岩性和构造、流水活动等多种因素有关，所以关于洼地形成规律也是从多方面、不同的角度去研究。

一、岩性的因素

洼地都在碳酸盐岩上发育，岩性是影响洼地特征和分布的一个重要因素，很多学者关注岩性对洼地形成的关系，尤其是地质方面的人士研究较多。在岩滩水库进行水库分水岭渗漏问题研究时，张玉荣（1985）对工作区不同岩性和洼地的关系进行了深入细致的分析研究，以数字来表达分布的特点（这些数字是平均数）。工作区面积较大，又与广西都安地苏地下水系流域典型的峰丛洼地相邻，因此这些数据具有代表性和可靠性。

以岩滩水库左岸为例（表8-1），表8-1中说明了不同碳酸盐岩地层中的深洼地率有很大差别。深洼地在广西都安一般深度可达200m以上，在表8-1中的C_1d岩性最纯、厚度较大。还可以看到，随着碳酸盐岩的纯度减小，深洼地率就迅速降低。例如，D_3也是比较纯的碳酸盐岩地层，深洼地率为每平方千米1.8个。P_1q、P_1m含硅质条带，结核较多，溶蚀强度较弱，因而深洼地率较小，为0.7个/km^2。将深洼地率转换一下，变为每个深洼地的面积，列于表8-2。

表8-1　不同碳酸盐岩地层洼地面积率和深洼地率统计表

地层符号	D_3	C_1y	C_1d	C_2	C_3	P_1q	P_1m
洼地面积率（%）	7.28	8.52	8.90	6.39	7.20	3.41	14.5
深洼地率（个/km^2）	1.8	0.8	2.5	0.5	1.0	0.7	0.7

资料来源：张玉荣，1985

表8-2　不同碳酸盐岩地层深洼地面积、直径和相对溶蚀强度统计表

地层符号	C_1d	D_3	C_3	C_1y	P_1q	P_1m	C_2
每个深洼地的面积（m^2）	400 000	555 555	1 000 000	1 250 000	1 428 571	1 428 571	2 000 000
每个深洼地的直径（m）	714	841	1 128	1 262	1 349	1 349	1 596
相对溶蚀强度（%）	100	85	63	57	53	53	45

不同地层中深洼地及其分布的特点如下。

1）深洼地的面积在岩层厚、产状平缓的条件下，最纯的碳酸盐岩区域的洼地面积最小，随着碳酸盐岩纯度的降低而深洼地的面积增大。从表8-2中看到，其中岩性较纯的是C_1d，这里的深洼地的面积最小，面积仅为400 000m^2；D_3也是比较纯的碳酸盐岩地层，深洼地率为1.8个/km^2，每个深洼地的面积平均为555 555m^2；P_1q、P_1m含硅质条带，结核较多，溶蚀强度较弱，因而深洼地面积较大，为1 428 571m^2；洼地中面积最大值达2 000 000m^2（C_2地层）。

2）比较纯的碳酸盐岩地层（C_1d）中的洼地下切深度最大，也就是说底部高程越低，随着碳酸盐岩的纯度减小，洼地的下切深度逐渐减小，在同一个流域里其底部高程逐渐变高，依次为D_3、C_3、C_1，在P_1m地层达到最高值。

表8-2中，把深洼地的直径大小理解为与该岩层溶蚀强度有关，溶蚀强度的大小也影响洼地底部竖井的发育。所以本书将该洼地溶蚀强度最大的C_1d地层的溶蚀

强度设为100%，依次 D_3为85%、C_3为63%、C_1y 为57%、P_1q 和 P_1m 均为53%、C_2为45%。这说明岩性越纯，洼地下的地下河之间的联系越通畅。岩性不纯，溶蚀强度低，影响洼地与地下河之间竖井的发育，排水作用不强，侵蚀作用比较显著，水流只能停留在洼地中，起着扩大洼地面积的作用。

3）岩性较纯者都是低洼地带分布的地方，也就是深洼地分布的地方，成为地下河的发育带。

上述几点，这就是地苏地下河系及其附近地区，不同碳酸盐岩地层中洼地的分布规律。

但也有一些特殊的地方，当不太纯的薄层碳酸盐岩，岩层倾角又大，洼地的面积很小，一般为5～8个/km^2，甚至更多。洼地底部高程很高，主要处于流域中上游和分水岭地带，是发育不充分的洼地，洼地底部以裂隙性渗漏为主。

二、构造的作用

构造对洼地的影响，主要有三点，具体如下。

1）地块的升降，决定了区域喀斯特洼地发展的方向；在上升强度小的地区，水平溶蚀为主，洼地底部平坦；在强烈上升区域，以垂直下切为主。

2）在不同构造营力的作用下，不同的碳酸盐岩地层有不同的构造格局，这格局构成对洼地面积的控制。

3）洼地长轴延伸方向，受主要构造线控制。

本书提出洼地直径的观点。峰丛洼地是多边形的，或者称蜂窝状的；有圆形的，也有长条形的。为叙述方便，本书都把它看成圆形的，洼地的平均面积是利用深洼地率演算得来的。它的直径可通过下列公式计算出来。

$$S = \pi R^2$$

式中，S 为面积；$\pi \approx 3.1416$；R 为半径。计算出来的结果是半径，再乘以2便是直径。为什么要用直径的观点呢？如果从不同碳酸盐岩地层中断裂的框架去研究对洼地规模的影响，很显然，目前还没有这个条件。而现在摆在我们面前是具体的洼地，这就是构造作用的结果，首先要明白这个结果，才能利用这个结果反推原因，地层中断裂众多，不是每一条断裂都会在洼地形成中发挥作用，尤其是洼地中心的垂直通道的形成，是需要一定条件的。例如，一般需要两条断裂互相交叉而形成，本书把它典型化一点，这个洼地是圆形的，落水洞就位于圆心，那么相邻两个相同的洼地的圆心之间的距离，就相当于一个圆形洼地的直径，这是一个最简单的办法。本书把它理解为两个一定条件断层之间的距离。这个距离在不同碳酸盐岩地层中是不同的，如 C_1d 中洼地的直径最小，为714m，表示有效形成洼地断裂交叉点之间的距离平均为714m。倒过来说，由于 C_1d 中断裂框架的平均距离约为714m，是这个构造框架控制了 C_1d 中洼地的面积。相应的 D_3 中断裂框架的距离约为841m，P_1m 中断裂框架的距离最大达1596m。

洼地直径的大小与不同碳酸盐岩地层的刚性度有关，纯的碳酸盐岩地层刚性较强，硬度大，比较脆，控制洼地面积的断裂间的距离比较小，随着刚性减小，断裂间的距离增加，这就是制约洼地面积的要素。

按照这个观点，同样地层、同样岩性的地方就有面积相似的洼地，表现为洼地等距离分布的规律。地引力的波状传播，在一定范围内服从于一定的疏密度分布规律，导致应变类型呈等间距分布。由这些裂隙、断裂控制的洼地，自然也在一定范围内，以一定的间距出现，构成空间分布的一致性（邓自强等，1987）。

三、洼地在流域里的分布特点

洼地大小与岩性有关，受构造控制。但洼地是流水作用形成的，每个洼地在流域里具有一定的位置，受特定的水动力条件作用，它会改造、修饰岩性等赋予的洼地特点，使其具有特定的流域形态特征。如果流域里没有岩性的差别，从上游向下游洼地的面积将逐渐增大。洼地的特征与纵剖面比降有直接的关系。当洼地纵剖面比降在13‰以上时，以圆洼地为主，其底部很少或几乎没有平坦的地面和沉积物，这显示流水的垂直循环很强烈。例如，黄后地下河的下游，处于云贵高原的东部，是强烈的溯源侵蚀区域，这里低洼地地带的比降在20‰以上，都是峰丛圆洼地。在都安县都阳以北地区，低洼地带的上游也以圆洼地为主。当纵剖面比降小于8‰时，以谷地和长洼地为主，具有宽而长的平坦地面，有沉积物分布，地下河埋藏较浅，是农耕之地，是水平循环显著的区域，如独山县黄后地下河的中、上游是峰林谷地区域。纵坡面比降为8‰～13‰多复合洼地，即一个长洼地中有几个深洼地。流水作用下的洼地的规模和形态分布与河流纵剖面特征有关。在正常的下凹纵剖面区域，从上游向下游，从分水岭向河口，洼地有逐渐增大的趋势。在反均衡剖面流域里，下游洼地的面积较小。

在岩滩水库渗漏工作区，都是峰丛洼地，发现从流域的上游向下游，洼地的分布不是那么简单。在河流纵剖面的不同位置，洼地也有区别，中游和偏上区域，是纵剖面比降开始增加的区域，往往是垂直循环最强的地方。工作区域流域的海拔为200～1100m，如在500～800m，洼地的个数最多，洼地的总面积却最小。说明这里喀斯特垂直溶蚀作用最为强烈，是地下河上溯所及的地方，比上游更为强烈。在高程为200～300m的下游地区，洼地个数最少，而每个洼地的总面积却最大。

邓自强等（1987）研究桂林的洼地以后发现具有同样的特点：存在着洼地由复杂到简单以至消亡的现象，这些都是洼地演化时空关系的反映。说得具体一点，就是那些规模大、平面形态呈椭圆形至不规则状，剖面形态呈“U”形，内部结构呈残山或叠置形的较复杂的洼地，主要集中在本区海拔为200～300m的地区；海拔为300m以上的洼地一般规模较小，形态也较简单，剖面形态多为浅碟状，内部结构属单一型；海拔为200m以下的洼地多倾向于发展到简单的过渡形态，靠近峰林平原的洼地常联通成片，成为不封闭洼地或为平原的连接部分。这种空间的分布规律，无疑是反映了桂林喀斯特洼地演化的趋向。

以上两个例子都是河流下凹纵剖面上的特点。

在云贵高原区域、喀斯特洼地分布的特点与上述地区不同，由于河流下游具有反均衡剖面的特点，河流下游的比降很大，使河流成为深谷，从上中游进入下游的河水，汇入深切河谷中排泄。而下游广大地区喀斯特洼地的发育与其他地区一样，只依靠降水形成深切的、规模较小又深的洼地。这和桂林流域里洼地分布的特点相反，桂林地区，洼地规模从上游的深而小，向中游逐渐变为浅而大。在云贵高原东部，从河流中游向河流下游，洼地的面积越来越小，而深度则越来越深。

第九章　喀斯特洼地的演变规律

洼地是喀斯特地貌中一个十分重要的地貌类型，也是一个十分特殊的地貌类型。从表面看，它是一个独立的地貌类型，事实上，它不是一个独立的地貌类型，它依赖于地下河的存在。它的形成过程随着地下河的形成、发展而变化，最大的特点是它只有集水的功能，它是依地下河排水的能力决定洼地的特点和发育过程。例如，在洼地形成初期，地下河还没有成型，但开始吸引小规模的地表水向地下渗漏，在渗漏集中的地方形成一些漏斗，在枯水季节，降低到一定水位以后，当漏斗渗水量大于河流下泄量时，河流就会出现断流，那时就会出现大洼地的雏形。但只是一些不受人们注意的浅洼地，当地下河排泄洪水量逐步增加时，漏斗的规模也逐渐增大、变深，同时大洼地的轮廓也逐渐扩大。所以洼地的形成与地下河的发育有密切的依赖关系，没有地下河的形成和发展就没有洼地的形成与发展，洼地实际上是地下河的一个特殊的组成部分，因此反过来看，洼地的特征也反映了地下河的发育状况。

第一节　热带喀斯特洼地的形成和演变

在热带峰丛喀斯特区域，从云贵高原的东部向东到达桂林盆地，喀斯特洼地众多，但它们的结构特点不完全一致，洼地都形成在地壳上升强度较大的地方，它们之间结构的差异也与地壳上升强度的差异有关。在云贵高原东部，因地壳上升强度较大，不同时期的地貌是分列的，所以有浅洼和深洼的区分；在云贵高原东部的斜坡地带，属于地壳均衡上升地带，洼地呈继承性发育，地貌发育是重叠的，在地下河的主流和支流上洼地呈深洼特征。在深洼之间，原系浅洼区域，因受后来强烈深切的影响，也发生强烈的下切，形成过渡性的深切洼地。在桂林盆地中的喀斯特地貌区域，地壳上升强度不大，在这里看不到浅洼与深洼的特点。从这三地洼地分布特征看来，峰丛中浅洼和深洼的分异的特点，主要与地壳上升强度有关，造成流水切割的深度不同，尤其是河流纵剖面呈反均衡剖面的地方分异更加明显。

从上述三地洼地特征分析，尤其是云贵高原东部地区深洼、浅洼分列的特点表明，洼地的发育可以分为两个阶段，即浅洼阶段和深洼阶段。但从洼地形成的动力过程来说，可能还有一个阶段，即洼地形成的初始阶段。因为洼地区域的水动力过程是垂直循环作用，而洼地形成发育之前是峰林平原阶段，是以水平循环为主的动力条件。从水平循环演变到垂直循环，有一个转化的阶段，即从水平循环向垂直循环转化的过程。因有新的地下河开始发育，地表河水随着渗漏作用的发生、发展而逐渐减小，常年河流转为间歇性河流，最后完全断流。这个过程也是洼地雏形的形成时期。所以洼地的形成应该分为三个阶段，也可以认为是发育三部曲，每一个阶段都有地上和地下特殊的地貌特点和演化过程。

一、洼地形成的初始阶段

当地壳开始上升，宁静的水平循环状态受到影响，水动力条件中垂直因素产生，并随着地壳上升强度的增加而增加，这时发育在碳酸盐岩区域的河流，就会发生两种变化：一种是常规河流那样发生下切，并开始溯源侵蚀；另一种是由于碳酸盐岩溶蚀的特性，河床上的碳酸盐岩岩层裂隙的溶蚀作用增强，将河水引向河床的下部，产生河水下渗。它向下发展的过程、特点和速度随着地区温度或气候带的不同而有很大的区别。在热带喀斯特地区具有很高的溶蚀强度，有利于地表河水向下渗漏。沿着裂隙向下渗漏的河水，是由新的地下河形成发展的要求决定。河流受渗漏作用的影响，河水流量逐渐减小，促使在河床中伴有洼地雏形的出现。

朱德浩（1985）认为洼地初始出现位置主要受当地数组方向不同的节理、裂隙所控制。在它们的交点上发育出最初的小洼地，随着节理、裂隙的扩大，岩石的次生渗漏性极大地增加，一些小落水洞开始发生并不断发展。各个洼地在各自扩大发展时，发生剧烈的竞争，各个洼地都力图争夺到更多的水量，从而扩大各自的流域面积。在经过一段时期的互相袭夺、并吞之后，便形成紧密排列、大致均匀分布的多边形洼地网。这实际上也是当前一些学者普遍的看法。朱德浩把这一阶段称为洼地的雏形发展阶段。不过竞争的观点是强者恒强，自由竞争是不可能形成大致均匀分布的多边形洼地网的。因此必然还有其他一些控制因素，限制着洼地面积的发展。邓自强等（1987）认为构造形迹的等距展布，控制洼地分布的等距性。

在热带、亚热带地区，从地壳上升运动开始时，一般来说，地面都有地表河分布，当地壳上升，开始有流水垂直循环现象的发展，导致河流的分解，河床上形成漏斗，发展成洼地。从航空相片上可以明显地看到，负地形的特点首先是线性结构，在线性影像中才显示洼地的特征。这表示洼地的形成，是在线性结构，即原始河流的基础上发展起来的。这是地壳由平静向上升转变的特征。从原始的漏斗发展到洼地，都必须有水源的支持，由于地面水系的存在，在洼地的形成过程中提供了水源和动力的保证。无论是地表水系的下切，或是喀斯特地下河的发展，都必须依靠原始地表河流的支持，呈继承性发展。

当地壳上升运动开始，一方面河流发生下切和溯源侵蚀；另一方面随着地壳上升，河床上碳酸盐岩的裂隙受到溶蚀作用而扩大和向深发展，导致地下水位下降。上述两种方式在同一条河流上发生，是一场地下河袭夺地表河的序幕，也是地表河与地下河生死争夺的关键时期。其结果取决于地壳上升的强度，如果上升强度较大，地表水将通过裂隙向下开始活动，促使形成新的地下河。随着地下河的形成和发展，洼地开始形成和发展；河水下渗量逐渐增加，流量逐渐减少，河流逐渐失去下切的能力。一般来说，由常年性地表河变成季节性河流，以致完全断流。但河床中的裂隙的特点也不完全一样，数组方向不同的节理、裂隙控制的交点上，渗漏的强度要大于其他裂隙，由于渗漏较大，在河流中形成一些渗漏中心，发育出最初的漏斗等形式。这些漏斗只是以渗漏中心存在，其影响的范围，受河流的比降和构造形迹的等距展布决定，是未来大洼地的雏形。随着渗漏量的增加，河流的流量逐渐减少，河流被分割成为一段一段的断头河，这些断头河将河道分割成阶梯状，导致按比降流动的河水，逐渐变为水平而断流。这就成了以渗漏点为中心的洼地的雏形，开始了建造洼地的水平溶蚀的新阶段。河道纵剖面比降的大小，控制着洼地大小的范围。河道纵剖面比降小的地方，洼地的范围较大；洼地间的距离随着河道纵剖面比降加大而减小，使得河谷下游到上游洼地面积逐渐减小，成为河道自然梯级开发现象。河流由于渗漏而发生季节性断流，之所以产生这种现象，在这个过程中既有裂隙大小引起的竞争，也与碳酸盐岩的岩性有关，使得洼地有等距性的特点；还有流水作用的规律，河道纵剖面比降的大小也影响着原始洼地的范围；还有构造及河床中岩性等诸多因素的影响，在不同的条件下有不同的差异、特点和形成过程。到河流发生断流的时候，洼地的雏形已基本形成。

二、浅洼的形成和发展

浅洼的形成有赖于地下河的形成和发展，没有地下河的发展，就不可能有洼地的发展。在峰丛分布区域，洼地和地下河是相依为命的孪生兄弟。在地貌类型中，地貌的发育过程一般都是从上而下发育的，很少有赖于地下排水而形成的地表地貌类型。在热带地区由于地下排水通道发育迅速，所以洼地的形成和发展速度很快。浅洼和深洼形成的区别取决于地下河发育的程度，这与地壳上升的强度有关，也与地下河的排水能力有关。浅洼有比较平坦的底部，是农耕之地，下切深度较小，一般仅为20～30m。从喀斯特地貌发育阶段来说，浅洼形成于上新世时期，这时地壳上升强度还不太大，在洼地发育过程中，具有水平侵蚀和水平溶蚀的因素，所以洼地底部平坦。上新世发育的峰丛洼地，一般都呈峰丛浅洼的特点，地下河埋藏深度不大。例如，独山南部背斜上的峰丛洼地，地下河溯源侵蚀尚未到达，保持着峰丛浅洼的特点。洼地底部都比较平坦，有喀斯特潭的分布，一部分降水通过地表向外排泄。

浅洼形成时期也奠定了洼地发展的规模，在热带与亚热带喀斯特地貌区域，洼地都有广泛的分布，这些洼地的规模都很相似。例如，恩施地区是亚热带喀斯特类型，由勇洞河内的三叠系嘉陵江组、大冶组和寒武系组成，都是纯碳酸盐岩地层，洼地的平均密度分别为2.55个/km^2、2.35个/km^2和2.34个/km^2，换成每个洼地的面积依次为0.39km^2、0.42km^2和0.43km^2。乌拉尔统不纯碳酸盐岩地层中发育的洼地平均密度为1.12个/km^2，即0.89km^2/个（周宁和刘波，2009）。这与在岩滩水库库区研究的结果相同。那里属热带喀斯特地貌区域，比较纯的C_1d中洼地面积平均为0.4km^2，乌拉尔统不纯碳酸盐岩地层中的洼地面积，与岩滩的C_3（1km^2）和C_1（1.25km^2）相当。岩性相似区域洼地面积的相似性，表明洼地的规模在浅洼形成阶段已经奠定。

地表洼地的出现，也改变了喀斯特地区地下水的分布规律，即由面状分布向线状分布转化。

三、深洼-地下河的形成阶段

在第二阶段之后，更强烈的下切接着来临，进入深洼发展阶段。深洼发展阶段的最大特点是地貌形成和发展的速度加快，其结果是地面至地下河之间的垂直距离增大，水流的动力增加，形成巨大的水头高差，具有很大的坡降和很大的水压力。地下河形成了系统很大的水力梯度，溶蚀侵蚀作用的强度随着坡度和流速的增加而增加，侵蚀与溶蚀的能力达到了最大的限度，使得溶蚀与侵蚀作用相当活跃，在地下水平廊道的形成过程中，与浅饱水带中不同来源的、不同温度的、不同含量的碳酸盐水相遇，发生混合溶蚀等各种作用，大大增强了溶蚀强度和溶蚀过程，加快了新的地下河形成的速度。在冬半年，地下河水减少，流速较慢，地下廊道中CO_2的浓度较大，溶蚀作用同样处于很重要的地位。在洞穴深处常感到呼吸不畅，甚至发生CO_2中毒等事件。这是因为CO_2比重大、浓度高，CO_2比重大，不可能从竖井中向上发散，只能积在地下河的深处，在热带温度高的条件下，水和空气中的CO_2交换速度较快，为热带地下溶蚀的发展提供了优越的条件。

更新世热带喀斯特地貌发育的高速度，可以形成一个稳定的深洼地系统、一个能排泄暴雨的地下河系系统、一个从降水到地下河出口的整个水流通畅的输送系统和一个深达 200 ~ 500m 的深洼-地下河系统或峰丛深洼-地下河系统，其仅仅在短短的第四纪内完成。如果是用整个第四纪来完成，也只有 250 万年。但事实不完全如此，在地苏根据大熊猫-剑象动物群化石研究发现，下切时间定为中更新世（陈文俊，1988）。又如，贵阳一带残积红土层经古地磁测定，地质时代早至中更新世，贵阳花溪党武洼地中东方剑齿象化石，地质时代不晚于中更新世（高道德等，1986）。中更新世初到现在只有 73 万年，笼统地按 100 万年计算，这峰丛洼地喀斯特地貌发育的速度确实是非常快。在大比降、高流速和高温的条件下，创造了高速度的喀斯特地貌发育史。

宽谷的形成表明，在浅洼形成之后，尚有部分地表水系存在；在宽谷水系之后，强烈的下切形成深埋的地下河，彻底改变了峰丛区域水系分布的格局，即地表水系不再存在，地下水系发育，溶蚀作用都是在地下进行，现在还在进行中。地下河有多种形式：在谷坡比较大的地方，如在打狗河两岸，地下河以单枝为特色；在狭窄的向斜或背斜中发育的地下河也以单支为主；在比降较小、地层比较平缓的地区，地下河有支流的发育，甚至形成地下水系。

在云贵高原斜坡和高原面上，大多数复杂的地下水系都发育在背斜构造之中，以云贵高原东部的斜坡区为例，其洼地连片分布，几乎没有地表河，大一些的地表河分布在这些宽缓背斜之间的向斜中，向斜地层坡度很陡，且岩性不纯，甚至有非碳酸盐岩分布，成为背斜区域地下水的边界层。当河流在地表流动的时候，可以切穿这些边界层汇入向斜中的地表河流之中。在深洼发育过程中，地表流水被分割直接注入地下，这时地下河就很难切穿这些非碳酸盐层。背斜区域碳酸盐岩地层的产状比较平缓，成为一个箱状的集水和地下水运动的场所。这些条件就形成了两个特点。

一是地下水排泄出口的建立难度较大，流域的左右，即箱状背斜的两侧，由不纯的碳酸盐岩或非碳酸盐岩组成，没有水流的出路，必须在下游地势较低、构造条件有利的地方才能形成。

二是这类宽缓背斜区域的地下河流域都比较大。产状平缓的厚层碳酸盐岩有利于地下水系的发展，形成流域巨大的集水盆地，地苏地下河系就是一例。原来它的 11 条支流都向东进入拉棠向斜谷地，当洼地在宽谷中下切以后，地下水流路遭受非碳酸盐岩地层的阻断，这些地下河支流就不能继续流向都安向斜谷地，都汇入近南北向的背斜内侧边缘的新的断裂带中，成为地苏地下河系新的主流，从而形成了一个流域面积很大的地下河系。所以我国最大的喀斯特地下河系，绝大多数分布在广西和贵州的宽缓背斜区域，尤以云贵高原东部斜坡区的宽缓背斜区域最为集中。这里的特点是深洼和地下水系，是热带喀斯特地貌的一大代表类型。中国的洼地分布很广，这种类型的深洼地下水系系统，主要分布于热带宽缓背斜构造地区，在世界任何其他地方都是没有的。

从上面的分析可以看到，新生代发育了峰林、峰丛浅洼和峰丛深洼三个阶段，其中峰林阶段（中新世）维持了2000万年左右；峰林浅洼阶段（上新世）为350万年左右，而峰丛深洼阶段（中更新世到现在）不到70万年。上述是三个地壳运动阶段，地貌特点显示，地壳的上升速度是逐渐加快的。这个特点与青藏高原上升的速度相一致。经一些室内、室外试验研究证明，喀斯特的侵蚀速率与流速有关。刘再华（2000）在桂林尧山试验结果认为流速增大时，灰岩溶解速率增加明显。在5月流速为40cm/s时，水中侵蚀速率为静水中的两倍以上。8月流速为60cm/s时，水中侵蚀速率为静水中的六倍以上。而白云岩中仅有少量增加。

把概念转化一下，流速与坡度有关，坡度增加，流速就加快。根据这个规律，可以理解峰林区域的比降特点比较平缓，峰丛浅洼区域的比降大于峰林平原区域，而峰丛深洼的坡度是最陡峭的。自然在同样时间范围内，峰丛深洼区域的溶蚀强度大于峰丛浅洼，更大于峰林平原区域，这就是峰丛深洼区域喀斯特地貌发育速度比峰丛浅洼和峰林平原区域演化快的原因。

四、洼地和地下河的成熟期

流域里已没有地表河，地下河的发展进入以侵蚀、溶蚀作用为主的新阶段。地下河是深洼区域又一个强溶蚀带。由于CO_2的比重较大，在溶蚀过程中放出的CO_2，都集中于廊道的底部，形成一个CO_2富集带。比较稳定的地下河纵剖面，有利于地下河道不断地加宽。随着廊道不断加宽，洪水时期的水头压力逐渐减小，因而洼地的底部高程逐渐降低，显得洼地越来越深。这时因地下洞穴的扩大，当洞穴顶部的地层超过了它的负重能力时，发生崩塌，形成天坑。天坑的出现，预示着地下河和洼地的发展进入第四阶段。如果这个时期地壳长期稳定，地下的水平溶蚀作用不断加强，崩塌作用将成为常见现象，地下河将重见天日。

深洼地下河系系统的三个发展阶段说明热带更新世喀斯特地貌的发育过程，它是我国东部更新世喀斯特地貌地带性发育模式的综合反映。

第二节　热带洼地–地下河系系统发育模式

深洼–地下河的发展模式是三层三维立体模式。第一层，即上部是以宽谷为界，属地表层，在宽谷中发育了洼地，宽谷和洼地是两个时代的产物，先有宽谷，后有洼地。从形成时间来说，与地下河对应的是洼地，是继承了宽谷发展而来的。但洼地带与宽谷不同，宽谷是一个独立的河流系统，而洼地带不是一个独立的河流系统，只是由一系列洼地组成的蜂窝状的地表水的集水系统，这是深洼-地下水系三维结构的一个组成部分。第二层是地下水系，虽然主、支流齐全，但没有像地表河流那样的坡面汇水机制，显然也不是一个完全的、独立的河流系统。如果没有地表的洼地系统，那么地下水系将是“无源之水”，这是第二个三维结构。事实上，这两个三维结构都不能独立存在，所以不能称二元结构。只有两个层面结合起来，才能成为一个完整的水系。所以存在第三层——竖井系统。上述第一层和第二层之间相隔数十米，甚至达500m左右，这种情况在常态河流上是没有的。两者靠什么能连接起来形成一个水系？靠地表一排一排的洼地下的竖井，成为这两个层面之间一排排挺立的柱子，撑起了这个特殊的水系大厦，它上面是洼地，下面连接地下河，地面有多少个洼地，各个层面之间就有多少个长长短短的柱子。每个洼地在地下河或地下水系中，都有特定的位置。这就是本书认识的洼地分布的规律性，长柱子下连地下河，是地下河的骨干；短的柱子地下也连地下河，但只是地下河的支流。这就是典型的地下水系的结构模式，预测地下水的洼地分析法就是根据这个模型建立的。

所以地下水系是由地表洼地集水系统和地下排水系统及两者之间的输水系统连接组成的，它们互相依存，构成一个具有特殊形式的立体水文网。地下水系与常态水文网的结构完全不同。常态水文网是一个立体系统，而地下水系系统是三个立体系统拼接而成。两个系统的功能也不完全一致，常态河流集汇水、转移和排泄于一体；而地下水系的功能是分列的，地表、地下各司其职，又互相约束，但主导因素是地下河的发育程度。

地壳上升的时候，在有利的地质构造条件下，新的地下河开始发育。吸引着地表水向下渗漏，渗漏的方式与碳酸盐岩的特性有关，其岩性坚硬，因此不会均匀地下切，裂隙系统与碳酸盐岩的溶蚀特征相结合，形成了有利的渗漏系统，成为洼地形成的动力基础。一般来说，在洼地形成的初期，大体就形成了相当的规模，在地下河发展的过程中，洼地慢慢加深，但并不增加水量，只是使洼地所收集的水量，全面有效地输入地下河中，所以地面洼地对地下河的作用仅仅是集水的功能，缺乏地表河那样连续水流的特点，只有在降水时才有流水进入地下，甚至洼地的底部位置也不完全是洼地所集的水流所决定的。

洼地下部的竖井仅仅是作为地表水向地下水转移的通道，在洪水的初期或降水量较小的时候，地下河水位尚未上升，这时洼地收集的水流以点穴的方式，将地表水引进入地下河。这种坡度陡峭的竖井，在垂直下流的流水作用下，侵蚀强度不大，所以保持着很窄的规模，其高度由地下河中供水的压力决定。

地下河只有排泄的功能。这模式具有两个特点。第一，在洪水时期，水的压力作用下，竖井里的水位受压而上升，在地下河出口处，排水使压力减小或为零，从上游向下游，竖井中的水位逐渐降低。在一定时间内平均高水位的地方，基本上是洼地的底部，所以洼地底部高程的分布是有规律的。将这种情况与常态河流对比，相当于河流的洪水位。这个特点可以为预测地下河的分布和深度提供依据。第二，地下河的供水方式是点穴式的，那么在竖井附近应该是溶蚀和侵蚀作用强烈的地方，有可能形成大的和较深的洞穴，洞穴的底部高程可远低于地下河的纵剖面，在构造和岩性有利的地方，可能形成很大的洞穴。因此这里的地下河的纵剖面特点可能是糖葫芦式的，地下河的比降不是很平滑，有很大的起伏。竖井附近溶洞的底部高度可能低于河床的纵剖面。因此这种地下河的纵剖面起伏度很大，没有平缓的纵剖面特征。因此本书在研究洞穴的时候，分析其坡度与地表河流相反，就认为前期河流与现在河流的流向是不同的，我们认为这要慎重对待。只有当地下河纵剖面接近或达到平衡的时候，纵剖面才趋于平整。

在两个竖井之间则以水平廊道相连，其为狭窄的通道，这里通道的横断面的大小决定了地下河的最大输水能力，成为地下水系发育的控制因素，如不能充分排泄降水产生的洪流，洪水将从地面排泄，或在洼地中滞留的时间延长。在热带喀斯特区域，地下河这种断面都有顺利排泄热带地区大量降水的功能，即使暴雨，水流也不溢出洼地，地下河也可以很快形成和充分发展。支流众多、流域面积大、地下河总长度规模大的地下水系绝大多数都分布在这个类型的区域。因为地下河网密度很大，所以山地坡度很陡，使山脊成刃脊状。强烈的流水侵蚀，地面裸露成为光秃的石山。这些因素都到达到极点，所以称为发育充分的喀斯特洼地–地下河系统。

第十章　地下河的预测

通常把地球表面流动的水体称为地表水 。而对埋藏于地表以下的各种状态的水统称为地下水。它们都有各自的特点，形成两个不同的学科。地下河大多分布在喀斯特峰丛地区，河流都埋藏于地下，称为地下河或地下水系。这些水系的分布形式与一般的地下水不同，而与地表水系的特征相似。它的出口都进入地表河，是地表水系的一个组成部分。这种既埋藏于地下，又具陆地水文学特点的特殊河流，称为喀斯特地下河或地下水系，事实上，它是地表河流的一种特殊形式。因此对于它的分布、流量、流速等，都可用地貌学和陆地水文学的方法进行研究。

在地壳上升的条件下，河流下切，被搬运走的物质，不仅来自河谷区域，而是从河谷至分水岭之间整个坡地上，有一个平衡发展的过程，整个流域都随着河谷的下切而相应地发展，流域里的地面呈相应地下降，不过下切的强度因地而异。但碳酸盐岩区域却不同，由于溶蚀因素的存在，随着基准面的下降，地面形成了一系列的洼地，流域里的雨水和地表河的河水被若干洼地分割。地表河运行方式，很快被垂直下渗的水流所解体，虽然每个洼地分得的雨量很少，但足够形成很深的垂直通道，快速地将地表水全部输入地下，使新的地下河以最快的速度去适应基准面下降的需要，再集中参与地下河的形成和发展，这种先分散、后集中的方式，使地表水迅速地在地下集中，加快了地下河的形成和发展速度。所以喀斯特地下水系具有较快适应基准面变化的能力。因此地下水系分布的位置，实际上相当于常态的地表水系的位置。不过由于地下水系的形成过程中走了很大的捷径，因此在地貌上产生了非常大的差异。地下水系之上遗留着巨厚的残余的碳酸盐岩山体，掩盖了地下水系的真面目，在残余的碳酸盐岩山体上镶嵌着众多的洼地，这是留给人们探索地下水系分布的唯一敲门砖。

地质学者应用地质构造理论形成了许多喀斯特地区找水的规律，为喀斯特地区人民的生活和国家的建设做出了很多贡献。地貌学者应用地貌学理论，提出了洼地分析法，预测地下河分布、埋藏深度，做到了理论与实践的统一，为探索地下河分布和寻找喀斯特地下水增添了一个简单、快速、有效和经济的方法。

第一节　洼地与洼地分析法

喀斯特洼地的形成和分布规律很多，但人们关心的要点是洼地与地下河的关系，大家都清楚知道，洼地与地下河有关，但就是不知道怎么相关。这是国家建设的需要，列为攻关项目，成为广大喀斯特研究者专心致志研究的项目。

洼地分析法的产生是逼出来的，笔者于 1976 年与广西壮族自治区水电局合作，研究了大化水电站的库区渗漏问题，那里主要使用示踪方法解决了问题。接着是 1977 年研究岩滩水库的分水岭渗漏问题。在初探中发现这里地表水点极少，连片的峰丛洼地。这里工作怎么开展，在室内大半年的准备时间里毫无进展，尝够了“热锅上的蚂蚁”的滋味。就在进场前的十天时间里，还没有一点眉目。后来抓住了祈延年（1962）提出的“洼地的底部高程的分布与剥蚀面相适应”这句话，在洼地底部高程上想办法，最后一搏，终于找到了办法。看来搞科研，“大众创业、万众创新”都需要有一点压力。

这是一个典型的洼地与地下河关系的攻关课题。最初，阅读了很多文献，不得其解。有些论文提及，洼地分布与剥蚀面相一致，这个提法太笼统，没有操作价值。洼地的哪些要素与剥蚀面相关，与剥蚀面的特点又怎么相关？中国科学院南京地理研究所的祈延年（1962）提出了洼地的底部高程的分布与剥蚀面相适应，虽然他并没有展开，但这个提法对笔者启发很大。笔者的理解是：洼地的底部高程随着剥蚀面的倾斜方向逐渐降低。洼地的底部高程是可以度量的，很具体，有可操作性。但接触到实际，问题就来了。第一，地形图上洼地被标明底部高程者，寥寥无几，一张地形图上的绝大多数洼地的底部高程没有数字；第二，每个洼地的底部高程要有正确的数字，除非用航空照片研究，那是费时、费力的大工程，是很难办到的事情；第三，笔者能想到的最简单的办法，就是在大比例尺地形图上，阅读每个洼地的最低一根等高线的数字，在大比例尺地形图上，这些数字可以很快读出来，发现洼地之间的高差也比较显著。想了很多办法，企图找到洼地底部高程与剥蚀面的关系，始终没有找到答案。面对地形图上一系列计算出来的洼地底部高程数据，又像一部天书，能否从中找出一定的规律性呢？

笔者认识到常态侵蚀地区的地形图上，水系表示是很清晰的。喀斯特地区不是没有水系分布，而是埋藏在地下，被覆盖在其上的残余岩块和众多的洼地掩盖了真相。能不能找到一个与地下河相关的标志，间接地导出地下河的踪迹？但这些问题在制作地形图时，是不会考虑的。能不能把地形图的制作方法改变一下，转换成能反映出笔者想要的、有地下水系的地形图。这确实是一个梦想。根据这个认识，笔者依据地形图的制作方法，以这些洼地的底部高程为依据，借用等高线的原理把这些洼地进行高程分割。为显示与地形图有别，笔者将这条等高线称为等底高线，原来也知道洼地底部高程都不相同，但就是没有找到其分布规律，使用了等底高线以后，显示了洼地分布的规律性。洼地底部高程从高向低的方向排列，错落有致，主流与支流的分布十分清晰，同样也揭示了地面发育的特征。这样的图称为洼地分析图（图 10-1），这个方法称为洼地分析法。经这样处理之

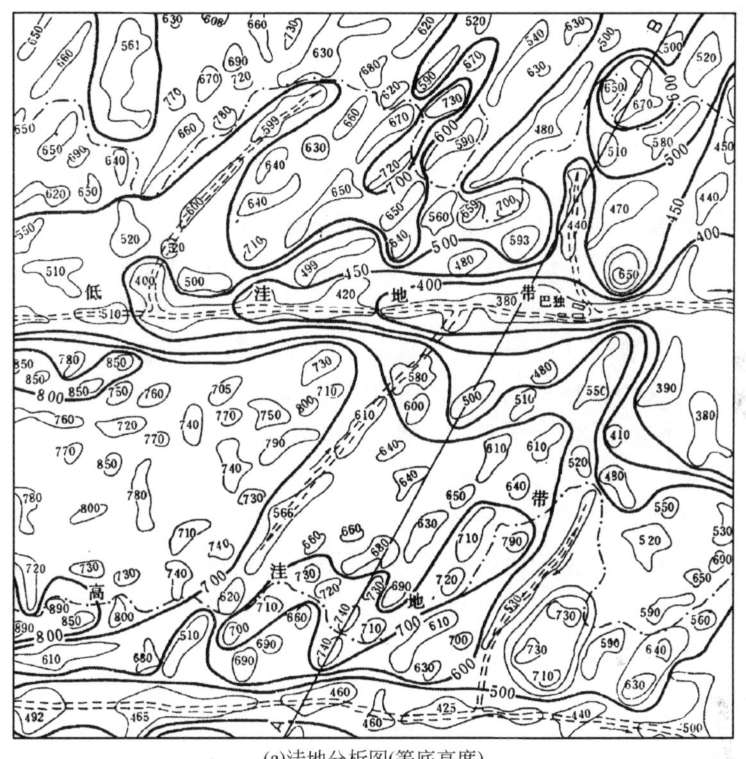

(a)洼地分析图(等底高度)

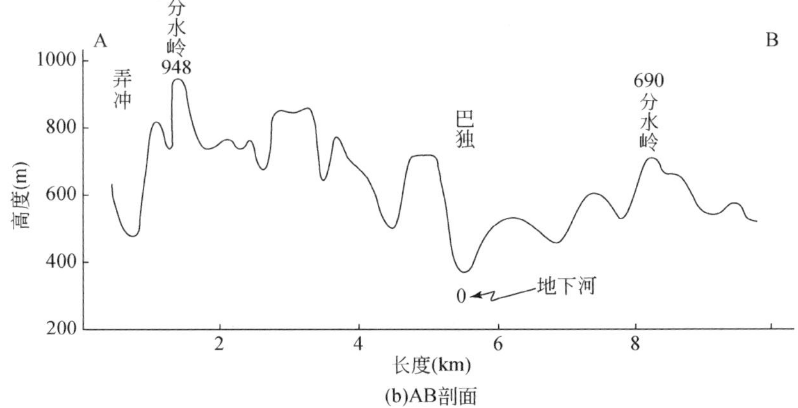

(b)AB剖面

图 10-1　广西都安地苏地下河中游洼地分析示意图

后，转化成了一张虚拟的常态地形图，笔者发现洼地分析图与原来的地形图有很大不同，众多的洼地不见了，压在地下水系之上的残余的碳酸盐岩山体被搬走了，却和常态侵蚀地区的地形图相像，显示出水系分布的特征。这就是笔者希望得到的东西：仍保持原始地势高低的分析图上，醒目的是地下水系的特征跃然纸上。因此读图的方法也与常态地形图的方法完全一样。那些等底高线向洼地底部高程高的区域突出的带，称为喀斯特“低洼地带”，指示地下河所在。地下河的主支流的分布也十分清晰：在两条地下河之间及其上游地区，那里的洼地底部高程都比较高，甚至是流域内最高的，称为“高洼地带”，其间最高峰的连线为分水岭，一般也为地下河的分水岭。大小不同的地下河边界清晰。这就得到了一张完整的地下水系分布图。

笔者开始试验的地方是在坡度比较大的地区，广西打狗河两岸的斜坡区域广泛分布着峰丛洼地，低洼地带呈单支状，其斜坡的顶部则为平坦的高原面。接着笔者对地苏地下河系区域也进行了分析，广西水文队在该区开展了多年系统的调查研究，便于对照验证。该区岩性比较纯，构造线分布清晰，所以地下水系的分布非常清楚。按这个办法，笔者对即将开展工作的岩滩库区绘制了洼地分析图，去接受国家大工程的考验，结果笔者的试验基本上得到了工程的认可。

这一个结果，使本书前面说的天书得以破解。洼地分布与地下河形影不离的相互依存关系历历在目，地下河预测的难题，通过这个简单的办法也得以解决，这是我国第一个经过检验的地下河预测图。攻关课题中有大量理论高深、技术复杂的大难题，但也存在一些不太复杂的难题，只是暂时还没有得到合理的解析而已，一旦得到解析，就像点穿窗户纸一样。甚至有的地方不进行分析，也能看出低洼地带的位置。所以有人说，“这么容易的事，谁不会做呀”。

在广大的喀斯特峰丛山区，洼地星罗棋布，洼地分析法将每一个洼地在地下水系中的位置显示得清清楚楚。很多学者都在研究洼地的分布和特点，不同观点、不同的方法，得出不同的规律。洼地分析法是从流水运动的规律研究洼地的特征，结果也很简单，随着水流的方向，洼地的底部高程逐渐降低，这就是洼地分析法的主要依据。低洼地带位于区域的主要构造线上，位于岩性比较纯的碳酸盐岩地层中，是主要汇水带。有些学者研究宽谷系统，也称干谷系统，并不是每个宽谷或干谷都是低洼地带，它们的分布有海拔的差异。两个低洼地带之间是一个高耸的山区，从图 10-1 中看到，这个横剖面上，在两条低洼地带之间高耸山区也有很多洼地，这些洼地底部高程较高，形成于新近纪，而低洼地带的洼地，是发育在宽谷中的洼地，是年轻的洼地，是更新世形成的，与上述低洼地带之间的峰丛洼地属于不同时代的产物。这些年轻的宽谷洼地下面连接着现代地下河。上述峰丛洼地虽然也和地下河有联系，但只构成了地下河的支流。峰丛中的洼地，在地壳上升过程中，虽然在更新世也发生强烈下切，但深度没有宽谷洼地那么大，它们成为低洼地带的支流，也是地下河的支流。在两条低洼地带之间高耸的山区，尽管也有很多洼地，相应地是地下水不丰富的地段。过去都知道在喀斯特峰丛洼地区域，地下水分布是很不均匀的，有了洼地分析法，就可以根据低洼地带去寻找富水带的分布。丰富的水力资源，主要集中在低洼地带上，特别是其中、下游。洼地分析图上，除了可以直接阅读地下河分布外，还可以获得其他一些信息资料。例如，当洼地的底部高程相差很小或大体相同的时候，当相邻洼地之间高差为10m时，这里地下水的分布深度比较一致，洼地之间的水力联系比较密切，地下水储量也比较丰富，一般在地下河下游有这种特点。在地下水系的中、上游，洼地之间的高差增加，垂直循环也逐渐强烈，这种情况下，除了上、下游洼地之间有联系之外，左右洼地之间水力联系很弱以至没有联系。因此可以堵洞修筑地下水库，水库的渗漏可能性较小。

邹成杰（1990）在南盘江天生桥地区应用洼地分析法，对洼地分析图中常见的和特殊的形式进行了细化判读。汇总起来，大体有如下特点。

1）封闭型，大体有三种情况：第一种是洼地等底高线呈封闭状，主要分布在分水岭地区。地表水系和地下水系呈放射状向四周发散，在坡岗地区，洼地等底高线变化比较复杂，1200m以上的等底高线分成几块，曲折封闭，长轴方向为NE—SW。长湾和洛湾两处1150m低洼地等底高线，亦呈长条形分布，反映了洼地形成时期，海尾地表水流及地下水流应是向北排入龙广坡立谷。这是地下水系演变在分水岭区域的反映。第二种是袭夺型，封闭型及马鞍型的洼地等底高线，被后期地下水系袭夺而破坏，袭夺能力强的暗河，可以越过封闭型及马鞍型等底高线，而发展到袭夺能力弱的暗河一侧。例如，纳贡暗河强烈地袭夺了科风暗河，使早期分水岭向西迁徙4～5km，越过了800m高的马鞍型的等底高线，直达西部的水淹塘地区。这一特点是邹成杰的一大贡献，笔者工作过的地方还没有发现过这种特点。第三种是单枝型，有些地区地表坡度比较大，地下河往往呈单枝状排列。其分水岭地区一般没有上述封闭性的等底高线。低洼地带也呈单枝状、头顶头的分布，呈马鞍型。在打狗河两岸和笔者工作过的岩滩水库区域就呈现这些特点。

2）开敞型，洼地等底高线不封闭，可以分为两个亚型：①“V”字形，反映地下水系比较狭窄。若等底高线坡度较陡，地下水系的比降也可能较陡。②“U”字形，等底高线宽缓，反映地下河发育也较宽缓。

3）单侧型，等底高线一侧在喀斯特区，另一侧在非喀斯特区，反映地下水系沿接触带发育。

4）在地下河之间的分水岭区域，一般岩性比较复杂，纯度较差，故洼地分布的规律性不是很明显，洼地底部高程甚至有相反的分布特点，因此往往会影响地下河分布的判断。

5）当地表被不纯的碳酸盐岩覆盖时，地下喀斯特地貌的特点，在地表得不到充分的、甚至明显的反映，这是容易造成误判的原因。

洼地分析法以洼地为核心，所以只要有洼地的区域都可以应用。由于洼地分析法所依据的洼地是形成在更新世宽谷之中。因此在寻找地下水时，也可先研究一下宽谷分布的特点，从中分析出低洼地带的位置，可以更快、更简单地确定喀斯特的富水带。

第二节　低洼地带纵剖面及其作用

在河流学里，洪、枯水位具有相关性，这是常识，但在地下水系这里就成了难题。地下河的枯水位很难测到，在地下河中，由于管道流受出口规模的控制，不能排泄全部洪水的时候，水流产生压力，使洼地下部的竖井中水位上升，这是伯努利方程式的基本原理之一，也是地下河水位变动的基本理论依据。由于地下河出口规模在某一时期具有相当稳定性，因此洼地中的最大洪水位将保持在某一个高度，由于水的压力形成一个平衡点，使洼地的底部大体稳定在某一个高程，因此从地下河的上游向下游，洼地的底部高程也呈规律地降低。能不能把这个高程当作洪水位的代表；把从地形图上读出来的洼地底部高程的数据，看作地下河在地表的指示物、地下河在地表的影子。这样在地形图上读出来的洼地底部高程的数据就有了物理学的含意。

洼地不是一个独立的水循环系统，水循环的观点认为它起一个集水的功能。从水动力观点来看，从河流上游向下游，随着水量的加大，洼地规模也逐渐加大。但洼地底部高程的特征并不是主要由洼地的集水面积和水量决定的，而是受制于地下河的发展。所以洼地的发育并不是一个独立的实体，其也是随着地下河的发展而有所不同。表面看，这些洼地之间是没有任何联系的。但这些洼地的下部都是相通的，在侵蚀基准控制下，组成地下河纵剖面，所以洼地的发展到此为止，限制了洼地无限向下发展的可能。在这个纵剖面上，只有分水岭地区地下河上游第一个洼地的地下水流是本洼地汇集的水流，从第二个洼地起，下部的地下河里接收到上一个洼地或者说上游 n 个洼地所集的水流，汇合成滚滚洪流，成为水平径流带，也成为地下河发育和洼地底部塑造的动力。从地表看，是一个个洼地在汇集降水，每个洼地所汇集的水量是很有限的；但地下却不同，通过该洼地下面的水流是它上游 n 个洼地所汇集的水流的总和，其通过的水量远大于本洼地所集水量的 n 倍，其能量也远比洼地所集水量的能量大得多。这股巨大的水流的作用方式，与洼地所集水流的方式和结果也完全不同。它的第一个特点是偏重水平侵蚀和溶蚀作用，即这股水主要从事地下河廊道的塑造。所以从上游向下游，地下水流量越来越大。由于洼地特殊的集水功能，使地表河水迅速汇集于地下，果然这么大的水量有促进地下河加速发育的能力，但也并不是说地下廊道就可以很快地达到充分排泄地表洪水的能力，这需要一个很长的时间。当地下河不能排泄地表汇集的全部洪水时，雨水只能滞留在洼地里；或者当地下河不能顺利排泄所有流经的地下径流时，这时地下河水将倒流入洼地，所以在雨季一些洼地就成了储水洼地。因此洼地简单的独立水循环系统被打破，洼地底部洪水的浸泡和洪水的不断进退，极大地加强了洼地底部的水平溶蚀、侵蚀作用，奠定了洼地底部的地貌形态特征。一般距分水岭越远，洼地汇集的水量也越大，洼地中的储水时间也越长，水平循环作用的能力也越大，洼地底部就有相对平坦的地面产生，甚至有沉积物的堆积。向下游喀斯特洼地的面积也有所增加，洼地的底部高程也越低。这洪水位与地下河之间，即为季节变动带。

根据以上叙述可以看到，洼地是由降落在洼地中的雨水形成的。洼地底部是洼地组成的重要部分，但它的形成主要不是降落在洼地中的雨水形成的，而是地下河水，在管道水压力的作用下形成的。

在洪水季节，地下河来不及排除所有的水量时，产生水压力，受此压力的作用，洼地中洪水位上升到一定的高度，形成一个平衡点，使洼地的底部大体稳定在某一个高程，当地下河逐步发育展宽和地下河排泄能力加大时，洼地中的水压力逐步减小，洼地的底部高程也随之向下移动。整个洼地底部的下移过程，使洼地底部与地下河之间的距离逐步缩短，洼地也越来越深。

综观整个过程，地下河和洼地的形成、发展是相辅相成的，但不得不说地下河的形成和发展是主导，洼地各要素的形成和发展是被动的。简单地说，在热带气候条件下，没有地下河的快速形成和发展，就没有洼地的形成和发展；也就是说地下喀斯特形态特征决定着地表喀斯特地貌的特征。不仅在热带喀斯特地区是这样，亚热带地区也是这样，不同的地下喀斯特形态，其地表就有相应的喀斯特洼地形态。

上述洼地分析图上，可以间接地看到地下水系的分布及洼地与地下河分布的关系。这个图是个别的例子还是具有普遍性规律？如果具有普遍性，关键点又是什么？本书认为，关键点在于低洼地带，假设低洼地带中的洼地底部高程是洪水位形成的，那么低洼地带中所有洼地的底部高程从上向下连接起来，应该和洪水过程线相似，称低洼地带纵剖面，与枯水期的地下河水位过程线有很好的相关性。如果这些特点不存在，那么还不能证明洼地的规律性得到了确证。喀斯特地貌是构造、岩性、温度和水综合作用的结果，所以本书从每个要素来论证，研究它们的相互关系和过程，得出洼地分布的规律性。

笔者通过研究广西都安和贵州独山的一些低洼地带的纵剖面图，发现大多数低洼地带的分布是有规律的。由于地下水埋藏较深，露头极少，一般都连不成一条像样的地下河纵剖面来。只有靠容易取得的、为数不多的洼地底部高程来连成低洼地带的纵剖面去推导和计算。

第三节　地下河埋藏深度的预测

地下河的高程分布或者是地下河的埋深也是一个极难的研究课题。过去主要用定性的方法，也是所有研究和勘探工作者常用的方法之一。在同一个区域，不同地貌或洼地类型区域的地下河埋深是不同的，圆洼地区域的地下河埋深比长洼地区域深，这种方法是一种宏观的概念，并不能知道确切的深度或高程。用野外调查的方法，经泉眼或竖井测量、洞穴探测等方法，然后对区域地下水位进行评价，如在广西都安的地苏地下河流域，圆洼地区域的地下河埋深在80m以上，长洼地区域的埋深一般为40m左右。实际上很多洼地区域露头点很少，因此这种方法的结论，也是一个区域性的估算。还有一种办法是用钻探的办法，这是一个没有办法的好办法，可以知道地下水的具体位置、深度，但不太经济。

本书应用地貌学方法，研究低洼地带的分布规律，低洼地带的纵剖面和地下河纵剖面的相关性。笔者在广西都安和贵州独山研究中，开展过一些低洼地带的纵剖面图的研究，如地苏地下河支流纵剖面，它是一个正常的纵剖面，比降从上游向下游降低，呈抛物线型，上游比降大。黄后地下河位于贵州高原的高原面上，中游地势很平坦，但下游受地下河强烈下切的影响，发生强烈的溯源侵蚀作用，地下河下游的纵剖面变得很大，纵剖面的形式与地苏地下河支流纵剖面完全相反，称为反平衡剖面。在这两个纵剖面形式截然相反的地区，笔者搜集了一些地下水点，这些地下水点有地下河出口资料、落水洞的水位资料、一些天坑（洼地下部洞穴规模很大，造成顶部岩层崩坍，使地下河暴露）的资料和洼地底部高程的数据资料，经分析，这两条纵剖面之间存在着很好的相关性，证明洼地的特征与低洼地带纵剖面的比降有密切的关系。这个结论为预测地下河的埋深提供了理论依据。后面本书还要专门论述。在这个相关图上还可以看到与纵剖面比降有关的洼地分布特点，这是又一个洼地分布规律——流水作用下的洼地分布规律。

从图10-2中可以看出，流水作用下的洼地分布规律，是和洼地纵剖面比降有直接关系的。当洼地纵剖面比降在13‰以上时，以圆洼地为主，其底部很少或几乎没有平坦的地面和沉积物，显示流水的垂直循环很强烈。例如，黄后地下河的下游，处于云贵高原的东部，为强烈的溯源侵蚀区域，这里低洼地带的比降在20‰以上，都是圆洼地。在广西都安都阳以北地区，低洼地带的上游也以圆洼地为主。当纵剖面比降小于4‰时，以谷地等长洼地为主，具有宽而长的平坦地面，有沉积物分布，地下河埋藏较浅，是农耕之地，是水平循环显著的区域，如独山县黄后地下河（图10-3）的中、上游。当纵剖面比降为5‰~13‰时，多复合洼地，是圆洼地和谷地之间过渡区。

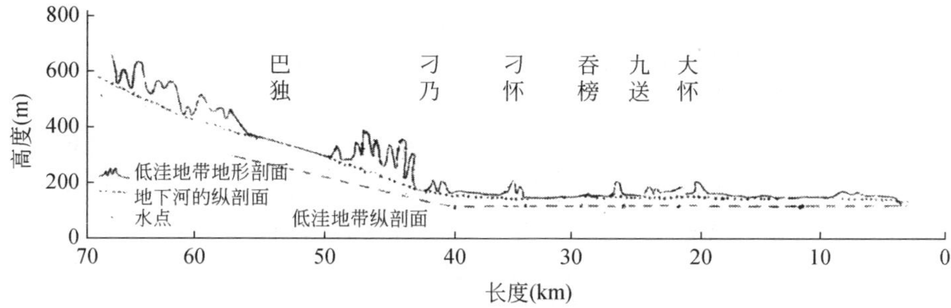

图10-2 地苏地下河支流纵剖面

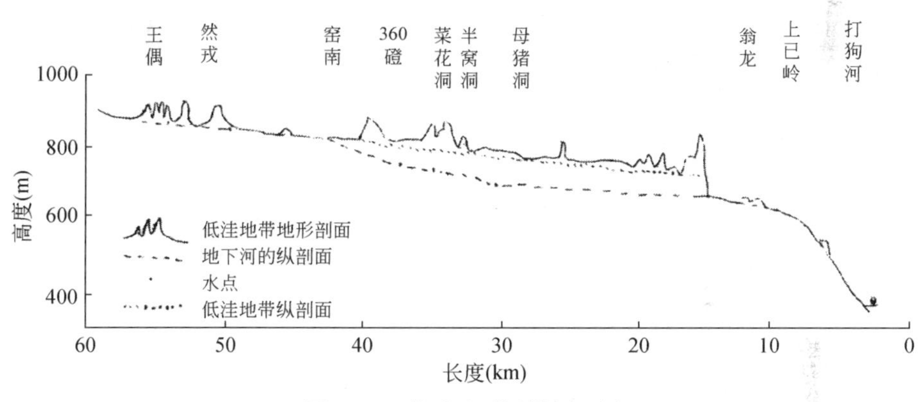

图10-3 黄后地下河纵剖面图

资料来源：陈治平等，1981

图10-2和图10-3两条纵剖面线具有相似性。从图10-3中可以看到，当低洼地带纵剖面比降处于4‰~5‰时，和地下河比降基本一致；当低洼地带纵剖面比降大于4‰时，较地下河比降为大，且该比降越大，它和地下河比降的差距越大；当低洼地带的比降小于3‰时，出现了相反的情况，地下河的比降才稍大于低洼地带纵剖面的比降，这与该地区新近的地下河溯源侵蚀有关。低洼地带纵剖面与地下河纵剖面具有很好的相关性，证明了笔者的设想是符合实际的，具有实现用洼地纵剖面来预测地下河深度的可能性。

据此，本书以 X 轴代表低洼地带纵剖面比降，Y 轴表示地下河比降，应用一元线性回归方法求出低洼地带纵剖面比降和地下河比降之间的关系式为

$$Y=8\times10^{-4}+0.8X \tag{10-1}$$

相关系数为0.94。

鉴于低洼地带纵剖面比降小于5‰的地区，农业活动较多，为了更准确地预测地下河的埋深，予以单独计算，其相关方程式为

$$Y=3.9\times10^{-4}+0.84X \tag{10-2}$$

证明两者具有很好相关性。

这为预测地下河的高程提供了依据。具体的计算方法和公式如下。

计算时，首先量出已知地下河露头点与计算点之间的距离（L），计算出该段低洼地带纵剖面比降（JD），依此从图10-4上查出相应的地下河比降（JW）。已知露头点的高程为HW，如果该地下河上没有一个露头点时，也可以用该地下河出口处的高程或河流枯水位来计算。这样计算点的地下河高程（H）为

$$H=\mathrm{HW}\pm\mathrm{JW}\cdot L \tag{10-3}$$

计算点位于已知点上游是为“加”，反之为“减”。

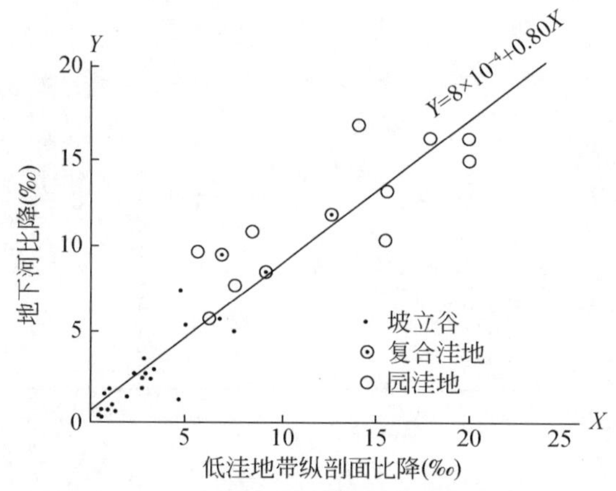

图10-4　地下河比降、低洼地带纵剖面比降的相关图

资料来源：陈治平等，1981

本书做了一些预测工作，一般可达到要求，但各地情况不同，有些地方误差较大。这是一个初步研究成果，或者说是提供了一种解决问题的思路，需要进一步研究提高计算准确性。

第四节　地下河分水岭的确定

在洼地分析图上，在两条低洼地带之间及其上游区域，洼地底部高程都比较高，甚至是流域内最高的，称为高洼地带，就是分水岭区域。

分水岭区域有多种特征：一是在高洼地带的等底高线大都是封闭的，指示相反流向的低洼地带的头部在这里相会，地苏地下河西部的分水岭区域具有这种特征。那里是宽缓背斜的翼部，碳酸盐岩的纯度较差，分水岭比较宽。其间最高峰的连线为分水岭，一般也为地下河的分水岭。邹成杰等在使用洼地分析法中发现，在地下河袭夺过程中，分水岭区域封闭的等底高线也相应变形。可见洼地底部高程的变化具有较快的适应能力，随着不同流域的条件及特点的变化，而很快得以改变。

二是在岩性纯的甚至在同一个岩层上发育有相背流动的地下河。笔者在研究广西红水河岩滩水库库区渗漏时，分水岭就分布在纯和较纯的碳酸盐岩地层上。研究区域宽度不足 10km，是一个南北狭长的地带。南北两端是红水河的河曲，地层呈南北走向，中部有一条东西向的分水岭。分水岭的位置不明，怀疑存在分水岭渗漏的可能。渗漏是喀斯特地区水库的大忌，因此查明是否存在渗漏是水库能否建设的首要问题。该区域是峰丛洼地地貌，有一条公路从东部经本区中部向西，在本区的西部边缘拐向南行。此外没有一条明显的小路，因此野外调查的条件很差。地图上仅标有两个水点，缺乏开展示踪试验的条件。主办单位计划用钻探办法。这样的条件下，要摸清地下河的流向和地下河分水岭的位置是十分艰难的。笔者用洼地分析法提供了地下河和分水岭的成果。在这个地区的地层呈南北向分布，在较纯碳酸盐岩里、顺着岩层分布方向发育了多条低洼地带，但多条低洼地带不是向一个方向倾斜，其中部存在一条横穿而过的较纯碳酸盐岩分水岭，低洼地带由此背向而行，这里就没有分水岭地区封闭等高线的特征，分水岭两侧的低洼地带呈头对头的分布特点，两者间隔距离又非常近，这种情况下分水岭下部存在渗漏的怀疑，确实很难从人们头脑中排除。笔者分析结果是虽然这里分水岭很单薄，分水岭两侧的低洼地带的头部都达分水岭两侧，仅一线相隔，但笔者认为分水岭比较完整，地表没有深切的缺口，也没有低洼地带在分水岭区域犬牙交错分布的现象，分水岭两侧低洼地带中洼地底部高程的高差较大，即低洼地带的坡降较大，又是峰丛分布区域，是垂直循环强烈的地区，没有发生强烈的水平溶蚀的条件，所以笔者认为没有分水岭渗漏的可能。这个分水岭恰恰是东西向的公路通过的地方，为工程勘探提供了有利的条件。

三是相邻地下河，甚至地质条件相同，地下河大体也平行发育，但属于不同的地下水系。例如，地苏地下河系的北部分水岭，两条近于平行的地下河，流向不同的流域。这种分水岭有的有高洼地带分布，有的就没有明显的高洼地带相接。这种情况下可以根据洼地底部高程的特点，以最高峰的连线来断定地下河之间的分水岭。

笔者用同样的方法研究了独山皇后地下水系的分布。洼地分析法还参与了罗甸二十万分之一水文地质图的室内分析工作，初步确定了地下水系的分布格局。

喀斯特地区工作条件艰苦，用一般的勘探和研究方法，来确定地下水系的分布和分水岭的正确位置，是有一定难度的。洼地底部高程的分布，并不是杂乱无章，无章可循的。它是严格按照管道水压力的原理形成的，因此洼地底部高程具有从上游向下游逐渐下降的特点，当地下廊道出口规模扩大，排泄量增加，洪水期廊道的水压力减小，导致洼地底部高程降低。这就是洼地底部高程的形成、演变的基本原理。因此流域中每个洼地的具体位置不同，具有独有的特征。所以洼地的底部高程的特点就成为地下河在地表的指示物，也就成为预测地下河分布的标志。所以洼地分析法就是研究洼地底部高程的分布规律，揭示地下河（地下水系）分布的理论。洼地分析图显示的内容主要有两条：一是显示了地下河及其支流的分布；二是明确分水岭位置。分水岭地带有明确的显示，这样大小不同的地下河都可拥有一个清晰的、正确的边界——分水岭。20 世纪 50 ~ 60 年代笼统地认为，喀斯特地区的地表分水岭和地下河分水岭不一致是一个特点。由于当时还很难确定，所以存在着地表分水岭和地下河分水岭不一致的看法。当应用洼地分析法之后，笔者认识到在峰丛洼地区域地表分水岭和地下河分水岭，在大多数的情况下是基本一致的。当然由于地壳上升运动强度的不等，分水岭袭夺的现象也有存在，因此在研究中也不能疏忽。

地下水系分布的预测，只是一个图上作业，它显示了一个基本轮廓。这个预测仅仅是根据地形的特点，而地下水系的分布与地质构造和地层特点及分布有密切关系。例如，地下河所处的地面，由不纯的碳酸盐岩地层覆盖，这里洼地的底部高程就可能比较浅，因此低洼地带的特征受到歪曲而导致误判。执行任务的人对研究区域了解程度的不同，对预测的判断也有很大不同，熟悉当地情况的人的误判可能将远远小于对该区域不了解的人。预测结果得出后要研究该地区的地质图，与预测图对比，研究存在可能误判的区域，以备在野外工作中进行具体的研究。

第五节　预测方法的验证

洼地分析法第一次在工程中的应用，是在没有先例的情况下进行的，也是笔者接受岩滩库区渗漏问题研究的合作任务之后，在条件非常困难的峰丛洼地区域，无可奈何的情况下的孤注一掷。但对于工程来说，它要对百年大计的安全负责，要经得起检验。预测只能作为工作的一个方案，绝不能作为一个最终成果。预测必须经过实地考察的校验，必要时要用多种手段进行勘探。在岩滩库区渗漏研究中，因当地条件很艰苦，可利用作为试验的条件很差、很少；尤其是这是第一个与工程结合的研究项目，使用经验缺乏，但与工程相结合也是十分有利的条件，尽一切可能，使用示踪试验、洞穴考察和钻探等方法最后基本上证明洼地分析法有一定的正确性，但也有很多方面值得进一步研究。下面本书将洼地分析法在岩滩水库分水岭渗漏问题研究应用进行一个小结。

工作区域位于红水河的河曲地区，其西分布着砂页岩与辉绿岩，构成了一个防渗帷幕带，没有产生岩溶渗漏的条件；而其东广泛分布二叠系—泥盆系碳酸盐岩，由于地层大致呈北北西走向，并有三条断层贯穿河曲地块，这就构成了由板兰—百爱红水河段向下游都阳—古河一带发生渗漏的可能。

根据洼地分析图，工作区域主要由两个小流域组成，南部为龙江流域，北部为那板流域，工作区域的外围与多个流域接壤，北为戈亚保流域，东邻地苏地下水系，东南为古河流域。地貌类型主要是峰丛洼地和峰丛谷地。

（1）分水岭的确定

研究区域岩层基本呈南北走向，在洼地分析图上根据高洼地的分布，发现在研究区域的中部，桥西洼地和吉屯的南缘，有东西向分布的分水岭的特征。这里分水岭与其他地区不同之处在于没有分水岭区域所特有的封闭性的高洼地带的特点。两侧洼地向相反方向降低，显示有分水岭的存在。

（2）分水岭以南地下河分布的确定

本区构造线呈 NNW-SSE 方向，与东部的地苏地下水系的构造线分布特征完全不同，而与该流域西部的分水岭走向基本一致。洼地分析图上南北向的长庄—定农低洼地带与弄团低洼地带在定农相汇。针对弄团洞的水是否流入定农，进行了洞穴考察，发现在分水岭以南地区水点极少。西部有一个弄团洞，峰丛山区的峰顶高程为900～1000m，所在的洼地长为3km，宽为100～200m，洼地底部高程为520～540m。弄团洞发育在中、上石炭统灰岩中，处于背斜轴部的偏东翼处，方向为15°～20°NW，沿轴部还发育了一条纵张断裂，倾向北东，倾角为70°～88°，长为35km，对本地喀斯特发育起着控制作用。经勘测，弄团洞垂直深度达196.68m，水平长度为492.49m，洞体高程为320～520m，地下河水向东南方向流动。关于它的流向做了一个小试验，在1977年5月9日投入50kg红色石松孢子，直到5月29日才在定农收到一颗红色石松孢子，6月4日下了大雨之后，连续收到26个红色石松孢子。说明枯水季节地下支流发育不太好，只有当地下水位较高时，才有发育比较好的廊道联通。联通试验证明弄团地下河支流与长定暗河在定农盲谷的上端汇合，出露地表，形成地表河，流入红水河。

在弄团洼地以西，有一个波烈泉盲谷，泉水出露后，形成都阳小河，流出盲谷后，进入非碳酸盐岩的三叠系地层中，向南流入红水河。

这些情况说明，分水岭以南地区低洼地带的特征比较明显，因此对于地下河分布和流向的判读比较容易，显示地下水向南流动的证据。

（3）分水岭以北地下河分布和流向的确定

分水岭以北的工作区域内，岩层与构造分布的特点与分水岭以南地区有很大不同，从岩层走向分析，似乎地下水流向为 NNW 方向，因此水分层延伸方向也应该是 NNW 方向，但按照区域性的地势分析，分水岭北也有一个基本上与上述分水岭走向一致的小流域，称那板流域。那板流域东部在弄东-弄作方向为一NNW—SSE 方向的断层带，其东地层走向为 NNW—SSE（以下称东部），它的西部地层走向为 NW—SE（以下称西部）。地势最低处位于本研究区域的最西边，是碳酸盐岩与非碳酸盐岩地层的交界处。那板流流域呈 SEE—NWW 走向，显示本研究区水流方向为从东向西流。

在那板流域东部，从东向西，地层的排列次序为 C_1y、D_3、C_1d、C_2。其深洼地率依次为 0.8、1.0、2.5 和 0.5，溶蚀强度以 C_1d 为最大，地下喀斯特发育程度较好，其西邻为 C_2，走向为 NNW，溶蚀强度较低，仅为 C_1d 的 45%，因此它减慢了上游来水的速度，整个东部地区在其涌水的作用下，洼地底部高程相差无几，影响了低洼地带的形成。即使有些底部高度较低的洼地存在，但与周围洼地之间缺乏渐变的特点，因此它们不能起着指引地下河分布和流向的作用。例如，有三个最低洼地，即弄作洼地（446m）、弄歪洼地（456m）和弄腾洼地（470m），基本上呈三足鼎立分布，但与周围洼地之间缺乏渐变的特点，因此它们不能起着指引地下河分布和流向的作用。底部高度相近，为判别地下水系的分布制造了困难。这就是岩性不太纯的分水岭地区的特点，但也给地下河的预测提供了很多想象空间。

在那板流域的西部，主要分布灰岩，其溶蚀强度为 53%，是本地区碳酸岩盐中溶蚀强度较低的一种，其北侧地表形成一条排水系统，洪水主要从地面排泄。

在野外发现，从洼地底部的特征分析，可知从弄作洼地与弄东洼地以北地区，许多洼地的最低端位于洼地底部的南端，这些洼地大多数发育在近南北走向的不同岩层的接触带上，故推测有弄沙、弄茶和弄远三条近南北向的低洼地带。地下水向南流，所以可以判断那板流域东部地下河主道应位于流域的南部。在那板流域的西部，岩层走向为 NW，主要有 C_3 和 P_1q，C_3 由粗晶至中晶灰岩、白云质灰岩、白云岩、含燧石结核和条带。岩性不太纯，所以也见不到低洼地带的明显特征。这种特殊情况通常都出现在流域的分水岭地区和地下河之间的地区，那里的碳酸盐岩的岩性不太纯，也有局部地区因不纯碳酸盐岩覆盖，导致低洼地带连续性中断，这是值得注意的。本研究区域属于分水岭区域的特征，往往掩盖了地下河的位置和分布情况。通过多种方法的示踪试验，从分水岭北侧的上弄东洞，投入了红色石松孢子和荧光素等示踪剂，结果在邻近的、西北方向的弄东洼地及相距 5km 以外的山脚小河的头部和那板泉收到（图 10-5），流向西北；大体

都在 P_1q 地层中通过，在这 5km 左右的距离内，没有明确的低洼地带显示。这些试验足可证明：该地下河的南边有分水岭存在，证明预测的分水岭确立。

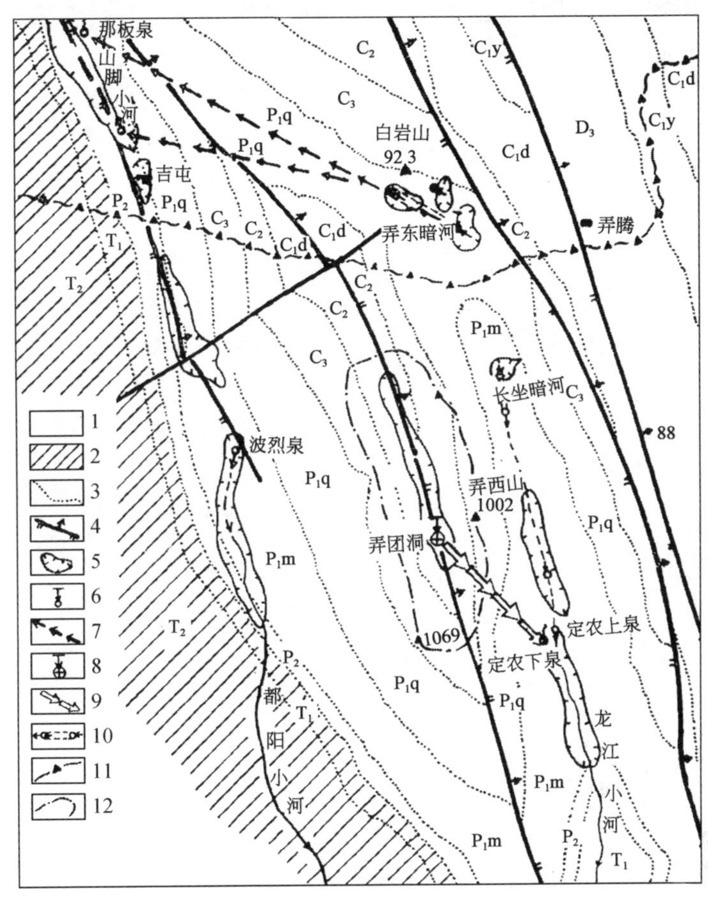

图 10-5　弄团洞地区地质概况图

1-岩溶地区；2-非岩溶地区；3-地层界线；4-断层；5-岩溶洼地；6-荧光素投放点；7-荧光素示踪方向；8-红色石松孢子投放点；9-红色石松孢子示踪方向；10-暗河及进出口；11-地表分水岭；12-弄团洞集雨范围

（4）钻探

钻探证明分水岭区域地下水位很高，地表分水岭和地下分水岭位置一致。

工程勘探结果证明，岩滩水库左岸地区库区不存在分水岭渗漏。这是洼地分析法第一次在工程中使用的实例。虽遇到北部地质、地貌条件的特殊性，未能圆满地解答地下河的分布和走向问题，但对于工程要求，回答南北方向有没有渗漏问题时，认为之间有分水岭的存在，也基本达到了目的，起了一个好的开端。洼地分析法是一种方法，它必须在野外论证和示踪试验等方法的配合下，才能得出正确的结论，千万不能把预测当成结论。洼地分析法的建立使喀斯特地貌的某些研究方法得以改变，人们不需要再在艰苦的环境下长时间去野外调查洼地与地下河的关系，可以在室内利用地形图就可以很快达到目的，不同的建设项目可以直接进入专项研究之中。例如，岩滩水库是否存在分水岭渗漏，就是一个典型的例子。不再需要花很多人力和经费去研究分水岭在哪里，在室内用一两天就知道了那里地下河的分布和分水岭的位置。洼地分析法的应用，不仅提出了勘探的方向，提高了勘探的质量，缩短了勘探的时间、节省了经费，也改变了研究的方法。

洼地分析法经受了一次国家重大工程（岩滩水库）的考验。应用洼地分析法承担贵州省科学技术委员会“独山县皇后地下水系的开发和利用”的攻关课题，获得了贵州省科学技术委员会的肯定，并由贵州省上报，获国家科学大会奖。

第十一章 结　　论

经过前面章节的研究，对中国喀斯特地貌研究的现状、理论、特征和分布，有了一个基本的阐释。下面关于笔者对我国喀斯特地貌形成发展的见解，进行一个系统的简要的小结。

1）喀斯特地貌形成主要有两个因素，一是温度；二是降水量。但直至今日仍停留在沿用温度和降水量的一些数据，没有更深入、更系统地研究它们之间的关系及其在喀斯特地貌形成中的作用，因此喀斯特地貌的成因探讨处于艰难的境地。笔者认为这两个因素单独使用有局限性，不能完美地解释喀斯特地貌发育的问题。温度是喀斯特地貌地带性的控制因素，从赤道向两极逐渐降低，所以地球上地带性规律非常突出。降水量是造貌因素，它的分布比较复杂，总的来说它也具有地带性特征，与温度地带性相配合，形成了全球地带性分布特点，但由于其变幅很大，有的地方降水量超过了地带性要求的标准，如山地和海岸的迎风面等，降水量超过了地带性分布的条件，在喀斯特地貌的形成过程中，并不是降水量越多越好，不会因降水量越多，喀斯特地貌就越发育。因为地下喀斯特的发育遵循地带性规律，它限制了地表水向地下渗透的水量，多余的降水量从地表排水道流失，使地貌发育维持该地带的特点。另外，降水量小于该地带性特征的要求，从而使造貌作用减弱，同一个气候带中就有可能形成另一种不同的地貌，这种特征在各个喀斯特地带中都存在，这属于气流下降地区和内陆地区的特点。降水量低于地带性条件的某一数量时，喀斯特地貌将不能维持该地带地貌的发育能力。例如，在热带、亚热带和温带地区都有这种情况，这时似乎温度的控制作用退居次要地位，而降水量成为主要限制条件。实际上是温度提供的“溶蚀强度”，由于降水量减少，造貌能力不能满足“溶蚀强度”的要求。所以当降水量小于800mm时，将转变为半湿润地区喀斯特地貌的特征；当降水量降至400mm的时候，将转变为干旱区域的喀斯特地貌特征。由于降水量分布的特点，使世界上喀斯特地貌的分布复杂多样。

2）中国喀斯特地貌分布的特点：第一，在热带、亚热带和暖温带地区有连续的碳酸盐岩分布，为中国喀斯特地貌发育提供了物质基础；第二，青藏高原的隆起改变了东亚的大气环流，使中国东部处于湿润的季风区域，这是中国喀斯特地貌发育的气候因素；第三，青藏高原的隆起，使高原以东地区地壳上升强度由慢变快，但总的上升幅度较大，形成了峰林和峰丛等系列的典型热带喀斯特地貌系统，尤其是峰丛洼地类型广泛分布，成为世界独特的峰丛喀斯特地貌区域。

3）中国由于雨热同季，因此喀斯特地貌的形成特点，主要取决于夏季的温度和降水量，我国喀斯特地貌主要分布在东部，大多数分布在季风气候区域，我国南北夏季的温差并不大。有趣的是，各喀斯特地貌带里，夏半年的平均温度和降水量也比较一致，如在热带喀斯特地貌区域，夏半年的平均温度为25～27℃，大多数为26℃左右。夏半年降水量也很有规律性，以广西热带喀斯特地貌区域为例，大多数地区夏半年降水量为1100～1300mm，只有个别地区达1700～1800mm。同样，在亚热带喀斯特地貌的主要区域，夏半年的平均温度为24℃左右，夏半年平均降水量为850～900mm。在暖温带地区，夏半年平均温度为22.5℃左右，夏半年降水量为450～600mm。仅仅从上述各喀斯特地貌形成因素分析，夏半年是喀斯特作用最强烈的时候，是喀斯特地貌发育的主要时期。但这个时候，温度差别不大，每个地带之间，一般仅差2～3℃。地带间温差很小，难以理解喀斯特地貌地带性形成的原因。其实溶蚀作用不完全是温度直接形成的，溶蚀强度提供了最大值，但这个最大值能不能发挥作用，还有赖于地表各种生物的、化学的、物理的因素的共同作用；也有赖于与降水量的配合。夏半年各喀斯特地貌带之间的平均降水量之差稍大一些，达300～400mm。但降水量的变率很大，在山地的迎风面和海陆关系的迎风面，降水量都比较充沛，有的大大超过当地的平均降水量。因此也很难简单地应用降水量来测算溶蚀量。根据上述条件，不应单独应用温度和降水量的数据研究喀斯特地貌的形成因素，而应运用这些因素的综合作用，形成溶蚀强度的概念，研究喀斯特地貌的地带性特点。目前还难以取得符合上述条件的完整的数据，所以本书中采用温度和降水量综合的方法，首先求出它们与热带喀斯特地区的代表数值的百分比，然后以这两个数值的百分比的乘积来表示溶蚀强度，表示溶蚀作用是两者共同作用的结果。其中温度是影响因素和控制因素，降水量是喀斯特地貌形成的直接因素。在这个基础上建立溶蚀强度概念，得出的结果表明：①从赤道向两极，溶蚀强度的数值逐渐降低；②随着气候地带性的交替，溶蚀强度呈几何级数变化；③每个气候带中夏半年温差小，控制着每个气候带中喀斯特地貌各自发育的一致性，形成地带性特征。如果以年平均温度研究，每个气候带中，温度年较差较大，就很难解释每个气候带中喀斯特地貌形态一致性的形成原因。上述研究结果中，溶蚀强度从赤道向两极呈逐级降低的特点，与不同气候带的土壤中CO_2含量的变化规律以及有些室内和野外试验的结果大体一致，能合理地解释喀斯特地貌宏观的分布规律。

4）溶蚀强度的地貌表现。一个地区的侵蚀量是由溶蚀强度和侵蚀强度综合形成的。溶蚀强度由赤道向两极逐渐降低，侵蚀强度从赤道向两极逐渐增加。两者作用的强弱变化，导致喀斯特地貌特性的差异；一个地区的溶蚀量与侵蚀量的总数如果是一个常数，那么不同喀斯特带中，两者的比例是不同的，是一个此消彼长的过程，这就能很好地解释了不同地带喀斯特地貌形态的差异。如果将两者混为一谈，都认为是溶蚀量，那么，喀斯特地貌的地带性就无法解释。在热带、亚热带地区溶蚀强度大于侵蚀强度，地表和地下喀斯特都很发育，尤其是地下河的强烈发育，引起地表洼地的形成，使地表和地下喀斯特特征都很突出。在暖温带和寒温带，溶蚀强度低于侵蚀强度，地下河发育强度弱，以裂隙和溶孔水为主要特征，喀斯特溶蚀作用的特色是地下明显强于地表，且主要在地下，但规模小，无力吸引地表水快速向地下转移，因此地表缺乏形成洼地的动力，地表地貌呈现常态特征。这是侵蚀强度大于溶蚀强度地区的喀斯特地貌发育的特征。

溶蚀强度是宏观喀斯特地貌划分的标志，在中国划分喀斯特地貌带具有较好的可行性。因此也有可能作为世界喀斯特地貌带的划分方法。

5）喀斯特地貌类型的形成：温度与降水量的结合，形成了特定的喀斯特地貌的地带性特征。但在具体的喀斯特地貌形成中，两者的作用有很大的区别。温度和降水量是控制因素。降水量与地貌形成并不直接相关，而是与它形成的地面径流有关。在河流不同的比降条件下，形成平原、峰林和峰丛，或者说是不断更新的剥蚀平原、峰林剥蚀平原和峰林谷地，以及峰丛洼地，也称峰丛洼地地下河系统。

6）流域是喀斯特地貌形成的摇篮：在同一个地貌带中，同样自然条件下，同样降水量的小流域里，也可看到有不同的喀斯特地貌类型共存，这就是流域的摇篮作用。降水到达地面以后，才能起到造貌作用，不同的地面条件，流水的动力表现是不同的。形成不同喀斯特地貌类型的重要因素是河流比降，以热带喀斯特地貌区域为例，河流比降处于1‰～3‰时，属平原地区，是堆积平原，还是剥蚀平原，取决于河流基准面是降还是升；当河流比降处于3‰～8‰时，发育峰林地貌；当河流比降超过8‰时，则发育峰丛洼地地貌。随着河流比降的不断增加，这些地貌类型可以随着转化。在河流基准面不稳定的地区，河流纵剖面的特征与基准面均衡地区不同，地貌类型的形成条件不会变。但不同地貌类型的分布规律有变化，与基准面稳定地区相反，从上游向下游为峰林、峰丛浅洼和峰丛深洼。

7）喀斯特地貌可以在不同时代形成，同一种喀斯特地貌形态也可以出现或残存在不同的高度和不同的地区。由于喀斯特地貌类型具有气候意义，因此这些地貌类型的分布，表征它形成时代的气候环境。

8）构造、岩性是喀斯特地貌形成的基础，它们的特征和变化非常复杂，构造形态多种多样。不同时代、不同环境下形成的碳酸盐岩，其结构、晶体大小、生成环境和溶蚀因素的含量各不相同。在喀斯特地貌的形成过程中，岩性始终处于被动的地位，并不是某种碳酸盐岩必然会形成某种特殊的地貌形态。其变化服从于气候因素，即使质地相同的纯的碳酸盐岩，不同的气候赋予了其不同的溶蚀强度，形成不同的喀斯特地貌。例如，纯碳酸盐岩地层在热带可形成峰林，但在亚热带只能形成缓丘，在温带形成常态山地。

9）我国热带和亚热带碳酸盐岩分布的地区，在青藏高原隆升的影响下，也有较大的上升，流水的垂直循环强烈，峰丛洼地地貌成为其主要的喀斯特地貌特征，地表呈蜂窝状，地下溶蚀强烈，形成众多的地下水系。

20 世纪 70 年代，中国科学院地理研究所地貌研究室喀斯特组提出了洼地分析法，有效地实现了地下河的预测。因为它以洼地为分析手段，所以该方法应用的范围是峰丛洼地区域，即限于热带和亚热带地区的峰丛（丘丛）洼地区域。由于这种峰丛洼地地貌只在中国发育，所以洼地分析法也只适合于中国使用。这个地区实际上都是由规模不同的众多洼地组成，洼地底部高程的分布是洪水期地下河管道的压力形成的，按照管道流压力从上游向下游降低的特点，形成了洼地底部高程有规律的分布，其中“低洼地带”就是众多洼地中，位置最低的一排洼地，这就是相当于地下河的位置；在高洼地区域则寻找分水岭的位置。该方法需要的资料是地形图。其一定程度上能比较准确地确定地下河及流域的范围，并能预测地下河埋藏的深度。大体上，特别是在中、下游地区，没有例外。地形图上洼地的底部高程，大多没有标明，但可以用最低的一根等高线的数据来代替，所以办法也很简单，只要用等底高线将洼地进行分割，彻底改变了地形图原有的内容，变成了一张显示水文网的地形图，将看不见的地下水文网转化成为看得见的地表水文网，由此便可以得到预测想要的结果。洼地分析法是一种预测的方法，由于某些地方岩层和断层分布的特殊性，洼地不能得到充分的发育，模糊了洼地分析法则；同时也与预测者的水平和经验有关，因此需要在野外用各种方法进行验证。

10）喀斯特地貌形成的时代：在中新世发育了峰林，之后才发育为峰丛。在贵州，根据地层分布与构造运动的特点，确定峰林地貌和峰丛浅洼属于山盆期，也就是新近纪。在普定研究中也得出了相同的结论，进一步认为峰林形成于中新世，峰丛形成于上新世。在亚热带喀斯特地貌区域，对于不同阶段喀斯特地貌形成时间的认识有很大的差异，如最高一级剥蚀面，称鄂西期，其形成的时代，有的学者认为属侏罗纪末或白垩纪初，也有学者认为属始新世前，有学者认为属古近纪。从气候地貌学的观点来看，古近纪湖北地区气候干燥，属荒漠。根据磷灰岩裂变模拟，在距今 65 ~20Ma 时，即古近纪是一个剥蚀时期，是准平原形成时期。根据上述两个因素，不可能具有发育喀斯特地貌的条件。亚热带地区从新近纪开始气候才变得湿润，开始了亚热带喀斯特地貌形成的序幕。温带，在鲁中南地区，仰平期的时代，经尧山顶部玄武岩同位素年龄测定，为 1.385×10^7a，属于中新世末期，是喀斯特丘陵洼地主要发育时期，奠定了当前对鲁西南喀斯特地貌发育史的认识。根据上述新的研究成果和各地喀斯特地貌发育史的研究，本书有可能建立一个新的中国喀斯特地貌发育史表（表 11-1）。

表 11-1　中国喀斯特地貌发育史表

地质时代		桂林	黔南	鄂西南	鲁中南	河北
古近纪	渐新世	桂西期	大娄山期	山原期	鲁中期	北台期
新近纪	中新世	峰林	丘峰	缓丘	丘陵	丘陵洼地
	上新世	峰丛浅洼	锥峰浅洼	丘丛洼地	低山洼地	低山宽谷
	上新世末		宽谷期	宽谷期		宽谷期
第四纪	更新世	峰丛深洼	锥峰深洼	浅洼地下河	常态山干谷	常态山干谷

11）峰丛深洼是喀斯特地貌发育的最高阶段，也是切割深度最大的喀斯特地貌形态。它主要分布在云贵高原东部斜坡区域，其分布的位置却是斜坡中地势最低的地方，是河流溯源侵蚀最强烈的地方。再向上游喀斯特地貌切割的深度又逐渐减小。因此不能简单地说随着地壳上升强度越大，地貌的切割深度就越大，喀斯特发育就越强烈，这是由于地壳上升运动的规律与河流发育规律交互作用的结果。

12）喀斯特地貌地带性特征的条件：①喀斯特地貌地带性特征是溶蚀强度造成的。热带喀斯特地貌是以溶蚀为主，溶蚀强度在 70% 以上，其中赤道热带为 100% ~200%，赤道以北的热带为 70% ~100%。亚热带喀斯特地貌是以溶蚀与侵蚀平衡作用为特征，溶蚀强度为40% ~70%。温带喀斯特地貌是以侵蚀的特点为主，溶蚀作用处于次要地位，暖温带的溶蚀强度为16% ~40%，寒温带的溶蚀强度为0% ~16%。寒带是冻融风化作用为主的区域，溶蚀作用非常微弱。②溶蚀强度是温度主导下形成的。中国热带喀斯特地貌的北界年平均温度为 18℃，亚热带北界年平均温度为 14℃，暖温带的北界年平均温度为 8℃；寒温带北界年平均温度为 0℃。③新生代气候演变和地壳的垂直运动与水平运动，增加了喀斯特地貌分布的复杂性。例如，华北在第四纪的气候条件下不可能形成缓丘洼地的地貌，但在新近纪的华北大地上，确实有丘丛洼地的分布，在青藏高原上，目前是一片寒冻风化作用的景象，但其中也隐约暗藏着丘丛洼地的地貌。在挪威地表冻融层之下，保存着发达的地下形态，这些都告诉我们现代喀斯特地貌的发育特征和它们的变迁过程。④溶蚀强度的研究为中国喀斯特地貌的地带性研究提供了新的思路。这个观点也为研究世界喀斯特地貌分布的特点提供了参考。

参考文献

白宪洲 . 2005. 青藏高原腹地沱沱河盆地新生代沉积特征研究 . 成都：成都理工大学硕士学位论文 .

柴宗新 . 1988. 广西石灰岩山丘区水土流失特征分析 . 中国水土保持，(11)：47-49.

车用太，鱼金子 . 1985. 中国的喀斯特 . 北京：科学出版社 .

陈安泽，等 . 2011. 中国喀斯特石林景观研究 . 北京：科学出版社 .

陈浩 . 1986. 陕北黄土高原沟道小流域形态特征分析 . 地理研究，5（1）：82-92.

陈吉余 . 1959. 太行山区山地地貌 . 华东师范大学学报，(1) .

陈述彭 . 1954. 西南地区的喀斯特地貌 . 地理知识，(3)：74-76.

陈铁汉，肖华 . 1987. 江西锦江流域岩溶发育特征 . 中国岩溶，6（3）：15-22.

陈伟海，张之淦 . 1999. 峰林平原区岩溶含水层特征与调蓄功能 . 中国岩溶，18（1）：19-27.

陈文俊 . 1988. 地苏岩溶地下河系研究 . 中国岩溶，7（3）：223-227.

陈永宗 . 1983. 黄土高原沟道流域产沙过程的初步分析 . 地理研究，2（1）：35-47.

陈志明 . 1993. 论中国地貌图的研制原则、内容与方法——以 1：4 000 000 全国地貌图为例. 地理学报，48（2）：105-113.

陈治平 . 1985. 中国喀斯特地带性因素初探//中国地理学会地貌专业委员会 . 喀斯特地貌与洞穴 . 北京：科学出版社：1-8.

陈治平，顾钟熊，林钧枢，等 . 1981. 预测岩溶地下水系的洼地分析法//中国科学院地理研究所 . 地理集刊 第 13 号 地貌 . 北京：科学出版社 .

崔之久 . 1977. 青藏高原的岩溶//中国地理学会 . 1977 年地貌学术讨论会文集 . 北京：科学出版社 .

德里克・福特，保罗・廉姆姆斯 . 2015. 岩溶水文地质与地貌学 . 王团乐，薛果夫，陈又华，等，译 . 北京：中国地质大学出版社 .

邓自强，林玉石，张美良，等 . 1987. 桂林岩溶洼地和洞穴发生、发展的构造控制剖析 . 中国岩溶，6（2）：137-148.

丁锡祉. 1982. 气候地貌学的概念. 西南师范学院学报（自然科学版)，(4)：2-6.

房金福 . 1985. 辽东半岛南部滨海喀斯特及其水文特征//中国地理学会地貌专业委员会 . 喀斯特地貌与洞穴 . 北京：科学出版社：216-223.

房金福，林钧枢，李钜章，等 . 1993. 喀斯特区现代溶蚀强度与环境的研究——以红水河流域为例 . 地理学报，48（2）：122-130.

冯金良，崔之久，张威，等 . 2003. 云贵高原碳酸盐风化壳的古地磁定年测定 . 中国岩溶，22（3）：14-26.

高道德，张世从，毕坤，等 . 1986. 黔南岩溶研究 . 贵阳：贵州人民出版社 .

高全洲，崔之久，刘耕年，等 . 2001. 晚新生代青藏高原岩溶地貌及其演化 . 古地理学报，3（1）：85-90.

广西壮族自治区地质矿产局 . 1989. 广西地苏地下河系 . 北京：地质出版社 .

韩行瑞. 2015. 岩溶水文地质学. 北京：科学出版社.

黄春海，赵建，李舒．1985. 山东喀斯特地貌发育的几个问题//中国地理学会地貌专业委员会. 喀斯特地貌与洞穴．北京：科学出版社：75-81.

黄培华．1962. 湘西喀斯特地貌//中国科学院地学部．全国喀斯特研究会议论文选集．北京：科学出版社：88-91.

黄尚瑜，刘焕荣．1987. 碳酸盐岩的溶蚀与环境温度．中国岩溶，6（4）：287-296.

黄万波，魏光飚．2015. 大熊猫史话．北京：科学出版社．

江新胜，李玉文．1996. 中国中东部白垩纪沙漠的时空分布及其气候意义．岩相古地理，16（2）：42-51.

江新胜，潘忠习．2005. 中国白垩纪沙漠及气候．北京：地质出版社．

蒋忠诚，袁道先，郭玉文．1991. 鲁中南地区现代岩溶作用强度的研究．济南：中国地质学会第二届北方岩溶和岩溶水学术会议．

景才瑞，刘昌茂，罗志刚. 1981. 论湖北岩溶地貌. 华中师范学院学报（自然科学版），（2）：80-91.

李彬．1997. 挪威极地岩溶及其形成机制．中国岩溶，16（2）：82-90.

李德文，崔之久，刘耕年．1999. 青藏高原古岩溶的存在及其与东邻地区岩溶的对比．中国岩溶，18（4）：309-318.

李凤华．1990. 中国东北的喀斯特地貌及其发育特征//中国地理学会地貌专业委员会，《喀斯特地貌与洞穴研究》编辑组．喀斯特地貌和洞穴研究．北京：科学出版社：64-70.

李吉均，周尚哲，赵志军，等．2015. 论青藏运动主幕．中国科学，45（10）：1597-1608.

李钜章，林钧枢，房金福．1994. 喀斯特溶蚀强度分析与估算．地理研究，13（3）：90-97.

李宽良. 1985. 喀斯特机理及天然水侵蚀性的热力学指标//中国地理学会地貌专业委员会. 喀斯特地貌与洞穴. 北京：科学出版社：173-183.

梁多俊，郭瑞祥．1990. 西双版纳喀斯特地貌发育条件及形态特征//中国地理学会地貌专业委员会，《喀斯特地貌与洞穴研究》编辑组．喀斯特地貌和洞穴研究．北京：科学出版社：50-54.

梁虹，杨明德．1994. 喀斯特流域水文地貌系统及其识别方法初探．中国岩溶，13（1）：1-9.

林钧枢，张耀光，王燕如，等．1982. 广西武鸣盆地岩溶发育的古地理因素分析．地理学报，37（2）：123-135.

林钧枢，张耀光，黄云麟．1986. 华东喀斯特地貌发育过程与古地理背景．地理研究，5（4）：58-67.

林钧枢，张耀光，等．1993. 瑶琳洞形成与环境研究．北京：中国科学技术出版社．

林振耀，吴祥定. 1987. 青藏高原气候纵横谈. 北京：科学出版社.

林之光．2017-05-12. 大熊猫与气候．中国科学报，（7）.

刘金荣．2004. 广西热带岩溶研究．桂林：广西师范大学出版社．

刘再华．2000. 外源水对灰岩和白云岩的侵蚀速率野外试验研究——以桂林尧山为例．中国岩溶，19（1）：1-4.

卢耀如．1982. 岩溶研究的发展及基本内容和理论问题的概略探讨//《第二届岩溶学术会议论文选集》编辑组．中国地质学会第二届岩溶学术会议论文选集．北京：科学出版社：25-29.

卢耀如. 1986. 中国喀斯特地貌的演化模式. 地理研究, 5 (4): 25-35.
吕拉昌, 李文翎 . 2012. 中国地理 . 北京: 科学出版社 .
马安成, 汤虎良 . 1992. 浙江金华全新世大熊猫—剑齿象动物群的发现及其意义 . 古脊椎动物学报, 30 (4): 295-312.
玛·斯维婷, 包浩生 . 1990. 从世界展望中国喀斯特研究 . 中国岩溶, 9 (4): 342-351.
毛家衢 . 1987. 山东地质 第四系小结 . 山东国土资源, 3 (2): 137-140.
穆桂春, 谭术魁. 1992. 气候地貌学及中国气候地貌分类案例研究. 湖北大学学报(自然科学版), 14 (3): 283-289.
牛文元 . 1992. 理论地理学 . 北京: 商务印书馆 .
祁延年 . 1962. 广西中部及东北部地区地区的喀斯特地貌//中国科学院地学部 . 全国喀斯特研究会议论文选集 . 北京: 科学出版社: 69-84.
钱学溥 . 1984. 太行期岩溶剥蚀面都发现及地文期的划分 . 中国岩溶, (2): 27-33.
任美锷 . 1982. 中国岩溶发育规律的初步研究//《第二届岩溶学术会与论文选集》编辑组 . 中国地质学会第二届岩溶学术会议论文选集 . 北京: 科学出版社: 1-4.
任美锷, 严钦尚. 1942. 贵阳附近地面与水系之发育//国立浙江大学文科研究所史地学部. 国立浙江大学文科研究所史地学部丛刊第一号. 杭州: 浙江大学.
任美锷, 刘振中 . 1983. 岩溶学概论 . 北京: 商务印书馆 .
任美锷, 刘振中, 王飞燕, 等 . 1979. 中国岩溶发育的若干规律 . 南京大学学报(自然科学版), (4): 95-104.
沈继方, 李焰云, 徐瑞春 . 1996. 清江流域岩溶研究 . 北京: 地质出版社 .
沈玉昌. 1965. 长江上游河谷地貌. 北京: 科学出版社.
水利电力部科学研究所, 中国科学院地质研究所 . 1974. 水利水电工程地质 . 北京: 科学出版社.
宋林华 . 1986. 喀斯特洼地的发育机理及其水文地质意义 . 地理学报, 41 (1): 41-50.
宋林华, 陈小平, 刘宏 . 1993. 喀斯特多边形洼地发育的形态特征与动力过程研究 . 北京: 中国环境科学出版社 .
孙瑕, 伊海生 . 2009. 青藏高原沱沱河盆地中新统五道梁组沉积特征及古环境分析 . 古地理学报, 11 (1): 58-68.
覃厚仁, 朱德浩 . 1984. 中国南方热带亚热带岩溶地貌分类方案 . 中国岩溶, (2): 67-73.
潭明 . 1993. 中国西江流域喀斯特景观趋异与晚新生代流域环境变迁 . 中国岩溶, 12 (2): 103-110.
涂方旭, 苏志, 刘任业 . 1997. 广西气候带的划分, 广西科学, 4 (3): 196-201.
托格 C, 袁道先 . 1987. 溶蚀空间的形成及中国与世界其它地区碳酸盐岩近期溶蚀量的对比分析 . 中国岩溶, 6 (2): 131-136.
汪训一, 谭鹏家 . 1986. 长江流域旅游景观资源分布特征的探讨 . 中国岩溶, 5 (4): 311-317.
王炳生, 熊广政, 郑长苏. 1962. 乌江下游喀斯特地貌(节要)//中国科学院地学部. 全国喀斯特研究会议论文选集. 北京: 科学出版社: 85-87.
王东, 王国芝, 刘树根 . 2009. 川东南地区燕山期以来的隆升剥蚀历史研究 . 地质学报,

29（1）：5-7，10.
王富葆 . 1990. 青藏高原上的喀斯特（摘要）. 中国岩溶，9（3）：277-278.
王俊生 . 1982. 鄂西南岩溶地貌//《第二届岩溶学术会与论文选集》编辑组 . 中国地质学会第二届岩溶学术会议论文选集 . 北京：科学出版社：73-76.
王开发，杨蕉文，李哲，等 . 1975. 根据孢粉组合推论西藏伦坡拉盆地第三纪地层时代及其古地理 . 地质科学，10（4）：366-374.
王权 . 1985. 赣西袁水流域石炭系—三叠系灰岩岩溶发育规律及岩溶水的富集特征 . 中国岩溶，4（3）：215-229.
王世杰，张信宝，白晓永 . 2015. 中国南方喀斯特地貌分区纲要 . 山地学报，33（6）：641-648.
翁金桃，袁道先，郭玉文 . 1991. 鲁中南新生代以来岩溶发育期和形成环境 . 济南：中国地质学会第二届北方岩溶和岩溶水学术会议 .
翁金桃，章程，蒋忠诚，等 . 1995. 北京西山地区岩溶发育史及岩溶环境变迁 . 中国岩溶，14（1）：41-48.
吴忱，马永红，张秀清，等 . 1999. 华北山地地形面地文期与地貌发育史 . 石家庄：河北科学技术出版社 .
吴应科，卢东华，六德深 . 1990. 长江流域喀斯特发育基本特征//中国地理学会地貌专业委员会，《喀斯特地貌与洞穴研究》编辑组 . 喀斯特地貌和洞穴研究 . 北京：科学出版社：35-43.
夏凯生，袁道先，谢世友，等 . 2010. 乌江下游岩溶地貌形态特征初探——以重庆武隆及其邻近地区为例 . 中国岩溶，29（2）：196-204.
熊康宁 . 1990. 水城地区峰林地貌形态结构分析 //中国地理学会地貌专业委员会，《喀斯特地貌与洞穴研究》编辑组 . 喀斯特地貌和洞穴研究 . 北京：科学出版社：88-95.
熊康宁，杨明德 . 1993. 水城地区峰林地貌发育的数量特征分析//宋林华，丁怀元 . 喀斯特景观与洞穴旅游 . 北京：中国环境科学出版社：33-39.
徐柯建，李兴中，刘嘉麒 . 2008. 贵州兴义喀斯特景观特征 . 中国岩溶，27（2）：157-164.
许炯心 . 1996. 中国不同自然带的河流过程 . 北京：科学出版社 .
杨汉奎 . 1987. 论风景资源的模糊评价——以贵州省为例 . 自然资源学报，2（1）：49-58.
杨怀仁. 1944. 贵州中部之地形发育. 地理学报，11（0）：1-14.
杨怀仁 . 1981. 中国造貌运动与地貌学基本理论问题//中国地理学会地貌专业委员会 . 中国地理学会一九七七年地貌学术讨论会文集 . 北京：科学出版社：336.
杨明德 . 1985. 贵州高原喀斯特地貌结构及演化规律//中国地理学会地貌专业委员会 . 喀斯特地貌与洞穴 . 北京：科学出版社：22-29.
杨明德，谭明，梁虹 . 1998. 喀斯特流域水文地貌系统 . 北京：地质出版社 .
杨世橤，刘世青 . 1985. 川南兴文县（袁家洞）石林的发育和特征//中国地理学会地貌专业委员会 . 喀斯特地貌与洞穴 . 北京：科学出版社 .
杨文才 . 1982. 旅大滨海岩溶及海水入侵的初步探讨//中国地质学会岩溶地质专业委员会 . 中国北方岩溶和岩溶水 . 北京：地质出版社：55-63.

杨逸畴 . 1985. 对西藏喀斯特地貌的质疑//中国地理学会地貌专业委员会 . 喀斯特地貌与洞穴. 北京：科学出版社：39-48.
易求方 . 1983. 百郎地下河系 . 中国岩溶，2（2）：127-135.
尤联元，杨景春 . 2013. 中国地貌 . 北京：科学出版社 .
俞锦标，章海生 . 1988. 贵州普定岩溶地貌 . 中国岩溶，7（2）：163-172.
俞锦标，杨立铮，章海生，等 . 1990. 中国喀斯特发育规律的研究——贵州普定南部地区喀斯特水资源评价及其开发利用 . 北京：科学出版社 .
袁道先 . 1987. 溶蚀空间的形成及世界基地地区碳酸盐岩近期溶蚀量的对比分析 . 中国岩溶，6（4）：287-296.
袁道先 . 1988. 岩溶学词典 . 北京：地质出版社 .
袁道先 . 1993a. 碳循环与全球岩溶 . 第四纪研究，13（1）：1-6.
袁道先 . 1993b. 中国岩溶学 . 北京：地质出版社 .
曾昭璇. 1957. 论石灰岩地形. 上海：新知识出版社.
张凤岐，李博涛 . 1990. 中国北方岩溶地下水系统和开发利用中的几个问题 . 中国岩溶，9（1）：7-14.
张捷 . 1993. 喀斯特侵蚀过程中藻类藻类作用的微形态研究 . 北京：地理学报，48（3）：235-243.
张世从 . 1984. 黔南岩溶发育规律的探讨 . 中国岩溶，3（2）：34-47.
张耀光. 1990. 喀斯特旅游地貌资源的形成和开发条件//中国地理学会地貌专业委员会，《喀斯特地貌与洞穴研究》编辑组. 喀斯特地貌和洞穴研究. 北京：科学出版社：204-209.
张英骏，缪钟灵，毛健全，等 . 1985. 应用岩溶学及洞穴学 . 贵阳：贵州人民出版社 .
张玉荣 . 1982. 弄团洞的发育特征//《第二届岩溶学术会议论文选集》编辑组 . 中国地质学会第二届岩溶学术会议论文选集 . 北京：地质出版社：69-72.
张玉荣 . 1985. 岩滩水电站水库左岸河曲地块岩溶发育概况及渗漏评价 . 广西地质，（1）：69-76.
张之淦 . 2006. 岩溶发生学——理论探索 . 桂林：广西师范大学出版社 .
章典 . 1994. 西藏岩溶溶蚀微地貌分布和形态学分析 . 中国岩溶，13（3）：270-280.
章海生，史运良，俞锦标 . 1987. 高原分水岭型喀斯特径流过程模拟——以贵州普定县南部地区为例 . 中国岩溶，6（4）：263-275.
赵济 . 1995. 中国自然地理 . 3 版 . 北京：高等教育出版社 .
赵建 . 1990. 山东淄河中上游地区喀斯特地貌//中国地理学会地貌专业委员会，《喀斯特地貌与洞穴研究》编辑组 . 喀斯特地貌和洞穴研究 . 北京：科学出版社 .
赵建 . 1991. 山东的喀斯特洞穴 . 中国岩溶，10（4）：335-344.
赵天石，高瑞袖. 1985. 辽宁省下辽河平原东部隐伏岩溶发育规律及水文地质意义. 中国岩溶，4（3）：257-266.
中国大百科全书总编辑委员会《地理学》编辑委员会，中国大百科全书出版社编辑部 . 1990. 中国大百科全书：地理学 . 北京，上海：中国大百科全书出版社 .
中国地质科学研究院水文地质工程地质研究所 . 1976. 中国岩溶 . 上海：上海人民出版社 .

中国地质科学院岩溶地质研究所 . 1988. 桂林岩溶地貌与洞穴研究 . 北京：地质出版社 .

中国科学院《中国自然地理》编辑委员会. 1981. 中国自然地理 土壤地理. 北京：科学出版社.

中国科学院地理研究所 . 1987. 中国 1：1000000 地貌图制图规范（试行）. 北京：科学出版社.

中国科学院地学部. 1962. 全国喀斯特研究会议选集. 北京：科学出版社.

中国科学院地质研究所岩溶研究组 . 1979. 中国岩溶研究 . 北京：科学出版社 .

中国科学院青藏高原综合科学考察队 . 1983. 西藏地貌 . 北京：科学出版社 .

中国科学院青藏高原综合科学考察队 . 1992. 横断山区干旱河谷 . 北京：科学出版社 .

中国科学院植物研究所古植物室孢粉组 . 1976. 中国蕨类植物孢子形态 . 北京：科学出版社 .

钟功甫，黄远略，梁国昭 . 1990. 中国热带特征及其区域分异 . 地理学报，45（2）：245-252.

周宁，刘波 . 2009. 鄂西南岩溶地区表层岩溶带发育强度变化规律研究 . 中国岩溶，28（1）：1-6.

周廷儒 . 1960. 中国第三纪第四纪以来地带性与非地带性的分化 . 北京师范大学学报（自然科学版），（2）：63-78.

周宣森 . 1986. 1：100 万喀斯特地貌图编制//中国 1：100 万地貌图编辑委员会，中国科学院地理研究所 . 地貌制图研究文集 . 北京：测绘出版社：240-244.

朱德浩 . 1984. 试论热带岩溶地貌研究中不同观点分歧的实质——以桂林地区为例 . 中国岩溶，3（2）：79-82.

朱德浩 . 1985. 对峰丛洼地系统和演化的几点认识——以广西几个地区为例//中国地理学会地貌专业委员会 . 喀斯特地貌与洞穴 . 北京：科学出版社：57-64.

朱德浩 . 2013. 喀斯特地貌//尤联元，杨景春 . 中国地貌 . 北京：科学出版社 .

朱学稳 . 1991a. 峰林喀斯特的性质及其发育和演化的新思考（1）. 中国岩溶，10（1）：51-62.

朱学稳 . 1991b. 峰林喀斯特的性质及其发育和演化的新思考（2）. 中国岩溶，10（2）：137-150.

朱学稳 . 1991c. 峰林喀斯特的性质及其发育和演化的新思考（3）. 中国岩溶，10（3）：171-182.

朱学稳 . 1994. 西藏高原喀斯特的性质“残余峰林”质疑 . 中国岩溶，13（3）：220-228.

朱学稳，汪训一，朱德浩，等 . 1985. 桂林地区灰岩洞穴的某些特征//中国地理学会地貌专业委员会 . 喀斯特地貌与洞穴 . 北京：科学出版社 .

邹成杰 . 1990. 南盘江天生桥地区区域喀斯特地貌研究//中国地理学会地貌专业委员会，《喀斯特地貌与洞穴研究》编辑组 . 喀斯特地貌和洞穴研究 . 北京：科学出版社 .

邹成杰，戴景春 . 1962. 贵州猫跳河流域喀斯特发育的基本特征//中国科学院地学部. 全国喀斯特研究论文选集. 北京：科学出版社.

邹成杰，何宇彬. 1995. 喀斯特地貌发育的时空演化问题初论. 中国岩溶，1995，14（1）：49-59.

Atkinson T C，Smith D I，Lavis J J，et al. 1973. Experiments in tracing underground waters in limestones. Journal of Hydrology, 19 (4): 323-349.

Bögli A. 1980. Karst Hydrology and Physical Speleology. Schmid JC translated. Berlin: Springer- Verlag.

Corbel J. 1959. Erosion en terrain calcaire. Annales de Geographie, 68: 97-120.

Engh L. 1980. Can we determine solutional erosion by a simple formula? Transactions of the British Cave Research Association, 7 (1): 31-32.

Ford D C, Williams P W. 1989. Karst Geomorphotopy and Hydrology. London: Unwin Hyman Ltd: 96-115.

Jakucs L . 1977. Morphogenetics of Karst Regions. Bristol: Adam Hilger Ltd.

Martin R, Thomas A. 1974. An example of the use of bacteriophage as a groundwater trace. Journal of Hydrology, 23 (1-2): 73-78.

Meijerink A M J. 1985. Estimates of peak runoff from hilly terrain with varied lithology. Journal of Hydrology, 77 (1-4): 227-236.

Rabinnowitz D D, Gross G W, Holmas C R. 1977. Environmental tritium as a hydronmeteorologic tool in the Roswall basin, New Mexico. Journal of Hydrology, 32 (1-2): 3-17.

Smart P L, Laidlaw I M S. 1977. An evaluation of some fluorescent dyes for water tracing. Water Resources Research, 13 (1): 15-33.

Sweeting M M. 1973. Karst Landforms. New York: Columbia University Press.

Sweeting M M. 1980. Karst and climate—a review. Zeit für Geomorgh, 36 (s): 203-216.

White W B. 1984. Rate process, chemical kineties and karst landform development//Flearced. Groundwater as a Geomorphic agent. Boston: Allen & Unwin: 227-248.

Zotl J G. 1977. Results of tracing experiments for construction of reservoirs in karstic regions// Dilamarter R R, Csallany S C R. Ronald Hydrologic Problems in Karst Regions. New York: Western Kentucky University.